现代地下空间结构研究及应用

陈　星　欧妍君　陈　伟　著

中国建筑工业出版社

图书在版编目(CIP)数据

现代地下空间结构研究及应用/陈星，欧妍君，陈伟
著. —北京：中国建筑工业出版社，2015.7
ISBN 978-7-112-18158-2

Ⅰ.①现… Ⅱ.①陈…②欧…③陈… Ⅲ.①城市空
间-地下建筑物-研究 Ⅳ.①TU984.11

中国版本图书馆 CIP 数据核字(2015)第 107390 号

本书针对现代大型地下空间的结构特点及难点，以广州市几个大型的地下空间结构（广州花城广场地下空间项目、广州万博中央商务区地下空间项目、广州天河体育中心地下空间项目）的设计为例，介绍了详尽的结构设计经验、先进的计算分析方法和手段，并创新性地提出多种新结构形式。本书既是一本地下空间设计的实用手册也是一本图文并茂的教科书，又适用于各大、中型建筑、市政、公路设计研究结构、路桥专业的设计人员、施工工程人员及大专院校土木工程、路桥专业的研究生。主要内容包括以下几方面：

1. 超大型地下空间结构整体地震响应分析；2. 地下隧道与周边高层结构相互作用的抗震分析；3. 地下空间结构与周边高层建筑结构之间相互影响分析；4. 环路隧道三维模型的温度效应和减振分析；5. 地下空间结构若干构造问题；6. 几种结构形式在地下空间结构设计中的应用；7. 全埋及半埋式地下空间的地震响应分析；8. 土体对基础及侧墙的作用计算；9. 超长结构的温度效应分析；10. 地铁穿越地下空间的分析；11. 隔振降噪的处理方法；12. 释放水浮力法技术在地下空间的应用；13. 地下结构专项论证研究范本；14. 地下空间结构常用计算软件介绍。

责任编辑：赵梦梅
责任设计：李志立
责任校对：张　颖　刘梦然

现代地下空间结构研究及应用
陈　星　欧妍君　陈　伟　著
*
中国建筑工业出版社出版、发行（北京西郊百万庄）
各地新华书店、建筑书店经销
北京科地亚盟排版公司制版
环球印刷（北京）有限公司印刷
*
开本：787×1092 毫米　1/16　印张：27¼　字数：682 千字
2015 年 10 月第一版　2015 年 10 月第一次印刷
定价：**68.00** 元
ISBN 978-7-112-18158-2
(27386)

陈　星　欧妍君　陈　伟　著

参加编著

焦　柯　邓汉荣　霍文斌　秦　政

黄龙田　陈海斌　林景华　张小良

叶国认　张梦青　欧旻韬　蒋运林

陈积奋　吴桂广　林　辉　梁建荣

前　言

随着城市化进程的不断推进，人口急剧膨胀，许多城市都出现中心区土地资源稀缺、生存空间拥挤、交通阻塞及环境恶化等一系列问题。为了突破城市可持续发展的瓶颈，城市的现代化建设应以立体空间开发为主，立体开发是综合发展城市的地面、高空、地下三部分。相对于地面及地上空间的发展，开发地下空间是更能提高土地利用效率与节省土地资源，地下结构的抗震性能及防护性能更优，并更有利于防灾救灾。因此，地下空间的开发利用已成为城市立体再开发中缓解中心城区高密度、疏导交通、提高战时防备、扩充基础设施容量、增加城市绿地、减少环境污染、改善城市生态的最有效途径。因此现代地下建筑结构设计技术研究与应用越来越被人们重视，甚至会成为设计行业未来发展的新动力。

近年地下建筑的开发出现了大型化、深层化的趋势，大空间、大规模的地下结构的应用也越来越多。因此，准确地模拟计算大型地下空间结构的动力特性及受力性能、突破传统的技术不断创新，从工程建设的经济、安全、环保、耐久等多角度考虑，提出新技术、新工艺及新材料，已成为地下空间建筑建设的重要发展方向。

本书将以广州市几个大型的地下空间结构（包括广州花城广场地下空间项目、广州万博中央商务区地下空间项目、广州天河体育中心地下空间项目等）设计为例，介绍了现代地下空间结构的结构设计经验、先进的计算分析方法和手段，及创新性技术成果。主要内容包括以下几个方面：超大型地下空间结构整体地震响应分析、地下隧道与周边高层结构相互作用的抗震分析、地下空间结构与周边高层建筑结构之间相互作用的分析、环路隧道三维模型的温度效应和减振分析、地下空间结构若干构造问题、几种结构形式在地下空间结构设计中的应用、全埋及半埋式地下空间的地震响应计算分析、土体对基础及侧墙的作用计算分析、超长结构的温度效应分析、地铁穿越地下空间的计算分析、隔振降噪的处理方法计算、无梁楼盖在地下空间楼板应用分析、新型释放水浮法应用、地下结构专项论证研究范本、地下空间结构常用计算软件介绍。

本书引用的大部分工程实例由广东省建筑设计研究院提供，程博、苏云龙等也参与了部分工作，其中本书第八章部分资料及实例由广州市大智空间建筑工程技术有限公司、广州瀚华建筑设计有限公司提供，严仕基、姚永革等也参与了部分工作，在此一并致以诚挚的感谢。

本书涉及的工程实例为大型地下空间项目，数据分析的工作量大，分析结论如有不当之处，请读者批评指正。

目　　录

第1章 绪 论

1.1 大型地下空间的功能介绍

城市大型地下空间占地面积巨大，对城市某一区域的发展往往起决定性作用，因此需力争做到综合规划、协调发展、功能复合、安全可靠。以广州金融城起步区地下空间为例，工程力争打造融合多重立体交通、公共服务复合综合商业、绿色市政智能停车的城市地下综合体，营造地上、地下自然过渡，安全舒适的城市环境。大型地下空间的主要功能包括充当交通枢纽、提供活动空间、承载商业娱乐等方面。

图 1.1.1 广州金融城鸟瞰图

1.1.1 地下停车场及市政交通枢纽

大型地下空间周边往往高楼林立，是交通集散的要塞，因此地下空间通常设置规模巨大的停车场，并建设以地铁、城轨、新型交通为骨架，公交、水上巴士等交通工具为辅助，同时与电动车、立体慢行一体化无缝衔接的立体交通系统。过境交通通常通过隧道和立交解决，内部交通则通过地下环路系统高效组织。

广州金融城地下空间项目和广州万博地下空间项目均存在区域性的地下穿越道路，其全组成地下环路。广州万博地下空间作为核心区地下建筑相互联系的纽带，为各区域地下空间搭建有机骨架，形成地下之城连贯而自成系统的主要脉络。地下空间路段长达 10km，其中包括地铁站、地下交通枢纽、地下环形道路、地下车库等，地下空间将增强万博中央商务区的交通功能，加强与外围城市交通的衔接和联系，实现与公交、轨道交通的便捷换乘功能，创造多层次的地下立体交通体系。广州全城地下空间长达百公里，在地面以下开创一个地下城市交通体系，与地上形成立体模式。

广州花城广场总停车容量达到小车车位 7000 个、公交车位 200 个，集地铁、公交、集运系统于一身，有两条地铁和四条城市主干线穿越而过，其中地下三层为轨道交通系统（地下旅客自动输送系统，简称 APM），并配有连接市商业中心和交通中心的胶轮电车集运系统。广州天体中心地下空间占地面积约 $121247m^2$，总建筑面积约 $222076m^2$，停车泊位达到 3500 个，也为市民出行提供了很大的便利。

图 1.1.2 地下空间公共交通

图 1.1.3 地下空间剖面图

1.1.2　地上城市活动空间

地下空间由于其特性，容易给人造成封闭、阴暗的感觉，因此改善地下空间的环境，营造地下空间地面化而使得地面上下达到焕然天成的效果是设计的重点。此外，应尊重和延续原区域自然生态条件，在充分了解原有生态、乡土植被特色及文化保留区域的基础上，对受损的生态系统及文化区进行修复和改造，以达到生态、文化与景观价值的高度统一。在规划设计时还应尽量满足不同年龄、不同阶层、不同兴趣爱好的市民及游客需求，尽可能增添丰富多彩的活动设施。例如，广州花城广场上盖部分规划建成了一个大型城市花园，岭南风格的园林配有光、水、声的立体感官效果，与周边建筑交相辉映，在拥挤的城市中心，宛如一片绿岛。其夜景也成为广州最美的地方，每年数百万人次游客到此活动参观。又如天河体育中心上盖广场上，每天过万人在此跑步健身跳舞。

图 1.1.4　下沉广场绿化鸟瞰图

图 1.1.5　花城广场夜景

图 1.1.6　花城广场鸟瞰图 1　　　　图 1.1.7　花城广场鸟瞰图 2

1.1.3　城市商业和娱乐场所

大型地下空间通常还应配置相应的信息咨询台、医疗室、育婴间、充电站等公共服务设施，统筹地下文化、娱乐、餐饮、商业等多元功能，提供便利、舒适、以人为本的生活活动空间。例如，广州天河体育商场面积达 7 万 m^2，单饮食店达 300 间，为出名的饮食城。又如广州花城广场规划有两条美食街、6 万 m^2 商场、电影院 11 间。

图 1.1.8　花城广场地下商业街

1.1.4　节能型地下空间

大型地下空间的规划建设应体现出绿色市政、低碳智慧、经济可控的思想理念。首先，市政管线应合理地纳入综合管沟，统一管理和维护；其次，应统筹考虑市政管线竖向设计，为地下商业建筑提供良好的空间条件，降低工程造价；第三，尽量考虑集中供冷、供热，有效节省机房占地，提高土地资源利用率；此外，采用下沉式空间设计通常能更好地利用自然采光通风，结合光导照明新技术应用，尽量创造低碳节能的室内建筑光环境。例如，万博项目中的天井一直深入到地下三层，自然光充分利用，使用成本大大降低；花城广场项目和金融城项目规划有达数千平方米的下沉广场，甚至下至地下四层，挖空了大块面积，使地下与地上无区别。

图 1.1.9 万博商务区下沉广场

图 1.1.10 下沉广场日照示意图

1.2 本书的主要内容及工程背景

本书针对现代大型地下空间的结构特点及难点，以广州市几个大型的地下空间结构（广州花城广场地下空间项目、广州万博中央商务区地下空间项目、广州天河体育中心地下空间项目）的设计为例，介绍了详尽的结构设计经验、先进的计算分析方法和手段，并创新性地提出多种新结构形式。本书对这些关键技术作系统化的介绍，总结出可推广应用至类似工程的经验与建议。主要内容包括以下几方面：

1）超大型地下空间结构整体地震动响应分析

2）地下隧道与周边高层结构相互作用的抗震分析

3）地下空间结构与周边高层建筑结构之间相互影响分析

4）环路隧道三维模型的温度效应和减振分析

5）地下空间结构若干构造问题

6）几种结构形式在地下空间结构设计中的应用

7）全埋及半埋式地下空间的地震响应分析

8）土体对基础及侧墙的作用分析

9）超长结构的温度效应分析

10）地铁穿越地下空间的分析

11）隔振降噪的处理方法

12）无梁楼盖在地下空间楼板应用

13）释放水浮力法技术在地下空间的应用

14）地下结构专项论证研究范本

15）地下空间结构常用计算软件介绍

1.2.1 广州花城广场地下空间项目概况

广州花城广场位于广州市珠江新城中心，是广州目前最大的市民广场，其规划定位为广州市未来的城市客厅。珠江新城是广州城市新中轴线、CBD 核心区；而花城广场则地处珠江新城中央，位于黄埔大道以南、华夏路以东、冼村路以西、临江大道以北。广场地面最宽处达 250m，南北总长超过 1km，规划总面积约 56 万 m^2。周边规划建有 39 幢建筑，包括少年宫、广州大剧院、图书馆、博物馆等广州地标性建筑。

图 1.2.1　花城广场总体效果图

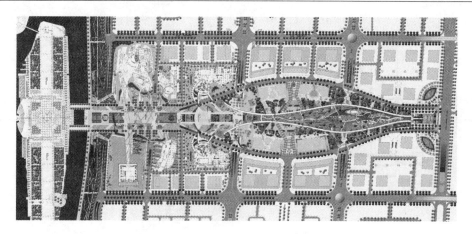

图 1.2.2 花城广场总平面效果图

图 1.2.3 区典型结构剖面图

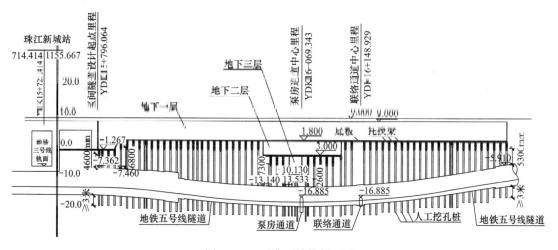

图 1.2.4 区典型结构剖面图

广州花城广场地下空间项目（即广州市珠江新城核心区市政交通项目）是广州市 21 世纪中心商务区开发建设的重点配套工程，总建筑面积约 36.7 万 m^2，是集商业、文娱、休闲等功能于一体的城市综合体。该工程主体建筑为全埋式地下室，主要为地下二层，局部为地下一层或地下三层。其中地下三层为配合轨道交通（地下旅客自动输送系统，简称 APM）而设置；地下一层主要为商店及下沉广场；地面部分为市民广场，局部设置下沉式广场。其中地下一、二层设有与周边已建、待建的多栋大型建筑的连接口。本工程同时作为地下人防工程，符合战时及平时的功能要求，是广州市目前最大的单体地下人防工程。

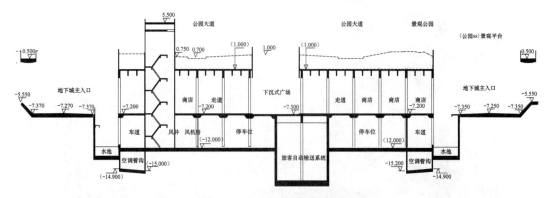

图 1.2.5　区典型结构剖面图

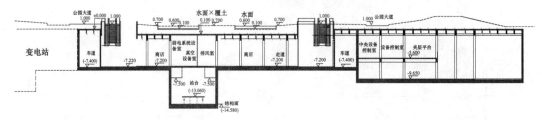

图 1.2.6　区典型结构剖面图

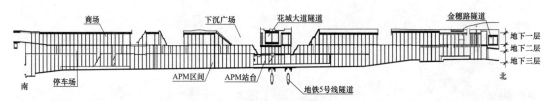

图 1.2.7　整体结构纵向剖面图（A-A）

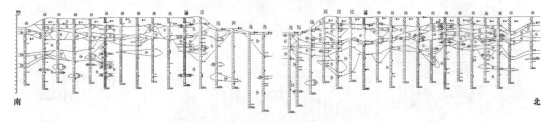

图 1.2.8　整体场地纵向地质剖面图（A-A）

　　本项目中由于地下建筑面积大，功能集市政交通、地铁及旅客自动输送系统、商业、车库、设备用房于一体，就其规模和功能复杂性，属国内首例，因此在设计中有部分区域无相关规范支持，有部分设计突破相关规范要求，采取了特殊的防火设计，并由国家消防工程技术研究中心进行工程性能化消防安全设计评估和论证。

　　根据建筑的功能特点，在消防设计上考虑将地下一层划分为 4 个功能大区（总平面图中的Ⅰ、Ⅱ、Ⅲ、Ⅳ区），见图 1.2.9。

　　地下一层Ⅰ区与歌剧院、少年宫、图书馆和博物馆地下空间连接，Ⅱ区与东塔和西塔地下空间连接，Ⅲ区与高德中心地下空间连接。

　　为将火灾控制在某个功能区内，根据《建筑设计防火规范》相关规定，Ⅰ区、Ⅱ区与歌剧院、少年宫、博物馆、图书馆和东、西两塔等大型公共建筑地下连接处均采用设置防

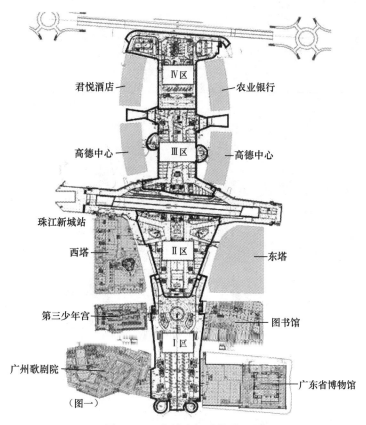

图 1.2.9　花城广场功能分区图

火隔间的方式进行防火分隔。该防火隔间采用防火墙或防火玻璃和防火卷帘的组合方式，连通处采用 A 级防火玻璃门或甲级防火门。在疏散上周围建筑地下空间人员不借用本项目的疏散体系，见图 1.2.10。Ⅲ区与高德中心采用下沉广场的分隔方式进行分隔和联系，见图 1.2.11。

1. 各功能分区之间的防火分隔措施

Ⅰ区是公交车站和旅游车停车库，停车库内设有贵宾专用车道、私家车和出租车上下车点。Ⅰ区内的人员除可以直接进入歌剧院、少年宫、博物馆和图书馆四大公共建筑的入口大厅外，还可以向北通过区间公共人行通道进入Ⅱ区的地下商业配套。Ⅱ区主要为地下商业配套，其内部人员可以通过区间公共人行通道进入Ⅰ区，搭乘公交车或出租车。因此，该区间公共人行通道是连通Ⅰ区和Ⅱ区的纽带，由于Ⅰ区和Ⅱ区的使用功能不同，且连通两个区域的区间公共人行通道内没有可燃物，因此采用耐火极限为 3h 的防火墙配合常开甲级防火门的形式进行防火分隔（防火门均向区间公共人行通道方向开启），同时对区间公共人行通道采取加压送风系统，以保证其作为亚安全区的可靠性，见图 1.2.12。

Ⅱ区与Ⅲ区均为地下商业配套，两区之间为花城大道隧道，在两侧由"之"字形区间公共人行通道经过地铁 3 号、5 号线珠江新城站站厅及洗村路地下通道，并通过中轴线与花城大道节点下沉广场地下二层的旅客自动输送系统开敞站厅将两个区域连通。在消防设计上，将两侧区间公共人行通道作为珠江新城站站厅及洗村路地下通道的延长段考虑。因此Ⅱ区、Ⅲ区与两侧区间公共人行通道连接处采用下沉广场及 A 级防火玻璃进行分隔，Ⅱ

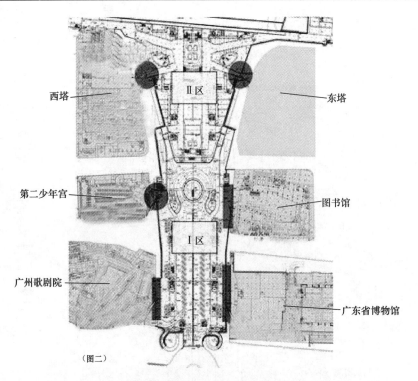

（图二）

图 1.2.10 Ⅰ、Ⅱ区防火分隔图

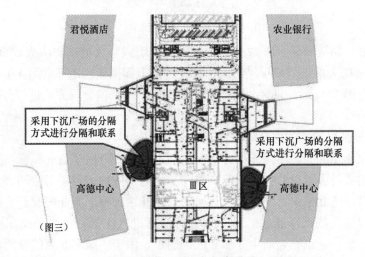

（图三）

图 1.2.11 Ⅲ区防火分隔图

区、Ⅲ区的人流疏散不考虑往两侧区间公共人行通道疏散，同时也不考虑珠江新城站站厅及冼村路地下通道的人流通过区间公共人行通道往Ⅱ区、Ⅲ区疏散，在商店与区间公共人行通道接口处均设有下沉广场，当商店内发生火灾时，蔓延到该区域的火灾烟气可通过玻璃幕墙上自动开启的玻璃门经下沉广场排出到地面室外空间，人员可利用下沉广场疏散到地面，或经过区内其他安全出口进行安全疏散。具体分析详广州市珠江新城核心区市政交通项目工程性能化消防安全设计评估报告，见图 1.2.13。

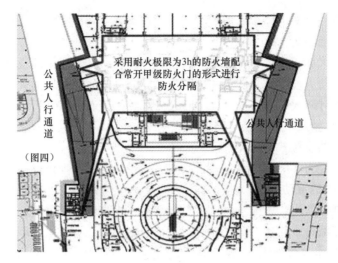

图 1.2.12　Ⅰ区和Ⅱ区之间防火分隔图

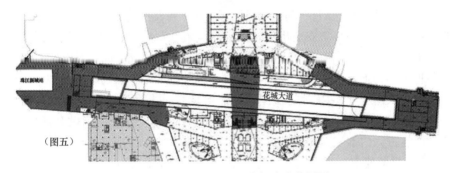

图 1.2.13　Ⅱ区和Ⅲ区之间防火分隔图

Ⅲ区为地下商业配套，Ⅳ区为停车库、设备用房和旅客自动输送系统中央广场站的站厅。Ⅲ区内的人员可通过下沉广场到达Ⅳ区搭乘出租车，Ⅳ区内的人员也可以通过下沉广场进入Ⅲ区的商业配套区内。Ⅲ区与Ⅳ区之间采用防火墙、A级防火玻璃门及下沉广场的方式进行防火分隔，见图 1.2.14。

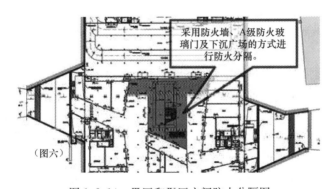

图 1.2.14　Ⅲ区和Ⅳ区之间防火分隔图

2. 各功能分区内的防火分隔措施

Ⅰ区：

Ⅰ区为公交车站和旅游车停车库，其中旅游车停车库可停放 30 辆旅游大巴车，市政交通包括 2 路 6 部公交车。停车库两侧的候车区均有 3 个面积为 221m² 的采光天井与室外相通，Ⅰ区总建筑面积为 33072m²。

为了防止火灾大面积蔓延，有必要对该区域进行防火分隔。消防设计上将两侧乘客候车区与停车区采用防火玻璃及下沉天井进行防火分隔，连通处采用防火玻璃门，两侧乘客候车区按《建筑设计防火规范》设置 4 个防火分区及两个通道区（少年宫及图书馆入口广场部分），中间停车区及市政交通道路按《汽车库、修车库、停车场设计防火规范》的规定进行防火分隔，共设置 6 个防火分区。

设计总疏散宽度为 33.6m，满足要求（本项目设计参考《地铁设计规范》自动扶梯采用了倾斜角度为 30° 的自动扶梯，并接入消防联动系统，当发生火灾时，自动扶梯自动停止运行做为疏散楼梯使用。所以本项目所有自动扶梯均算入疏散宽度）。

两侧乘客候车区每个防火分区均有两个以上安全出口，最远安全疏散距离均不超过 100m（设有自动喷水灭火系统），满足规范要求；中间停车区及城市道路负一层 1-2、1-4、2-1、2-3 防火分区均有两个直通室外的安全出口；负一层 1-5、2-5 防火分区各有一个直通室外的安全出口，并设有通向相邻防火分区及区间公共人行通道（Ⅰ区与Ⅱ区之间的人行通道）的甲级防火门做为第二安全出口。最远安全疏散距离不超过 60m，满足规范要求。

Ⅱ区与Ⅲ区：

Ⅲ区和Ⅲ区均为地下商业配套设施，按规范要求每个地下商场超过 20000m² 应采用防火墙分隔，且防火墙上不应开设门窗洞口。Ⅱ区建筑面积为 27434m²，Ⅲ区建筑面积为 24112.7m²，均超过 20000²，设计采用下沉广场结合内部安全走道（设有加压送风系统）进行分隔，商店进入内部安全走道的出入口设正压送风的安全前室，达到每个商店面积不超过 2 万 m² 的规范要求。当必须连通时采用设置防烟前室的方式进行必要的联系。既满足了规范要求又不违背建设该项目的建设目标。具体方式为，将Ⅱ区和Ⅲ区分别采用具有加压送风系统的内部走道及露天下沉广场划分为东西两个商场，以保证商场面积不超过 20000m²，但是为了保证完整的地下空间人行系统，在内部走道的适当位置设置具有加压送风系统的防烟前室（前室四周采用防火墙或防火墙及防火玻璃的形式进行围护，并加设防火门或防火玻璃门）。

Ⅱ区商店部分被商店外的人行通道（下称主人行通道）分隔成 14 个防火分区，Ⅲ区商店部分被通道分隔成 12 个防火分区。具体防火分区划分及面积指标详防火分区设计图纸。

考虑到主人行通道内没有可燃物，如果按照《建筑设计防火规范》的规定对通道进行防火分隔，不利于人员安全疏散。因此采取将主人行通道与各商店进行防火分隔，并通过若干个下沉广场与室外空间连通，以使该通道作为"地下人行通道"使用，该主人行通道采取单独排烟设施对其可行性论证分析详广州市珠江新城核心区市政交通项目工程性能化消防安全设计评估报告。对此，采取下列方式进行防火分隔：

（1）商店与主人行通道之间采用防火墙、防火玻璃和防火玻璃门进行防火分隔，使各商店作为一个独立的防火分区，各防火分区内商店通过防烟前室进入内部走道（设有加压送风系统，具有亚安全区的功能）再疏散到楼梯间、下沉广场或室外，如图 1.2.15 所示。

（2）主人行通道内每 40 米设置高度为 2m 的活动挡烟垂壁。

（3）各商店防火分区内部通道通往主人行通道的安全出口设置常开甲级防火门。

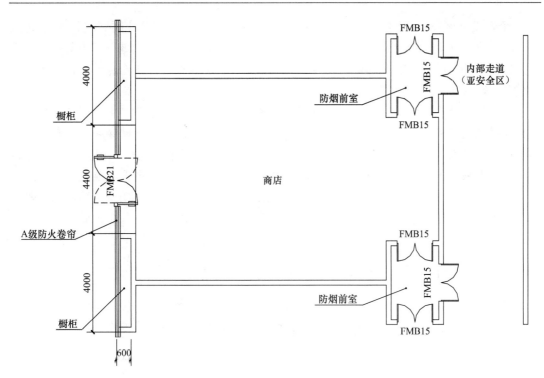

图 1.2.15　亚安全区防火示意图

（4）商店及主人行通道设置自动喷水灭火系统和机械排烟系统。

关于商店各防火分区的内部通道问题：

内部通道设置有加压送风系统，并用防火墙与商店分隔，与商店连通处设置防烟前室，该内部通道可以作为亚安全区设计。

内部走道属于本项目疏散体系的一部分，在发生火灾时起着疏散商店内人流的重要作用，因此无论商店在功能上做何种调整都应首先保证内部走道部分功能不做改变。

Ⅳ区：

Ⅳ区为停车库、设备用房和旅客自动输送系统中央广场站的站厅。停车库参照《汽车库、修车库、停车场设计防火规范》的相关规定设计，每个防火分区不大于4000m²。其中负一层第23防火分区由于设计有30辆出租车临时停靠站，疏散人数按120人计算，所需疏散宽度为0.90米，该防火分区设计总疏散宽度为9m，满足疏散要求。由于出租车站为临时停靠站，客流很快进入到Ⅲ区的商业空间，因此不可能出现很大的人流量，所以在满足疏散宽度要求的前提下，设计中该区仍按停车库设计防火分区。

由于旅客自动输送系统和停车库、设备用房功能不同，为防止某个功能区的火灾影响到另外功能区的人员安全疏散，采用防火墙、防火卷帘配合常开甲级防火门的方式，将其站厅与其他功能区域进行分隔。

设备用房（垃圾压缩站）设计与其他功能用房间采用防火卷帘分隔，考虑按单建式戊类地下厂房设计防火分区，即当装设有自动灭火系统时，其防火分区面积不限。设备用房（110kV变电站）另项报建。

另外，花城广场地下二层车库为Ⅰ类地下车库建筑，耐火等级为一级，停车位数为

1400 个，设有火灾自动报警系统和自动喷水灭火系统，每个防火分区建筑面积不超过 4000m²，每一个防火分区有两个直通室外的安全出口。地下二层采用地下车道与周边建筑车库连接，并采用复合防火卷帘进行防火分隔。地下三层为旅客自动输送系统合建车站站台层及区间隧道，按地铁规范设计。

本项目在结构设计中遇到了顶板荷载大（覆土较厚）、无梁楼盖板柱节点冲切力大、顶板板厚受到严格限制、结构超长、地铁 5 号线隧道从主体结构下方横穿而过、花城大道隧道从主体结构内部穿过而引起振动与噪声等难题。针对以上难题，并根据本工程的特点，设计上采用了无梁楼盖内置环式型钢剪力键的板柱节点、空心钢管混凝土楼板、后浇带钢箱（板）变形装置、大范围地铁保护采用预应力大梁及巨型结构托换、结构隔振隔声等新技术集成，进而提出并应用了六项结构关键技术，在后面章节做详细介绍。

1.2.2　广州万博中央商务区地下空间项目概述

万博中央商务区位于番禺区北部，番禺大道以东，南大路以南，华南碧桂园以北，西临长隆—汉溪片区，南距番禺市桥约 8km，规划为广州市商业中心，番禺北部地区的重要公共服务组团之一。

万博中央商务区将发展成为华南地区最大的信息产业总部经济基地，定位为以现代信息服务业为主的总部经济圈，着力打造现代信息服务业基地，计划建设成集商务办公、五星级酒店、会展中心、商业公寓、风情购物街、休闲娱乐于一体的万博国际中央商务区。目前，该区域正规划建设番禺现代信息服务业总部基地（以信投公司为主体进行开发）、五星级舜德酒店、商业广场、购物中心、数码产业总部、智能产业总部、汽车文化商贸中心等 7 大项目，并计划设置公共地下空间，将区内各项目的地下部分互联互通，以构筑立体的商业形态。

图 1.2.16　万博商务区总体效果图

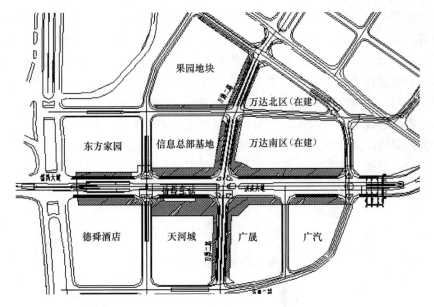

图 1.2.17 万博商务区总体平面图

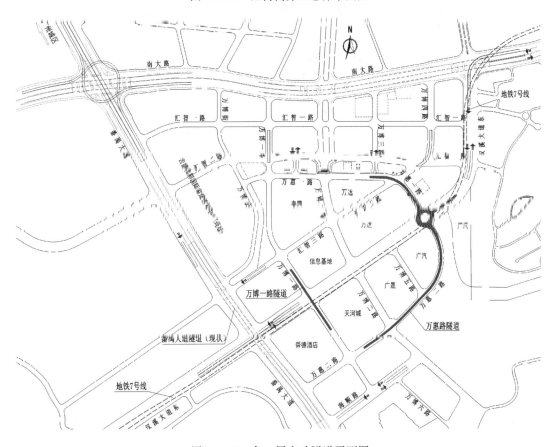

图 1.2.18 负一层市政隧道平面图

万博地下空间项目设计范围位于万博商务区中部，汉溪大道、万博二路与万惠路地面以下，基本成十字形。场地地势南高北低，场地分 27m、24.5m 及 13m 标高三个地台设计。规划理念定位于打造一座"大隐于市的地下之城"。作为核心区地下建筑相互联系的纽带，为各区域地下空间搭建有机骨架，形成地下之城连贯而自成系统的主要脉络。其中包括地面道路、地下商业、地铁站、地下交通枢纽、地下环形道路、地下车库、综合管沟等，本项目的建设将增强万博中央商务区的交通功能，加强与外围城市交通的衔接和联系，实现与公交、轨道交通的便捷换乘功能，创造多层次的地下立体交通体系；连接、整合区域内各类综合设施和周边建筑的地下空间，统一规划区域内供电、给排水、供冷、垃圾收集、消防设施、人防设施、停车库等各项设施，使区域内各项公共设施达到统筹、统一、有机结合。形成一个资源共享的地下公共空间体系。

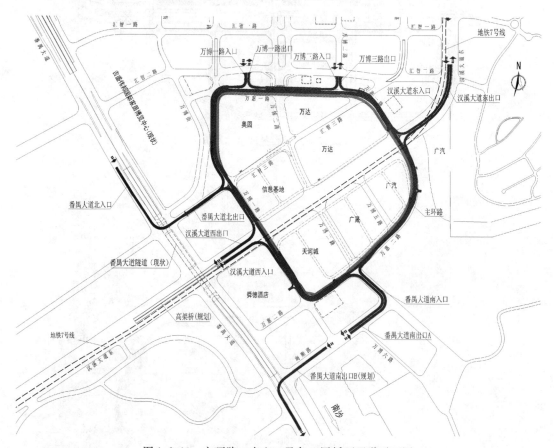

图 1.2.19 主环路、出入口及负三层循环通道平面图

万博商务区地下空间的地下一层主要为商业功能，西侧设有电影院以及地铁西站厅，东侧连接地下一层隧道设有出租车停靠站。

地下二层主要为商业功能，中部有地铁站厅，北侧为开敞式商业街。

地下三层主要为停车场及设备用房。各区地下车库均根据地下市政环路的设计要求，设置地下次要环路，与地下主环路、周边地块次环相连互通，并沿环路两侧设置隔断与停车车库分隔，以保证次环的车流通畅。

结合结构分缝位置，在设计时将地下空间大致划分成 A～F 共 6 个大区。汉溪大道沿万博一路、万博二路路口划分为 A、B、C 三个区，万博二路以汉溪路口划分成 D 和 E区，万惠一路独立为 F 区。

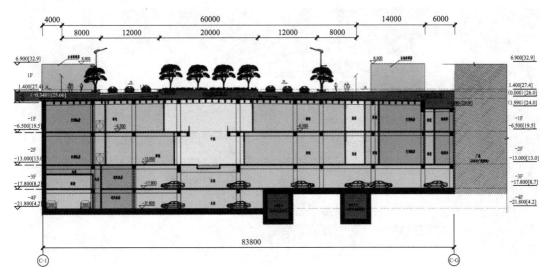

图 1.2.20　万博地下空间典型截面剖面图

A 区位于项目的西侧，汉溪大道与番禺大道路口至万博一路路口处。根据地面高程，A 区地下一层绝对标高为 16.0m，主要功能为地下电影院，设有 8 大 4 小电影放映厅。地下二层绝对标高为 10.5m，主要功能为地下商业，地下三层绝对标高为 6.5m，主要功能为停车库、设备用房及南侧的地铁轨道区间。

A 区中部结合地下环路汉溪大道出入口坡道，中间预留约有 9m 宽的公共人行通道，通往 B 区地下商业。坡道南侧预留地铁七号线万博中心站西站厅，可通过楼扶梯直接到达 B 区地铁站台。环路出入口坡道外侧设有通往地下三层停车库的车行出入口。

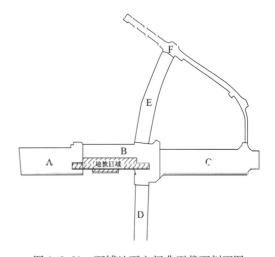

图 1.2.21　万博地下空间典型截面剖面图

A 区东侧与地下市政工程相互交汇，从地面自上到下分别为：（1）万博一路地面下穿车行隧道，南北向穿越汉溪大道；（2）东西向公共人行通道，连接着 A、B 区地下一、二层；（3）南北向地下环路与地下市政综合管沟，跨越东西向地铁轨道区间；（4）东西向车行通道，连接 A、B 区地下车库。

B 区位于项目的中部，万博二路与汉溪大道交汇路口处。连接着 A、C、D、E 区。地铁 7 号线万博中心站站点位于该区南侧。

B 区地下共有四层，各层绝对标高分别为 19.5m、13.0m、8.2m、4.2m。地下一二层主要功能为地下商业，地下三四层为地下车库。地铁区域为地下三层，地下一层结合 B 区商业统一考虑商业业态，地下二层为站厅层，地下三层为站台层。除站台层外，各层均与 B 区平接，地铁人流出闸机后可直接从地铁站厅进入 B 区地下二层商业空间。

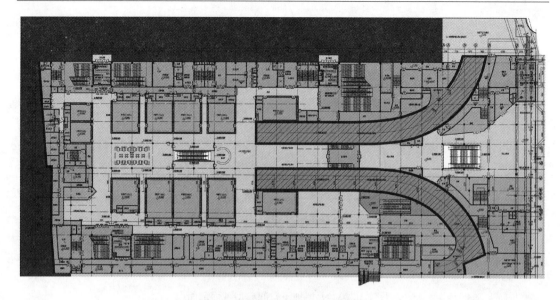

图 1.2.22　A 区地下一层平面图

　　B 区西侧通过连接通道联系 A 区商业及停车；南侧地下一层接壤天河城地块前大型的下沉式广场，作为万博地下商业的主要地面出入口；东侧在万博二路及汉溪大道路口处，设两层通高的地下商业中庭，结合地下二层水体景观设计，打造万博地下商业联系各分区的重要空间节点。

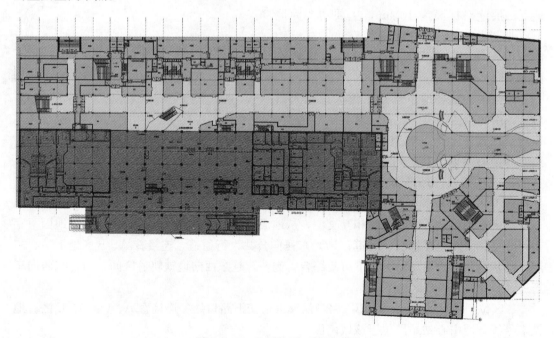

图 1.2.23　B 区地下二层平面图

　　C 区位于项目的东侧，汉溪大道万博二路路口至万惠一路路口处。西侧连接 B 区，东北侧连接 F 区。

　　C 区地下共有四层，各层绝对标高分别为 19.5m、13.0m、8.2m、4.2m。地下一二层主要功能为地下商业，地下三四层为地下车库。根据业主要求地下二层商业设有景观水体，组织人流动线，结合两层通高的商业中庭，形成富有层次的商业空间。东侧地下一层结合市政下穿隧道的环形转盘，设有地下商业的出租车上下客点，以及非繁忙时商业卸货区。地下二层商业可从东北侧连接F区开敞式商业街，或继续往东直接进入公共公园绿地。

地下三层东侧为南北向地下主环路及市政管沟。

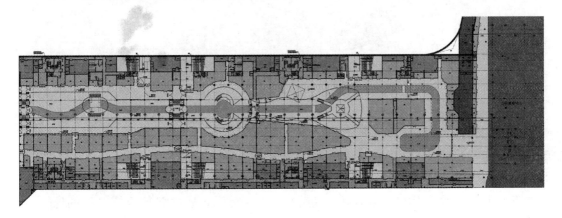

图1.2.24 C区地下二层平面图

D区位于项目的南侧，万博二路汉溪大道路口至万惠二路路口处。北侧连接B区。

D区地下共有三层，各层绝对标高分别为19.5m、13.0m、9m。地下一二层主要功能为地下商业，地下三层为地下车库。

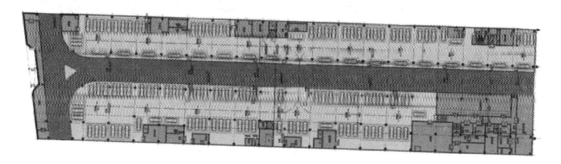

图1.2.25 D区地下三层平面图

E区位于项目的北侧，万博二路汉溪大道路口至万惠二路路口处。南端连接B区，北端连接F区。

根据E区地面道路高程变化，自南向北逐渐降低，因此分南北两段跌级设置地下各层，南段设置四层地下室，各层绝对标高分别为19.5m、13.0m、9m、5m。地下一二层主要功能为地下商业，地下三四层为地下车库。北段仅设置地下二层及地下三层。地下二层与F区半开敞式商业街平接。

F区位于项目的东北侧，万惠一路以下。地下一层标高为13.0m，南侧连接E区地下二层。东侧连接C区地下二层。

由于万博商务区整体地势高差的变化，位于最北侧高差突变的F区成为一条半开敞的

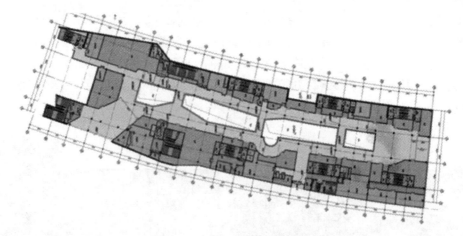

图 1.2.26 E区地下一层平面图

商业街，南面与十字形地下空间相连，北侧地面与公园绿地平接，人可以直接很自然地通过北面环绕的公园绿地步行进入商业街，实现地下商业空间与地面绿地景现的水平连接。在与E区接口处设有公交车停靠站，完善公共交通体系，通过E区连接B区的地铁站，实现公交地铁无缝接驳。

由于本项目为超大型地下空间综合体，在地震作用下的结构总体响应、各部分结构受地震力作用大小以及水平荷载作用下地下空间与高层建筑之间的作用关系等等方面，都是设计计算时值得关注的问题。我们针对各种实际情况均作了详细地计算分析，在工程初步设计及施工图设计阶段都提供了可靠的计算设计依据，并希望对以后的工程项目起到一定的参考作用，具体内容见后面各章节。

1.2.3　广州天河体育中心地下空间项目概述

广州天河体育中心位于市区东部，地处广州市金融商业中心地带，总占地面积51万 m^2，是广州目前最大的体育场地。天河体育中心原主要由体育场、体育馆、游泳馆三大场馆组成。近年来体育中心不断发展，相继兴建了棒球场、网球场、保龄球馆、门球场、室内卡丁车场、露天游泳池、健美乐苑等系列竞赛及群体活动场馆和项目场地。

广州天河体育中心地下空间项目是为解决天河地区停车难、特别是2010年亚运会期间天河体育中心停车问题而建设的综合改造工程，是广州市目前规模最大的地下停车场。该项目坐落于广州市天河体育中心，规划用地面积约13万 m^2，规划总建筑面积约22万 m^2，总投资约20亿元人民币。

该工程主体建筑为全埋式地下室，主要为地下二层，局部地下一层、另局部设夹层。占地面积约121247m^2，总建筑面积222076m^2，停车泊位3500个，总投资为约20亿元，平时为停车场、运动娱乐等体育产业街，战时部分为6B级人防工程。该工程的建设对完善体育中心配套场所，解决体育中心广场停车难，疏散交通，加强人防建设发挥积极的作用。

本工程为全埋地下室，±0.000相当于测量标高11.500m（广州高程系）。主体部分南北最大长度达320m，东西最大长度达620m。主体结构不设置任何变形缝。工程主要为钢筋混凝土框架结构，局部设有交通核的部位为剪力墙结构。地基基础为天然地基筏板基础，抗拔措施主要采用抗拔锚杆。

途经体育中心的地铁线路有地铁一号线、三号线（主线、支线）、旅客自动输送系统（集运线）。其中三号线（主线、支线）及集运线自本工程主体结构下方横贯而过，一号线与本工程东侧距离较近；上述地铁隧道均采用暗挖法施工。按照地铁保护要求，需对各相关隧道采取保护措施。

图 1.2.27 天河体育中心总体图

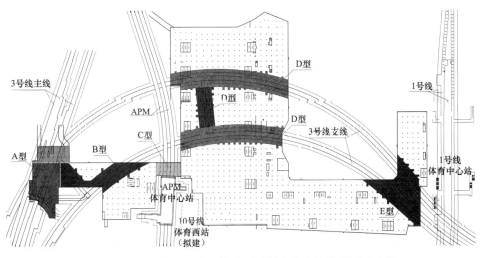

图 1.2.28 超长、超大、多类型跨越多条地铁隧道平面示意

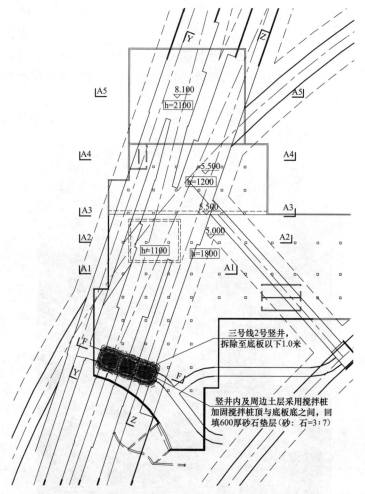

图 1.2.29 西区跨越地铁隧道（A 型）平面示意

（该处是整个项目中跨越情况最为复杂的区域）

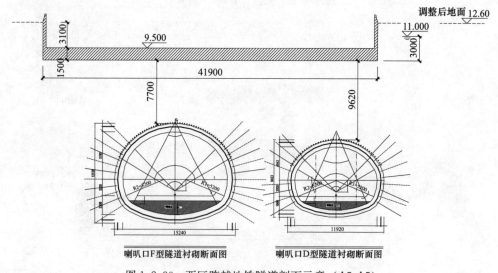

图 1.2.30 西区跨越地铁隧道剖面示意（A5-A5）

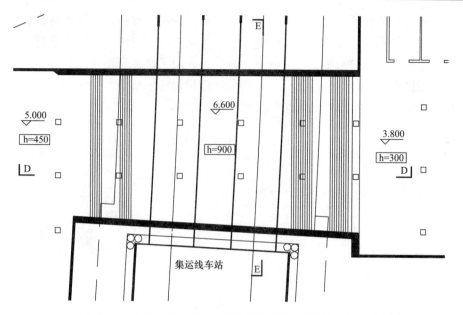

图 1.2.31 中-西区连接通道跨越 APM 隧道（C 型）平面示意
（该处是整个项目中净距最小的区域）

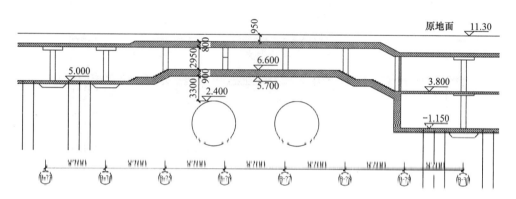

图 1.2.32 中-西区连接通道跨越 APM 隧道剖面（D-D）
（利用主体结构两侧高差起拱形成横向拱式跨越）

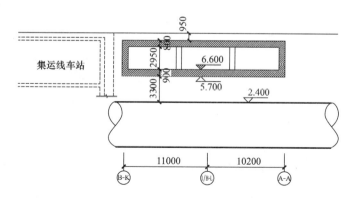

图 1.2.33 中-西区连接通道跨越 APM 隧道剖面（E-E）
（利用主体结构整体形成箱型结构）

　　由于各种因素的影响，本项目结构设计中遇到了大范围跨越多条地铁隧道、支护结构须与主体结构相结合、全埋式地下结构抗浮、主体结构严重超长、后期大量特殊改造等难题。针对以上难题，并根据本工程的特点，设计上采用了多类型跨越地铁隧道、支护结构与主体结构的结合设计针对性措施、以变形分析指导锚杆平面布置优化设计、伸缩沟释放超长结构温度应力等多项有特色的结构设计技术。

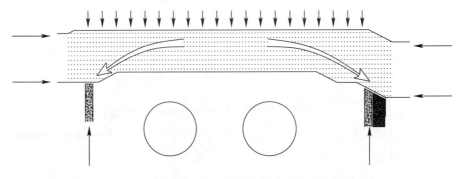

图 1.2.34　中-西区连接通道横向拱式跨越受力构思示意

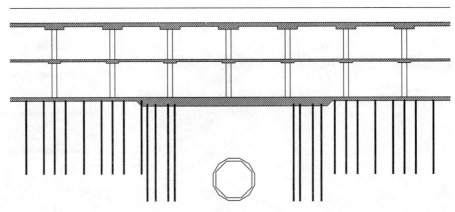

图 1.2.35　中区跨越 3 号线支线隧道剖面
（厚板托换跨越，锚杆抗浮）

第 2 章 超大型地下空间结构整体地震响应分析

2.1 地下建筑结构抗震设计的必要性

本章以万博中央商务区为例，对超大型地下空间结构的整体地震响应进行分析。万博中央商务区位于番禺区北部，番禺大道以东，南大路以南，华南碧桂园以北，西临长隆—汉溪片区，南距番禺市桥约 8km，规划为广州市商业次中心，番禺北部地区的重要公共服务组团之一。万博中央商务区将发展成为华南地区最大的信息产业总部经济基地，定位为以现代信息服务业为主的总部经济圈，着力打造现代信息服务业基地，计划建设成集商务办公、五星级酒店、会展中心、商业公寓、风情购物街、休闲娱乐于一体的万博国际中央商务区。区域规划建设番禺现代信息服务业总部基地（以信投公司为主体进行开发）、五星级酒店、商业广场、购物中心、数码产业总部、智能产业总部、汽车文化商贸中心等 7 大项目，并计划设置公共地下空间，将区内各项目的地下部分互联互通，以构筑立体的商业形态。

万博中央商务区核心区范围内的地下空间包括地下商业、地铁站、地下交通枢纽、地下环形道路、地下车库、综合管沟等。项目的建设将增强万博中央商务区的交通功能，加强与外围城市交通的衔接和联系，实现与公交、轨道交通的便捷换乘功能，创造多层次的地下立体交通体系；连接、整合区域内各类综合设施和周边建筑的地下空间，统一规划区域内供电、给水排水、供冷、垃圾收集、消防设施、人防设施、停车库等各项设施，使区域内各项公共设施实现统筹、统一、有机结合，形成一个资源共享的地下公共空间体系。

万博商务中心区地下空间工程分地下商业建筑和市政工程两大部分，其中市政工程部分又分地面道路和地下道路两个层次。地面道路范围内包括 1 条主干道（汉溪大道）、2 条次干道（万博二路、海顺路）及 4 条支路（万惠一路、万惠二路、万博一路、汇智三路），沿线含桥梁 3 座。地下道路包括万惠路及万博一路负一层隧道（2 个市政隧道）、地下环路系统（1 个主环路、2 个循环通道及 6 组出入口隧道）组成的地下道路系统。工程涉及专业包含：地面道路、地下隧道、综合管沟、综合管廊、给水排水、桥梁工程、基坑工程、智能交通、照明工程、通风设备、雨水回用、真空垃圾处理站及相关工程概预算等专业。

本工程为平面投影尺度约 750m 的地下市政结构，整体模型特别关注地震波行波效应的影响及结构受力特点。本章研究目的如下：

① 研究整体模型在地震波一致输入与多点输入下的特点及差异；
② 研究环形隧道设缝对隧道自身及其他构造物的影响，分析其利弊；
③ 研究环形隧道对其内部、外部的高层塔楼，十字地下空间在地震作用下的影响；
④ 研究隧道在两侧土体不等高约束、两侧有高层塔楼这两种情况下的地震响应特点。
本章研究还包括隧道土体的密实程度对环形隧道地震响应的影响。

2.2　分析模型及计算参数

2.2.1　有限元模型整体信息

本章计算分析采用有限元软件 ABAQUS。本章主要研究地震波多点多向输入对隧道主体结构的影响。

隧道主体结构采用四边或三边形壳单元模拟，混凝土标号为 C35。隧道外侧及隧道底部的土体采用六面体实体单元模拟。环形隧道内部的高层多塔楼模型均假设为框架剪力墙结构，根据规划图建立其有限元模型，其梁柱采用梁单元模拟，剪力墙采用板单元模拟。十字形地下空间采用框架结构，梁柱均采用梁单元模拟。隧道、地下空间和高层之间采用弹簧或柔性杆件连接。整体模型如图 2.2.1 所示。

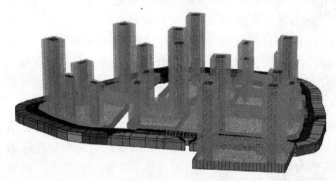

图 2.2.1　整体模型图

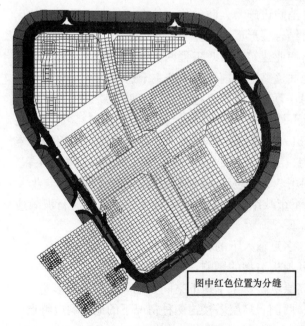

图中红色位置为分缝

图 2.2.2　结构分缝布置图

环形隧道约 60m 设置一道结构缝，缝隙间用聚乙烯发泡填缝板填充。建模时用板单元模拟结构缝，缝隙处单元的弹性模量采用聚乙烯材料的弹性模量。结构分缝如图 2.2.2、图 2.2.3 所示。

主体隧道、设备管沟、市政隧道模型的标高及位置均根据初步设计图纸并做了必要的简化，其中圆弧形隧道采用以直代曲的方式简化为多折形隧道。隧道整体模型如图 2.2.4 所示。

环形隧道外侧的土体厚度取约 30m，深度取约 26m，地震波加载在土体底部。土体整体模型如图 2.2.5 所示，土体模型细部如图 2.2.6 所示。

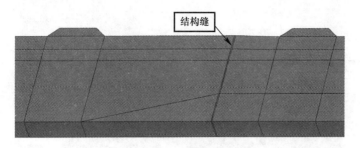

图 2.2.3 结构缝处理方式

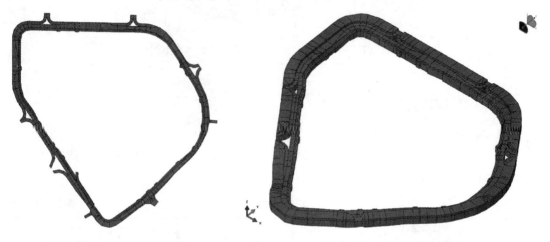

图 2.2.4 隧道整体模型图   图 2.2.5 土体整体模型图

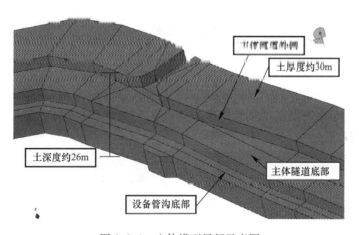

图 2.2.6 土体模型局部示意图

环形隧道内部的多塔楼模型基于规划图建立，并有所简化。先在 Midas/Gen 中建立各地块的有限元模型，调整其侧向位移角至 1/1000，确保模型基本合理后再导入 ABAQUS 中，形成整体模型。各塔楼与十字形地下空间之间用柔性杆单元连接，模拟土的作用。内部地块及十字形地下空间整体模型如图 2.2.7 所示。

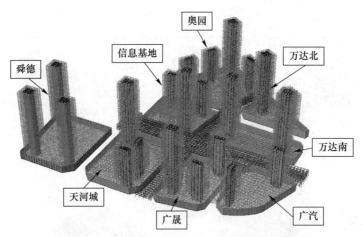

图 2.2.7　内部地块及十字形地下空间整体模型图

2.2.2　模型材料特性

（1）混凝土基本材料参数

C30 混凝土的弹性模量、泊松比、线膨胀系数、容重、比热、导热系数均依据《混凝土结构设计规范》GB 50010—2010 取用。

材料基本参数表　　　　　　　　　　　　　　　　　　表 2.2.1

材料名称	弹性模量（N/m²）	泊松比	线膨胀系数	容重（N/m³）	比热（J/N·℃）	热传导系数（J/m·h·℃）
C35 混凝土	3.0E+10	0.2	1.00E−05	2.50E+04	97.89	10600

（2）土弹簧刚度参数

由于高层建筑、十字地下空间、环形隧道之间土体的厚度不一样，土能提供的刚度也不一样，因此通过计算仿真获得土弹簧的刚度。

计算模型为 10m×10m 正方形截面的立方柱，土体压缩模量取 5.56MPa，泊松系数取 0.3，基于 Mohr-Coulomb 模型，摩擦角取 20 度，内黏聚力取 23.4kPa。顶部受 1kPa 的均布力作用，立方柱底部受竖向约束，周边受水平约束。计算模型如图 2.2.8 所示，计算结构如图 2.2.9 所示。

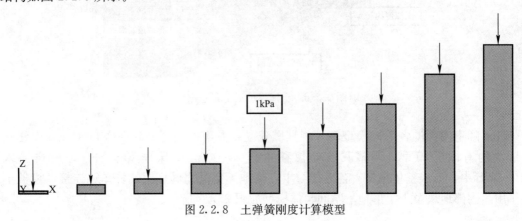

图 2.2.8　土弹簧刚度计算模型

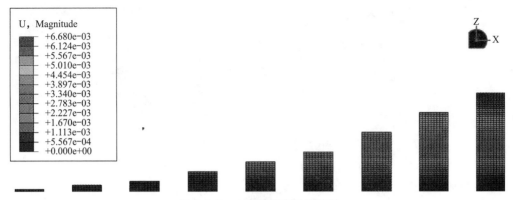

图 2.2.9 土弹簧刚度计算结果

得到土体变形值后，取倒数即得到单位面积土体的土弹簧刚度，如下表：

材料基本参数表 表 2.2.2

土厚度（m）	1	3	5	10	15	20	30
顶部位移（m）	$1.34E-04$	$4.01E-04$	$6.68E-04$	$1.34E-03$	$2.00E-03$	$2.67E-03$	$4.01E-03$
土弹簧刚度（kN/m）	7485	2495	1497	749	499	374	250

根据《建筑地基基础设计规范》5.3.8 条，宽度 b 取 20m，土体变形计算深度可取为 26m。即 1～26m 厚度的土弹簧刚度按上表执行，厚度大于 26m 的取 26m 厚的土弹簧刚度。

2.2.3 模型边界条件

（1）高层建筑及十字形地下空间边界条件

高层建筑及十字形地下空间在底部受竖向位移约束，输入 X 向地震时释放相应方向的位移约束，并约束 Y 向位移。Y 向地震输入时的边界条件相仿。

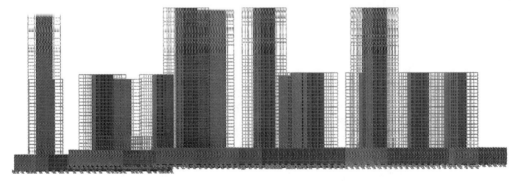

图 2.2.10 高层建筑及十字形地下空间边界条件

（2）土体边界条件

土体在底部受竖向位移约束，输入 X 向地震时释放相应方向的位移约束，并约束 Y 向位移。Y 向地震输入时的边界条件相仿。

图 2.2.11 环形隧道边界条件示意图 1

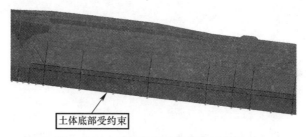

图 2.2.12　环形隧道边界条件示意图 2

（3）环形隧道与土体之间的边界条件

土体与环形隧道及管沟的底部采用绑定连接。

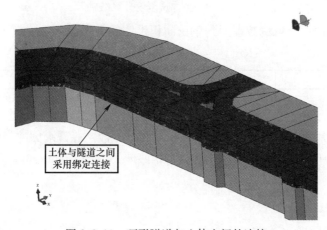

图 2.2.13　环形隧道与土体之间的连接

（4）环形隧道与高层建筑之间的边界条件

环形隧道与高层建筑之间采用两点土弹簧连接，土弹簧刚度根据两者之间的距离以及表 2.2.2 来选取。土弹簧连接如图 2.2.14 所示。

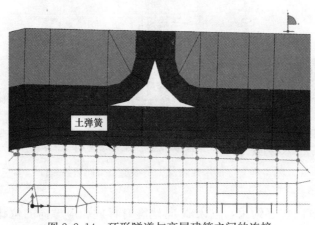

图 2.2.14　环形隧道与高层建筑之间的连接

（5）高层建筑与土体之间的边界条件

高层建筑与土体之间采用对地土弹簧来模拟，土弹簧刚度根据两者之间的距离以及表 2.2.2 来选取。土弹簧连接如图 2.2.15 所示。

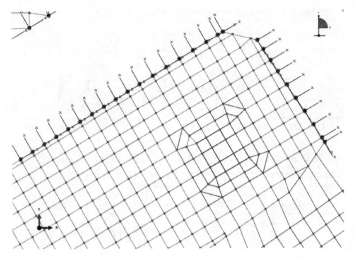

图 2.2.15 高层建筑与土体之间的连接

2.2.4 地震波参数及加载方式

本工程建筑场地类别为 Ⅱ 类，场地地震设防烈度为 7 度，设计基本地震加速度为 0.10g，设计地震分组为第一组。多遇地震水平地震影响系数最大值为 0.08，设防地震水平地震影响系数最大值为 0.23，罕遇地震水平地震影响系数最大值为 0.5，反应谱特征周期 $T_g = 0.35s$。

动力响应分析采用短周期的 EI-Centro 波及长周期的 TCU 波。峰值加速度均为 220cm/s^2，设计地震分组为第一组，场地类别 Ⅱ 类。动力响应采用位移波加载。

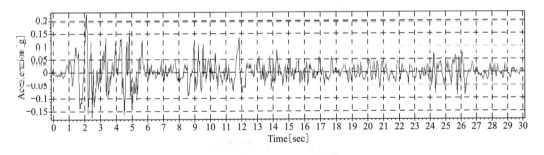

图 2.2.16 EI-Centro 波加速度时程 （峰值 220cm/s^2）

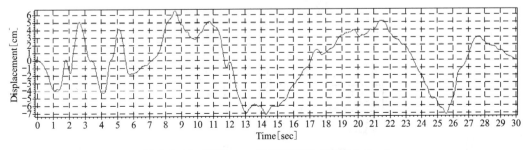

图 2.2.17 EI-Centro 位移度时程 （峰值-7.2cm）

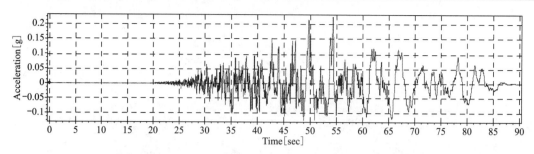

图 2.2.18　TCU 长周期波加速度时程（峰值 220cm/s²）

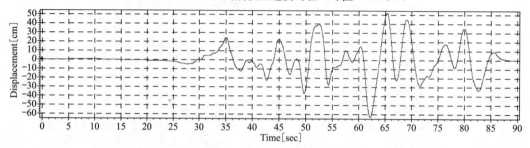

图 2.2.19　TCU 长周期波位移度时程（峰值 -63.1cm）

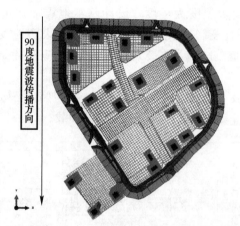

图 2.2.20　90 度地震波传播方向

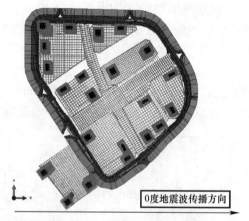

图 2.2.21　0 度地震波传播方向

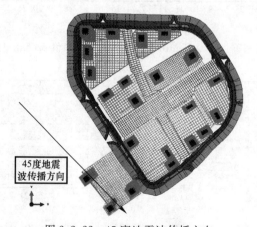

图 2.2.22　45 度地震波传播方向

2.3　超长地下空间结构的多点激振分析

本节目的是对比分析万博广场整体模型在 90 度方向罕遇地震波输入时，多种不同条件下结构的受力及变形状况。包括土对结构约束情况的改变、长周期和短周期地震波作用、结构是否设缝隙。

2.3.1　环路隧道位移结果及分析

现象：

（1）一致输入的位移峰值比多点输入大；

（2）测点接近地震波输入 0 时刻点，波形相位差小；

（3）多点输入对比起一致输入，高频响应被过滤；

（4）土弹簧刚度的减少对隧道位移响应影响较小，位移峰值基本相同；

（5）不设缝时的隧道位移响应比设缝时要小。

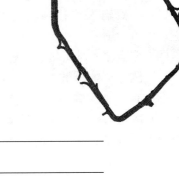

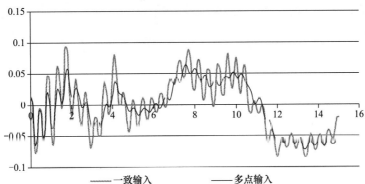

图 2.3.1　基于实际模型的结果（单位：m）

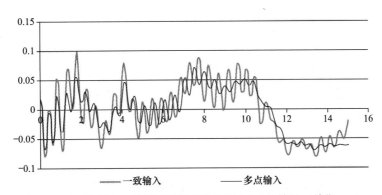

图 2.3.2　将周边土弹簧刚度削减为实际 1/10 的结果（单位：m）

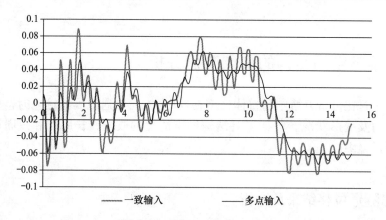

图 2.3.3　假设隧道不设结构缝时的结果（单位：m）

现象：

（1）一致输入位移响应比多点输入大，但峰值比较接近；

（2）多点输入对比起一致输入，高频响应被过滤；

（3）测点离地震波 0 时刻输入点有 1.8 秒的时间差，各波形也有 1.8 秒左右的相位差；

（4）隧道与裙房之间土弹簧刚度的减少导致隧道位移响应增大，刚度削减 90％时位移增大 14％。

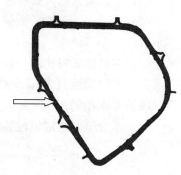

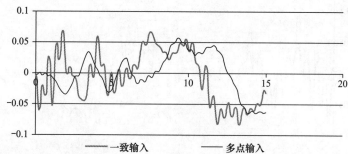

图 2.3.4　基于实际模型的结果（单位：m）

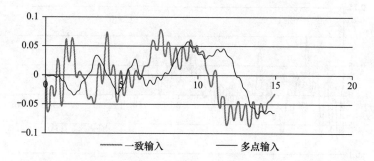

图 2.3.5　将周边土弹簧刚度削减为实际 1/10 的结果（单位：m）

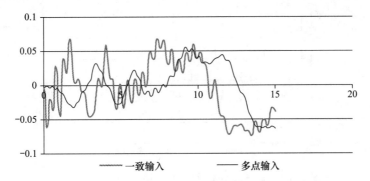

图 2.3.6　假设隧道不设结构缝时的结果（单位：m）

2.3.2　十字地下空间位移结构及分析

现象：

（1）一致输入位移响应比多点输入大很多，约多点输入的 4 倍；

（2）多点输入对比起一致输入，高频响应被明显过滤；

（3）测点接近地震波输入 0 时刻点，波形相位差小；

（4）土弹簧刚度的减少对隧道位移响应基本无影响；

（5）隧道设缝对十字隧道的位移响应基本无影响。

图 2.3.7　基于实际模型的结果（单位：m）

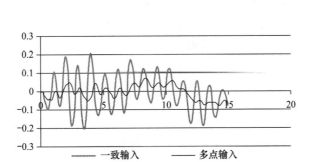

图 2.3.8　将周边土弹簧刚度削减为实际 1/10 的结果（单位：m）

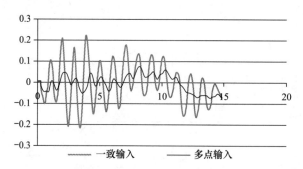

图 2.3.9　假设隧道不设结构缝时的结果（单位：m）

现象：

（1）一致输入位移峰值比多点输入大 80%；

（2）多点输入对比起一致输入，高频响应被明显过滤；

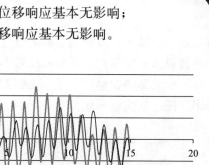

（3）测点离地震波 0 时刻输入点有 2.0 秒的时间差，各波形也有 2.0 秒左右的相位差。波形相差较大；

（4）土弹簧刚度的减少对隧道位移响应基本无影响；

（5）隧道设缝对十字隧道的位移响应基本无影响。

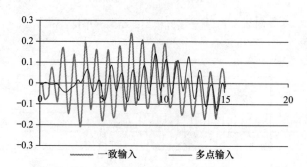

图 2.3.10　基于实际模型的结果（单位：m）

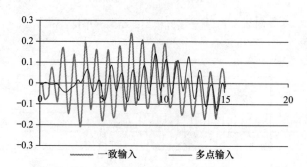

图 2.3.11　将周边土弹簧刚度削减为实际 1/10 的
结果（单位：m）

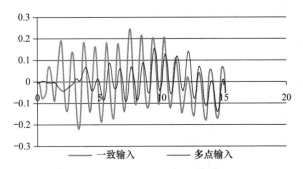

图 2.3.12 假设隧道不设结构缝时的结果（单位：m）

2.3.3 高层塔楼的位移结果及分析

现象：

(1) 测点为奥园最靠近隧道的塔楼顶；

(2) 一致输入峰值比多点输入大；

(3) 位置接近地震波输入 0 时刻点，波形相位差小；

(4) 多点输入对比起一致输入，波形比较接近；

(5) 隧道与裙房之间土弹簧刚度的减少对隧道位移响应基本无影响；

(6) 隧道是否设缝对高层塔楼的位移响应基本无影响。

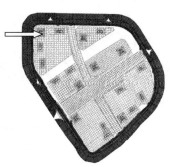

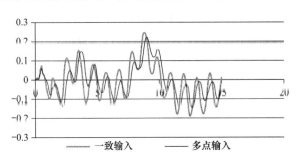

图 2.3.13 基于实际模型的结果（单位：m）

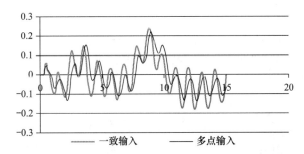

图 2.3.14 将周边土弹簧刚度削减为实际 1/10 的
结果（单位：m）

37

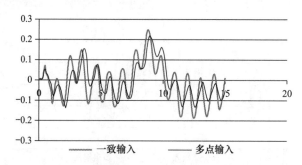

图 2.3.15　假设隧道不设结构缝时的结果（单位：m）

2.3.4　高层结构裙房与十字地下空间之间的土弹簧轴向力结果及分析

现象：

（1）一致输入动土压力峰值比多点输入大，大了约30%；

（2）多点输入对比起一致输入，波形基本一致；

（3）隧道周边土弹簧刚度的减少对裙房与地下空间之间的动土压力响应基本无影响；

（4）不设缝时的轴力响应比设缝时基本一致。

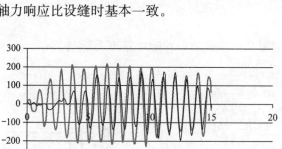

图 2.3.16　基于实际模型的结果（单位：m）

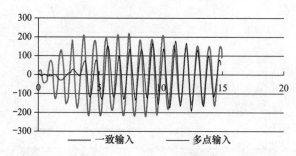

图 2.3.17　将周边土弹簧刚度削减为实际 1/10 的
结果（单位：m）

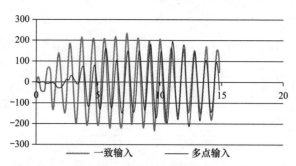

图 2.3.18　假设隧道不设结构缝时的结果（单位：m）

2.3.5　高层结构裙房与环路隧道之间的土弹簧轴向力结果及分析

现象：

（1）短周期波，一致输入峰值与多点输入比较接近；

（2）多点输入对比起一致输入，波形相差较大；

（3）隧道周边土弹簧刚度的减少 90％ 后，土弹簧的内力相应减少约 85％，两者基本呈线性关系；

（4）对一致输入，设缝后的弹簧内力比不设时减少 10％；

（5）对于长周期波，多点输入比一致输入的土弹簧内力大 3 倍。

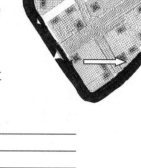

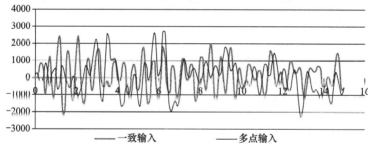

图 2.3.19　基于实际模型的结果（单位：m）

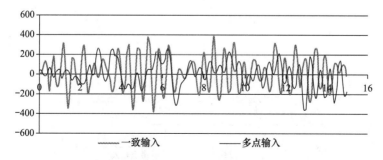

图 2.3.20　将周边土弹簧刚度削减为实际 1/10 的结果（单位：m）

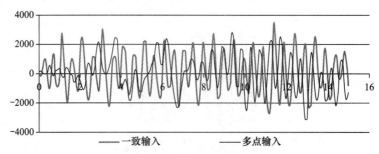

图 2.3.21　假设隧道不设结构缝时的结果（单位：m）

2.3.6　环路隧道结构缝轴向应力结果及分析

现象：

（1）短周期波作用下，缝变形约 8mm，长周期波作用下，缝变形约 70mm；

（2）结构缝除了轴向变形外，在多点输入下容易出现剪切变形；

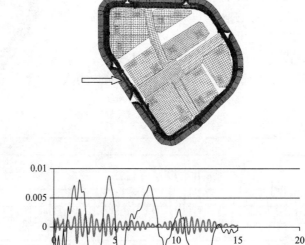

图 2.3.22　基于实际模型的结果（单位：m）

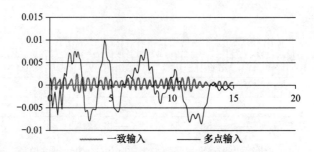

图 2.3.23　将周边土弹簧刚度削减为实际 1/10 的结果（单位：m）

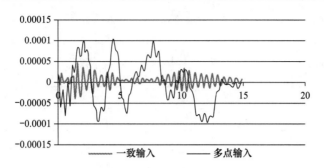

图 2.3.24 假设隧道不设结构缝时的结果（单位：m）

2.4 超长地下空间结构在长周期地震波作用下的响应

本节目的是对比分析万博广场整体模型在 90 度方向罕遇地震波输入时，短周期波和长周期波分别作用时结构的受力及变形状况。

2.4.1 环路隧道位移结果及分析

现象：长周期波的位移响应比短周期波大了约 6 倍。

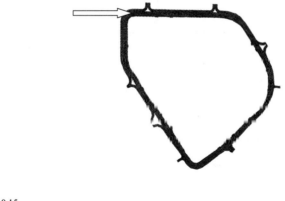

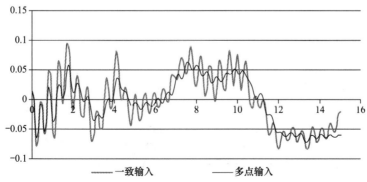

图 2.4.1 设结构缝时短周期波作用下的结果（单位：m）

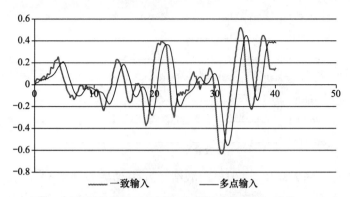

图 2.4.2 设结构缝时长周期波作用下的结果（单位：m）

现象：

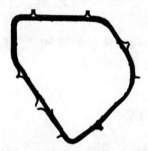

长周期波的位移响应比短周期波大了约 8.5 倍。

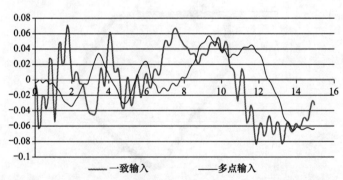

图 2.4.3 设结构缝时短周期波作用下的结果（单位：m）

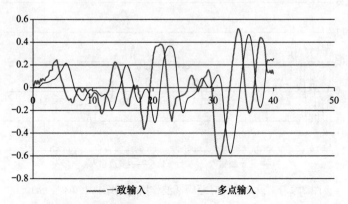

图 2.4.4 设结构缝时长周期波作用下的结果（单位：m）

2.4.2　十字地下空间位移结果及分析

现象：

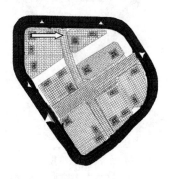

长周期波的位移响应比短周期波大了约 2.5 倍。

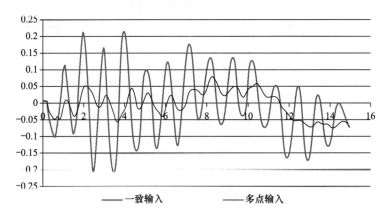

图 2.4.5　设结构缝时短周期波作用下的结果（单位：m）

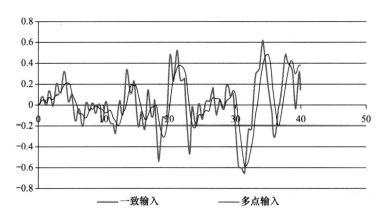

图 2.4.6　设结构缝时长周期波作用下的结果（单位：m）

现象：

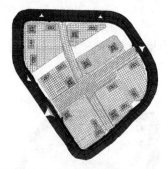

长周期波的位移响应比短周期波大了约 2.5 倍。

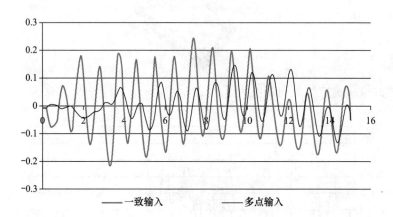

图 2.4.7　设结构缝时短周期波作用下的结果（单位：m）

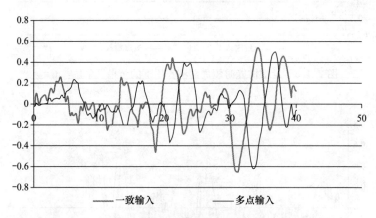

图 2.4.8　设结构缝时长周期波作用下的结果（单位：m）

2.4.3　高层结构塔楼的位移结果及分析

现象：

长周期波的位移响应比短周期波大了约 14 倍。

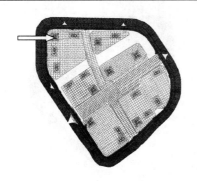

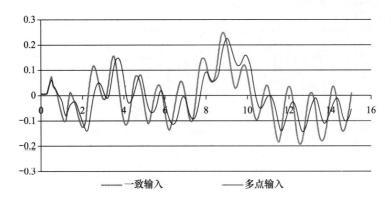

图 2.4.9 设结构缝时短周期波作用下的结果（单位：m）

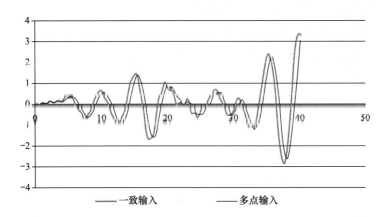

图 2.4.10 设结构缝时长周期波作用下的结果（单位：m）

2.4.4 高层结构裙房与十字地下空间之间的土弹簧轴向力结果及分析

现象：

测点比较接近地下空间与隧道的交接部位，长周期波的内力响应比短周期波的峰值大 1.5 倍。

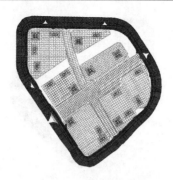

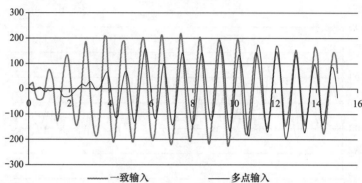

图 2.4.11　设结构缝时短周期波作用下的结果（单位：m）

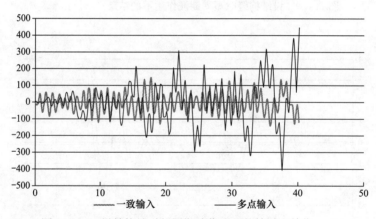

图 2.4.12　设结构缝时长周期波作用下的结果（单位：m）

2.4.5　高层结构裙房与环路隧道之间的土弹簧轴向力结果及分析

现象：

（1）对于长周期波，多点输入比一致输入的土弹簧内力大 3 倍；

（2）对于长周期波，多点输入与一致输入产生的侧壁与裙房相互作用有较大不同（增大约 2 倍），需根据多点输入的结果进行设计。

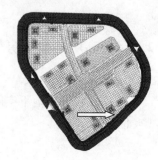

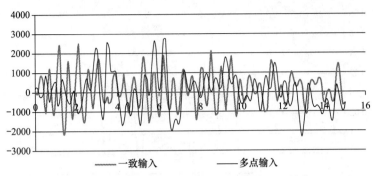

图 2.4.13 设结构缝时短周期波作用下的结果（单位：m）

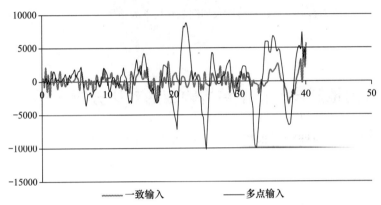

图 2.4.14 设结构缝时长周期波作用下的结果（单位：m）

2.4.6 环路隧道结构缝轴向应力结果及分析

现象：

（1）短周期波作用下，缝变形约 8mm，长周期波作用下，缝变形约 70mm；

（2）长周期波作用下，缝的变形较大，容易产生破坏而导致两节段混凝土直接相碰，应加强缝两侧混凝土的构造措施。

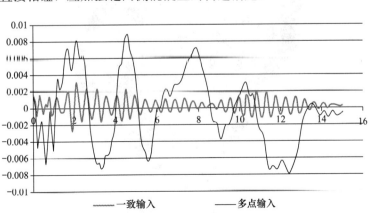

图 2.4.15 设结构缝时短周期波作用下的结果（单位：m）

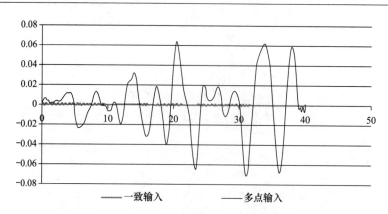

图 2.4.16　设结构缝时长周期波作用下的结果（单位：m）

2.5　不同方向地震波作用下结构响应的对比分析

本节目的是分析长周期罕遇地震波多点输入下，0 度、45 度、90 度地震波输入下结构响应的差异。

2.5.1　0 度多点输入的计算结果及分析

（1）动土压力对比

0 度地震输入与 90 度地震输入相比，高层裙房与十字地下空间之间（测点 A、测点 B）的动土压力作用峰值较接近，未出现 0 度输入比 90 度输入明显增大的情况。结构动土压力测点位置如图 2.5.1 所示。

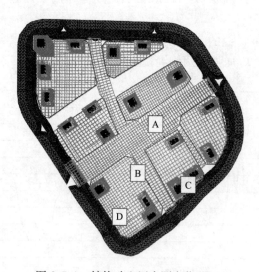

图 2.5.1　结构动土压力测点位置

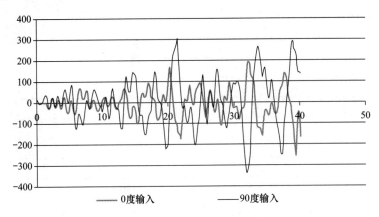

图 2.5.2 测点 A 的动土压力变化曲线（单位：kN）

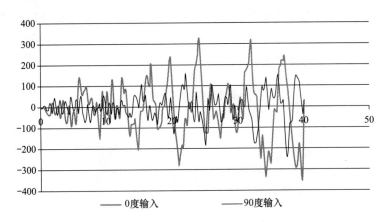

图 2.5.3 测点 B 的动土压力变化曲线（单位：kN）

高层裙房与隧道之间的土弹簧轴力（测点 C、测点 D）0 度地震输入比 90 度地震输入要大，主要是因为 D 测点的土弹簧方向与地震波输入方向较一致。

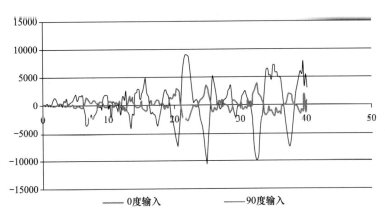

图 2.5.4 测点 C 的土弹簧轴力变化曲线（单位：kN）

（2）结构缝受力及变形对比

测点 A 的结构缝与 0 度地震波方向基本垂直，拉压变形明显，结构缝的主应力也较

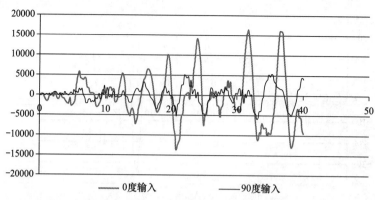

图 2.5.5 测点 D 的土弹簧轴力变化曲线（单位：kN）

大，达 21MPa。测点 B 处的结构缝与 0 度地震波方向基本平行，剪切变形显著，但主应力比主要承受拉压变形的结构缝（测点 A）要小很多。测点 C 处的结构缝与 0 度地震波方向成锐角，该处结构缝拉压变形与剪切变形兼有，结构缝主应力也介于两者之间。结构缝受力及变形测点位置如图 2.5.6 所示。

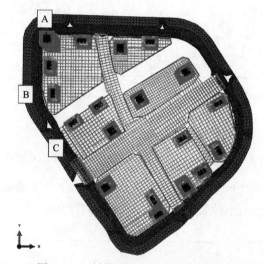

图 2.5.6 结构缝受力及变形测点位置

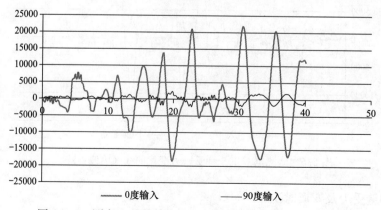

图 2.5.7 测点 A 处的结构缝应力变化曲线（单位：kN/m²）

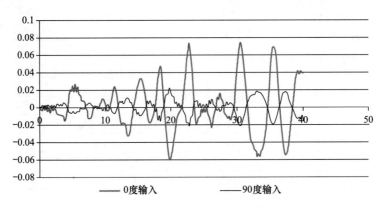

图 2.5.8　测点 A 处的结构缝变形曲线（单位：m）

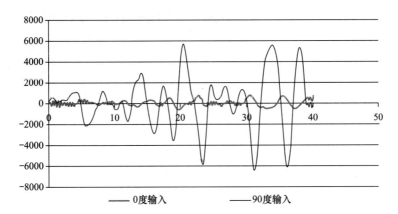

图 2.5.9　测点 B 处的结构缝应力变化曲线（单位：kN/m^2）

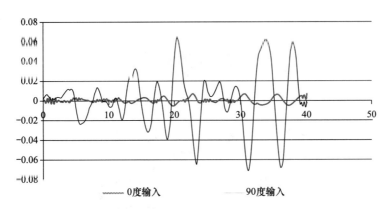

图 2.5.10　测点 B 处的结构缝变形曲线（单位：m）

（3）结构位移对比

测点 A、测点 B 均在隧道边缘，0 度和 90 度地震相比，位移峰值增大了约 15%。测点 C、测点 D 在奥园及广汽这两地块的塔楼顶部，测点 D 的两方向地震响应有一定差别，主要因为测点 D 所处的塔楼呈矩形，两方向动力特性不一致。结构位移测点位置如图 2.5.13 所示。

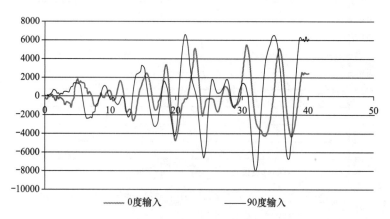

图 2.5.11　测点 C 处的结构缝应力变化曲线（单位：kN/m²）

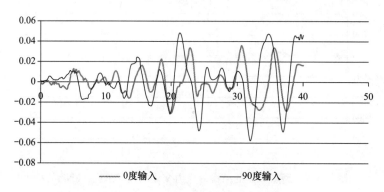

图 2.5.12　测点 C 处的结构缝变形曲线（单位：m）

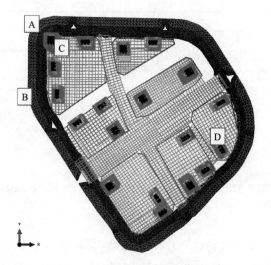

图 2.5.13　结构位移测点位置图

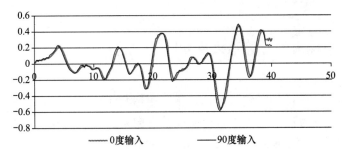

图 2.5.14 测点 A 处的隧道边缘位移曲线（单位：m）

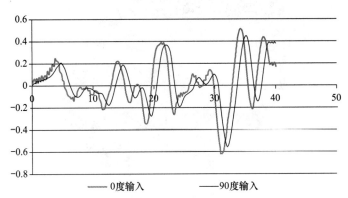

图 2.5.15 测点 B 处的隧道边缘位移曲线（单位：m）

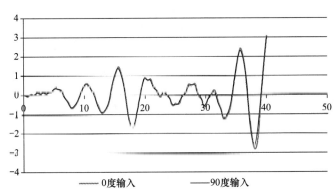

图 2.5.16 测点 C 处的高层塔楼顶位移曲线（单位：m）

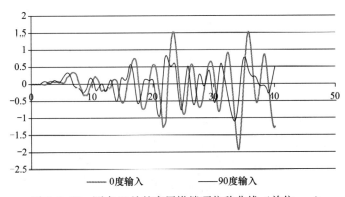

图 2.5.17 测点 D 处的高层塔楼顶位移曲线（单位：m）

2.5.2　45 度多点输入的计算结果及分析

（1）动土压力对比

45 度地震输入与 90 度地震输入相比，高层裙房与十字地下空间之间（测点 A、测点 B）的动土压力的特点为：挡土墙方向与地震波方向垂直的测点动土压力大。结构动土压力测点位置如图 2.5.18 所示。

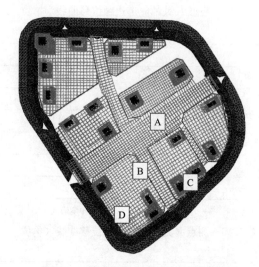

图 2.5.18　结构动土压力测点位置

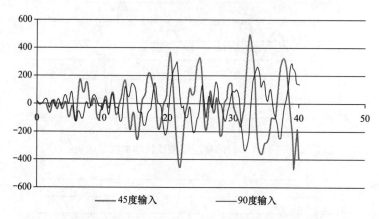

图 2.5.19　测点 A 的动土压力变化曲线（单位：kN）

高层裙房与隧道之间的土弹簧轴力（测点 C、测点 D）45 度地震输入比 90 度地震输入要大，主要是因为 D 测点的土弹簧方向与地震波输入方向较一致。

（2）结构缝受力及变形对比

测点 C 的结构缝与 45 度地震波方向基本垂直，拉压变形明显，结构缝的主应力也较大，达 10MPa。测点 A 处的结构缝与 45 度地震波方向接近平行，剪切变形显著，但主应力比主要承受拉压变形的结构缝（测点 A）要小很多。测点 B 处的结构缝与 45 度地震波

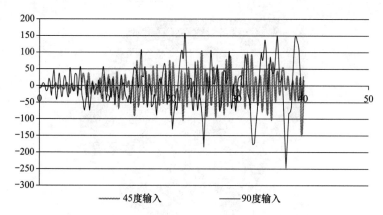

图 2.5.20　测点 B 的动土压力变化曲线（单位：kN）

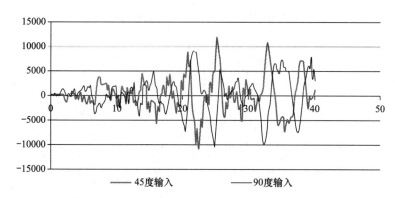

图 2.5.21　测点 C 的土弹簧轴力变化曲线（单位：kN）

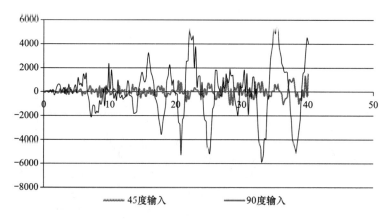

图 2.5.22　测点 D 的土弹簧轴力变化曲线（单位：kN）

方向成锐角，该处结构缝拉压变形与剪切变形兼有，结构缝主应力也介于两者之间。结构缝受力及变形测点位置如图 2.5.23 所示。

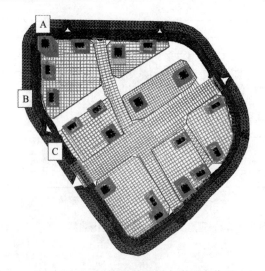

图 2.5.23　结构缝受力及变形测点位置

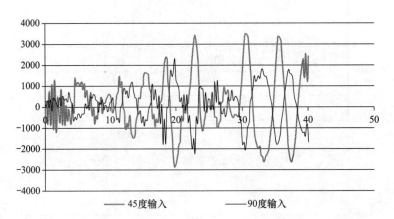

图 2.5.24　测点 A 处的结构缝应力变化曲线（单位：kN/m²）

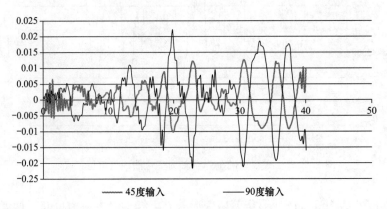

图 2.5.25　测点 A 处的结构缝变形曲线（单位：m）

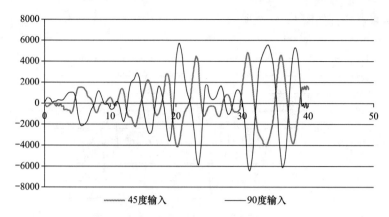

图 2.5.26 测点 B 处的结构缝应力变化曲线（单位：kN/m²）

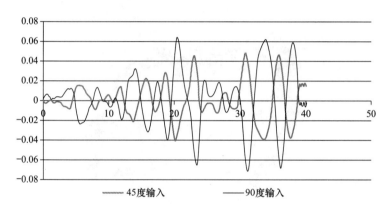

图 2.5.27 测点 B 处的结构缝变形曲线（单位：m）

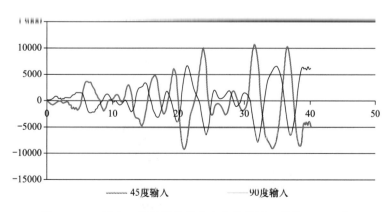

图 2.5.28 测点 C 处的结构缝应力变化曲线（单位：kN/m²）

（3）结构位移对比

测点 A、测点 B 均在隧道边缘，45 度和 90 度地震相比位移峰值相差 6％以内。测点 C、测点 D 在奥园及广汽这两地块的塔楼顶部，45 度和 90 度地震相比位移峰值相差 6％以内。结构位移测点位置如图 2.5.30 所示。

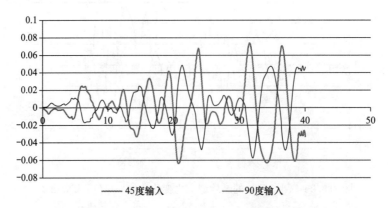

图 2.5.29　测点 C 处的结构缝变形曲线（单位：m）

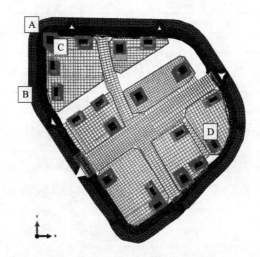

图 2.5.30　结构位移测点位置图

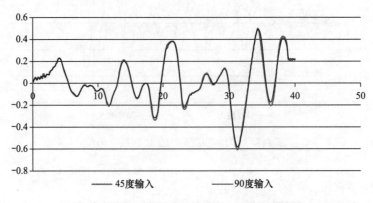

图 2.5.31　测点 A 处的隧道边缘位移曲线（单位：m）

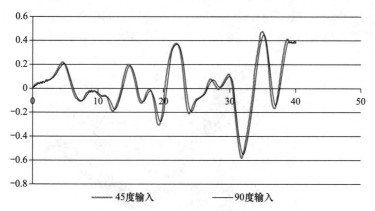

图 2.5.32 测点 B 处的隧道边缘位移曲线（单位：m）

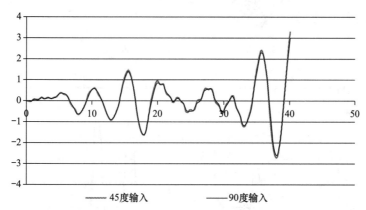

图 2.5.33 测点 C 处的高层塔楼顶位移曲线（单位：m）

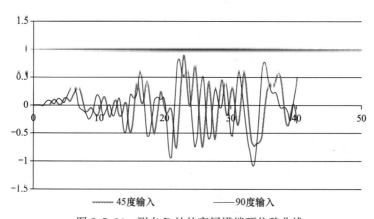

图 2.5.34 测点 D 处的高层塔楼顶位移曲线

2.6 环路隧道与周边高层建筑相互影响

本节内容以舜德酒店相邻端环路隧道为例，分析舜德酒店对环路隧道的影响。

（1）土弹簧轴力对比

有舜德酒店与没有舜德酒店相比，测点 A 的峰值增大了约 4%，测点 B 的峰值降低了约 13％、测点 C 的峰值降低了约 2％。舜德酒店在隧道左侧提供了比原有土体更强的约束刚度，普遍降低了土体对隧道的动土压力作用。土弹簧测点位置如图 2.6.1 所示。

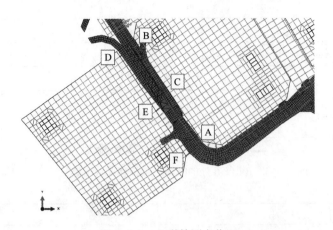

图 2.6.1　土弹簧测点位置

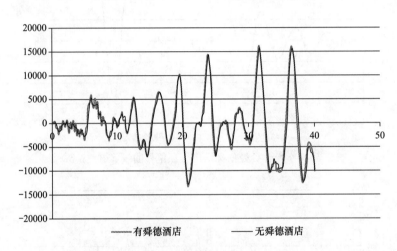

图 2.6.2　测点 A 的土弹簧轴力变化曲线（单位：kN）

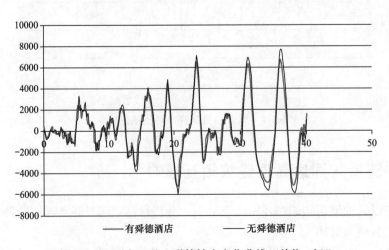

图 2.6.3　测点 B 的土弹簧轴力变化曲线（单位：kN）

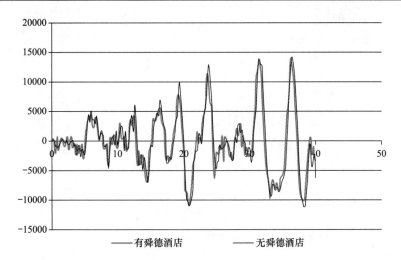

图 2.6.4 测点 C 的土弹簧轴力变化曲线（单位：kN）

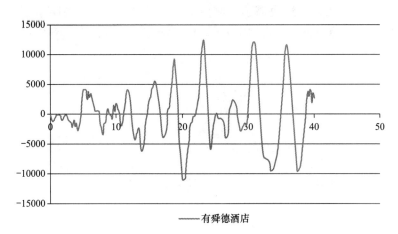

图 2.6.5 测点 D 的土弹簧轴力变化曲线（单位：kN）

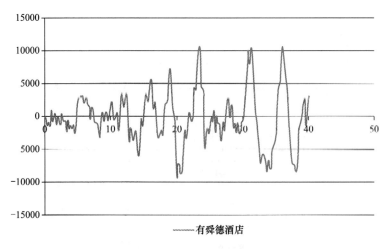

图 2.6.6 测点 E 的土弹簧轴力变化曲线（单位：kN）

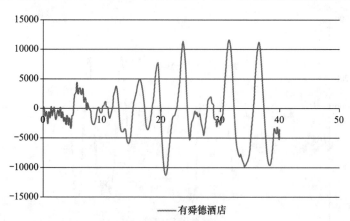

图 2.6.7　测点 F 的土弹簧轴力变化曲线（单位：kN）

（2）结构位移对比

有舜德酒店与没有舜德酒店相比，隧道边缘（测点 A、测点 B、测点 C）位移峰值基本都增大 1.2%左右。天河城地块塔顶（测点 E）位移减少 1%，说明舜德酒店的存在为隧道及周边地块提供了更好的基底嵌固效果。位移测点位置如图 2.6.8 所示。

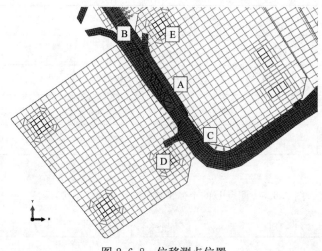

图 2.6.8　位移测点位置

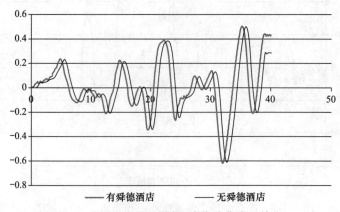

图 2.6.9　测点 A 处的隧道边缘位移曲线（单位：m）

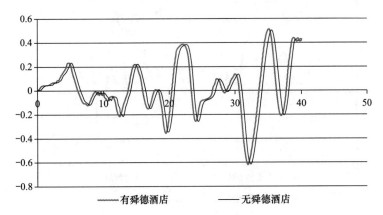

图 2.6.10 测点 B 处的隧道边缘位移曲线（单位：m）

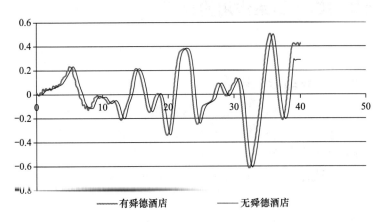

图 2.6.11 测点 C 处的隧道边缘位移曲线（单位：m）

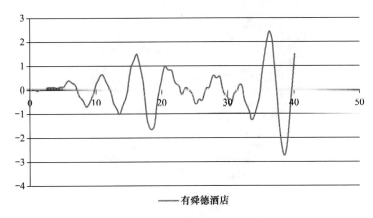

图 2.6.12 测点 D 处的高层塔楼顶位移曲线（单位：m）

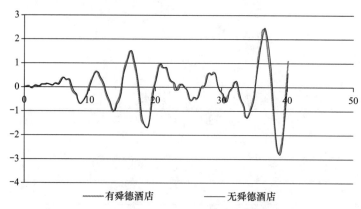

图 2.6.13 测点 E 处的高层塔楼顶位移曲线（单位：m）

2.7 周边土体对结构约束作用的分析

2.7.1 土体阻尼对计算结果的影响

本节目的是分析长周期罕遇波 90 度多点输入下，是否考虑土体阻尼对结构响应的差异。

（1）动土压力对比

土体考虑 0.05 的阻尼比后，高层裙房与十字地下空间之间（测点 A）的动土压力作用峰值减少了 3.3%，高层裙房之间（测点 B）的动土压力作用峰值减少了 3.2%，可见考虑土阻尼能减少这些部位的动土压力，但减少值很有限。动土压力测点位置如图 2.7.1 所示。

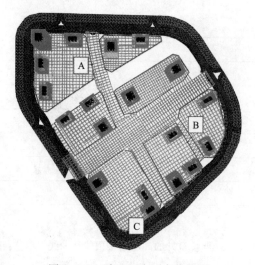

图 2.7.1 动土压力测点位置图

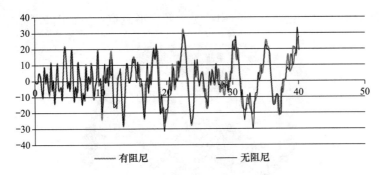

图 2.7.2　测点 A 的动土压力变化曲线（单位：kN）

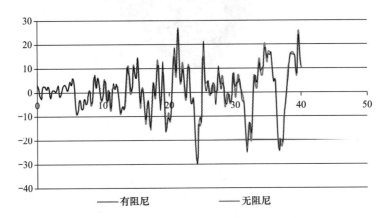

图 2.7.3　测点 B 的动土压力变化曲线（单位：kN）

土体考虑 0.05 的阻尼比后，高层裙房与隧道之间的土弹簧轴力有所减少，峰值减少了约 7.6%。土阻尼对高频摆动削弱的比较明显。

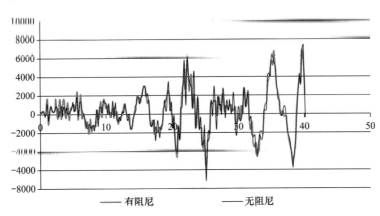

图 2.7.4　测点 C 的土弹簧轴力变化曲线（单位：kN）

（2）结构缝受力及变形对比

土体考虑阻尼比后，主要受剪切变形的结构缝（测点 A）其应力及变形均有所减少，应力峰值减少了约 20%，变形峰值减少了约 7%。主要受拉压变形的结构缝（测点 B）的应力及变形只有轻微减少，应力峰值减少了约 1%，变形峰值减少了约 0.9%。土阻尼对减少结构缝剪切变形及应力较明显。结构缝受力及变形测点位置如图 2.7.5 所示。

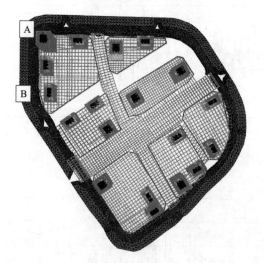

图 2.7.5　结构缝受力及变形测点位置图

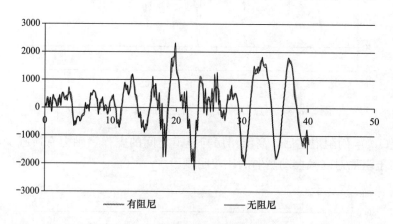

图 2.7.6　测点 A 处的结构缝应力变化曲线（单位：kN/m²）

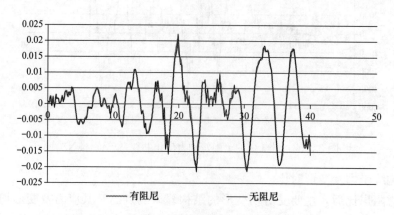

图 2.7.7　测点 A 处的结构缝变形曲线（单位：m）

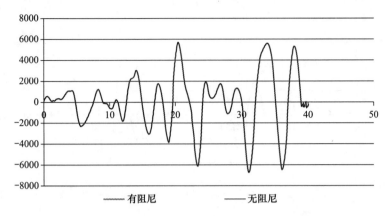

图 2.7.8　测点 B 处的结构缝应力变化曲线（单位：kN/m²）

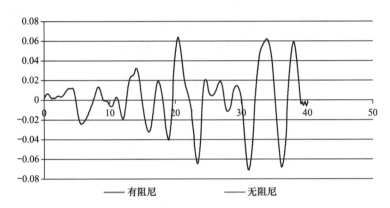

图 2.7.9　测点 B 处的结构缝变形曲线（单位：m）

（3）结构位移对比

土体考虑阻尼比后，塔楼顶部（测点 A）及隧道边缘（测点 B）的位移相应基本无变化。结构位移测点位置如图 2.7.10 所示。

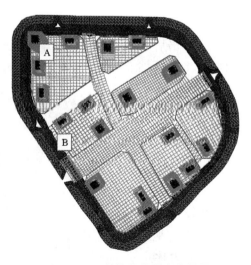

图 2.7.10　结构位移测点位置图

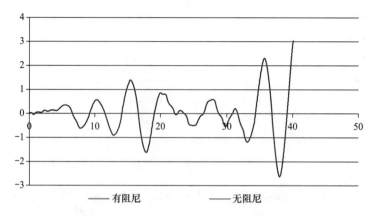

图 2.7.11　测点 A 处的高层塔楼顶位移曲线（单位：m）

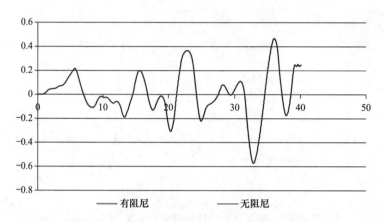

图 2.7.12　测点 B 处的隧道边缘位移曲线（单位：m）

2.7.2　土弹簧刚度对计算结果的影响

（1）土弹簧轴力对比

隧道内侧的土弹簧刚度增大一倍后（相当于压缩模量为 11.12MPa 的土体），土弹簧轴力增大幅度小于 100%。测点 A 的土弹簧轴力增大了 68%，测点 B 的土弹簧刚度增大了 92%。结构动土压力测点位置如图 2.7.13 所示。

（2）结构缝受力及变形对比

测点 B 的结构缝与地震波方向基本垂直，拉压变形明显，结构缝的主应力达 6MPa，土弹簧刚度增大一倍后缝应力减少 2%，缝变形减少 1.5%。测点 A、测点 C 处的结构缝与地震波方向接近平行，剪切变形显著，但主应力比主要承受拉压变形的结构缝（测点 B）要小很多，土弹簧刚

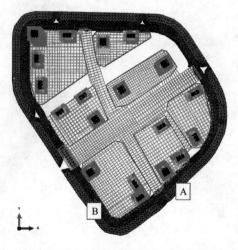

图 2.7.13　结构动土压力测点位置

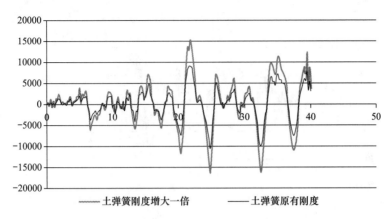

图 2.7.14　测点 A 的土弹簧轴力变化曲线（单位：kN）

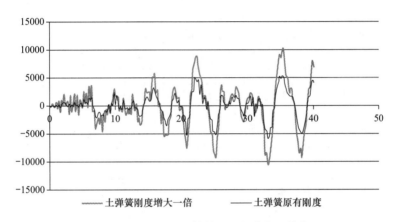

图 2.7.15　测点 B 的土弹簧轴力变化曲线（单位：kN）

度增大一倍后缝应力减少 10%～20%，缝变形减少 2%～20%。结构缝受力及变形测点位置如图 2.7.16 所示。

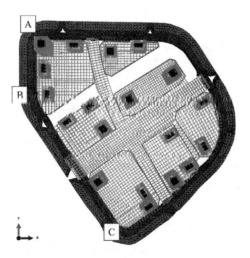

图 2.7.16　结构缝受力及变形测点位置

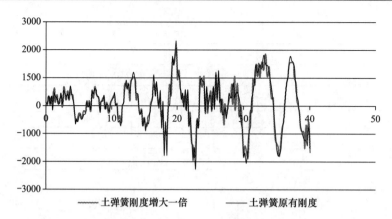

图 2.7.17　测点 A 处的结构缝应力变化曲线（单位：kN/m²）

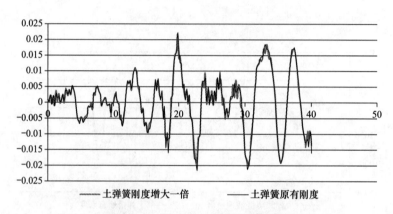

图 2.7.18　测点 A 处的结构缝变形曲线（单位：m）

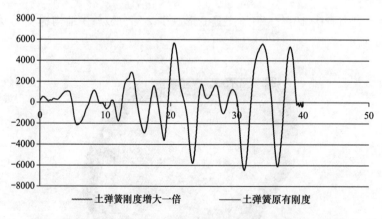

图 2.7.19　测点 B 处的结构缝应力变化曲线（单位：kN/m²）

（3）结构位移对比

测点 A、测点 B 均在隧道边缘，土弹簧刚度增大一倍后位移峰值减少 0.15％～0.3％ 左右。测点 C、测点 D 在奥园及广汽这两地块的塔楼顶部，土弹簧刚度增大一倍后位移峰值几近不变。结构位移测点位置如图 2.7.23 所示。

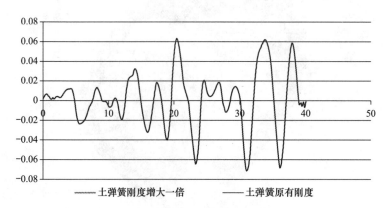

图 2.7.20 测点 B 处的结构缝变形曲线（单位：m）

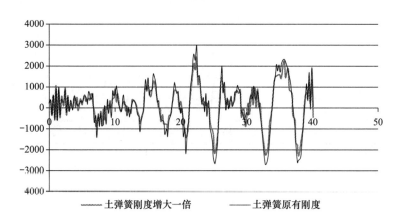

图 2.7.21 测点 C 处的结构缝应力变化曲线（单位：kN/m²）

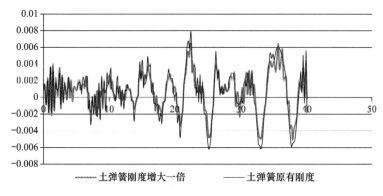

图 2.7.22 测点 C 处的结构缝变形曲线（单位：m）

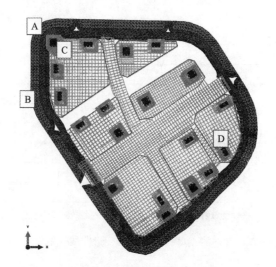

图 2.7.23　结构位移测点位置图

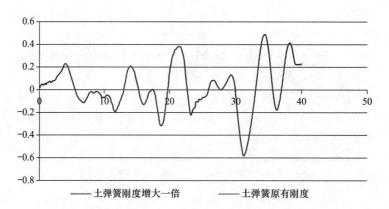

图 2.7.24　测点 A 处的隧道边缘位移曲线（单位：m）

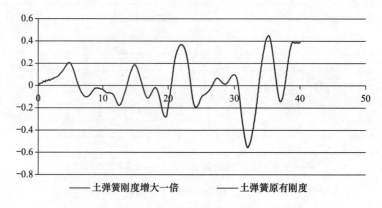

图 2.7.25　测点 B 处的隧道边缘位移曲线（单位：m）

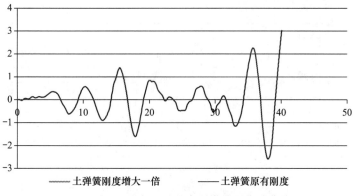

图 2.7.26 测点 C 处的高层塔楼顶位移曲线

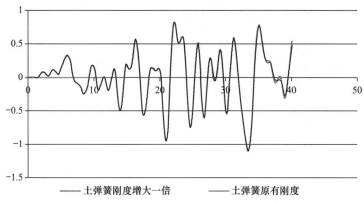

图 2.7.27 测点 D 处的高层塔楼顶位移曲线（单位：m）

2.8 设防地震和罕遇地震作用下结构缝变形分析

本节目的是分析长周期波 90 度多点输入下，对比罕遇地震与设防地震时结构缝的变形差异。

对于与地震波传播方向相对较平行的结构缝，结构缝变形主要体现为剪切变形（如 A、E 测点），罕遇地震下的剪切变形最大值约 23mm，设防地震下的剪切变形最大值约 9mm。对于与地震波传播方向基本垂直的结构缝，结构缝变形主要体现为拉压变形（如 B 测点），拉压变形的变形量大于剪切变形，罕遇地震下的形最大值约 70mm，设防地震下的剪切变形最大值约 30mm。对于与地震波传播方向成锐角的结构缝，结构缝变形体现为剪切变形与拉压变形之和，变形最大值也介于拉压为主的结构缝（B 测点）与剪切为主的结构缝（A、E 测点）之间。结构缝变形的测点分布如图 2.8.1 所示。

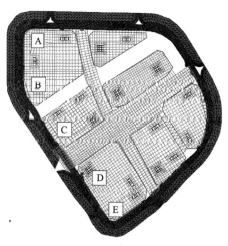

图 2.8.1 结构缝变形的测点分布图

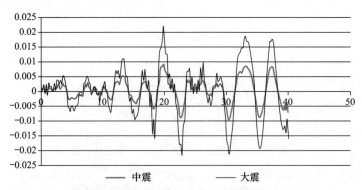

图 2.8.2　测点 A 的结构缝总变形（单位：m）

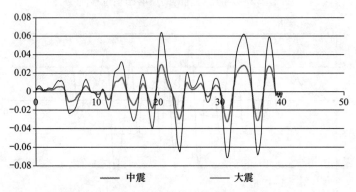

图 2.8.3　测点 B 的结构缝总变形（单位：m）

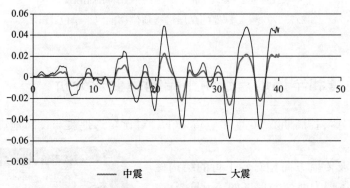

图 2.8.4　测点 C 的结构缝总变形（单位：m）

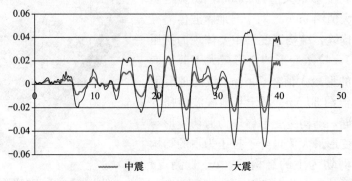

图 2.8.5　测点 D 的结构缝总变形（单位：m）

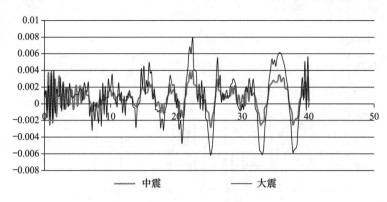

图 2.8.6 测点 E 的结构缝总变形（单位：m）

2.9 环路隧道在不同约束条件下的结构响应分析

本节以万达北地块相邻隧道的不等高约束作用分析为例。

（1）土弹簧轴力对比

隧道不等高约束与等高约束相比，测点 A 不等高比等高土弹簧轴力峰值大了约 5%，测点 B、测点 C 不等高比等高土弹簧轴力峰值小了约 10%。土弹簧测点位置如图 2.9.1 所示。

图 2.9.1 土弹簧测点位置

（2）结构位移对比

测点 A、测点 B 均在隧道边缘，不等高比等高的位移峰值大了约 4%，测点 C 在万达北塔楼顶部，不等高比等高的位移峰值大了约 2%。位移测点位置如图 2.9.5 所示。

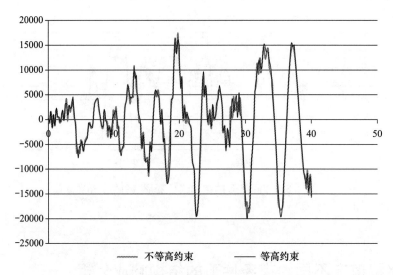

图 2.9.2　测点 A 的土弹簧轴力变化曲线（单位：kN）

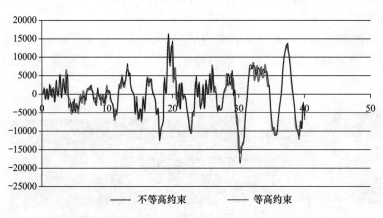

图 2.9.3　测点 B 的土弹簧轴力变化曲线（单位：kN）

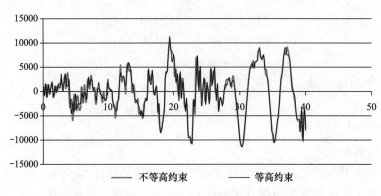

图 2.9.4　测点 C 的土弹簧轴力变化曲线（单位：kN）

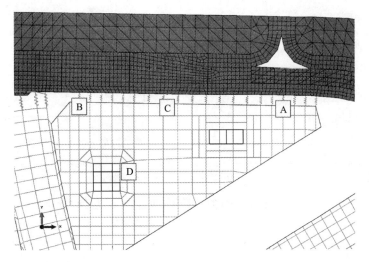

图 2.9.5 位移测点位置

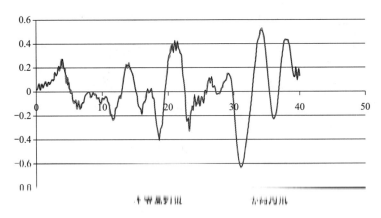

图 2.9.6 测点 A 处的隧道边缘位移曲线（单位：m）

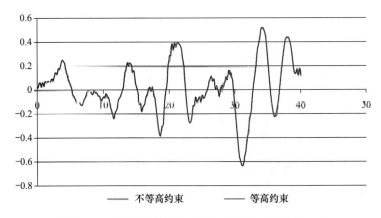

—— 不等高约束 —— 等高约束

图 2.9.7 测点 B 处的隧道边缘位移曲线（单位：m）

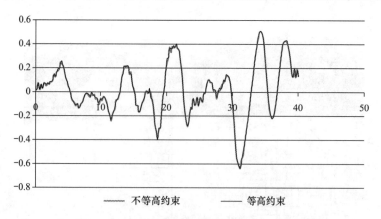

图 2.9.8　测点 C 处的隧道边缘位移曲线（单位：m）

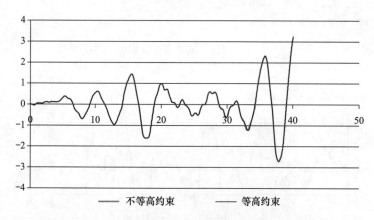

图 2.9.9　测点 D 处的高层塔楼顶位移曲线（单位：m）

2.10　万博地下空间设计分析小结

（1）环路隧道分缝与不分缝动力响应对比：

环路隧道不设缝时隧道的整体刚度好，不设缝时地震作用下隧道与裙房之间的动土压力能减少 5％～10％，隧道自身位移能减少 10％。地震波多点输入时，不设缝时的隧道主拉应力是设缝时的 3 倍以上，长周期波加载时主拉应力差别更大。说明设缝能有效减少隧道在地震作用下的主拉应力水平，应该设缝。

设结构缝时存在两个问题设计者需注意：

① 罕遇地震长周期波多点输入下，结构缝的总变形最大值约 70mm（包括轴向变形和剪切变形）；设防地震长周期波多点输入

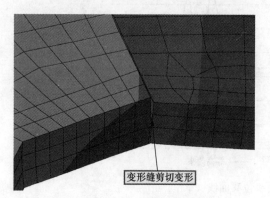

图 2.10.1　变形缝剪切变形

下，结构缝的总变形最大值约 30mm（包括轴向变形和剪切变形），结构缝需满足轴向变形及剪切变形要求。

②罕遇地震时结构缝两侧的混凝土在结构缝破坏后会容易直接碰撞，建议结构缝周边区域按《建筑抗震设计规范》第 6.1.4 条的要求沿全高加密箍筋。

（2）环路隧道与相邻高层建筑在地震作用下相互影响：

对于环形隧道的直线段，外侧土弹簧刚度减少 90% 后土对隧道的约束作用被大幅削弱，地震作用下的位移响应峰值会增大约 14%。

设计时应注意的问题是：由于隧道设缝，长周期波多点输入作用下产生的环形隧道侧壁与裙房之间的动土压力比一致输入时大 2 倍以上，体现为隧道内侧受较大土压力作用导致侧壁的内侧受拉。由于土弹簧刚度较大时隧道的位移响应比土弹簧刚度较小时要小，因此建议对隧道与裙房之间、隧道与外侧周边土之间回填土的密实度提高要求，这一方面减少地震作用下隧道的变形，另一方面减少结构缝的变形（主要是减少剪切变形）。

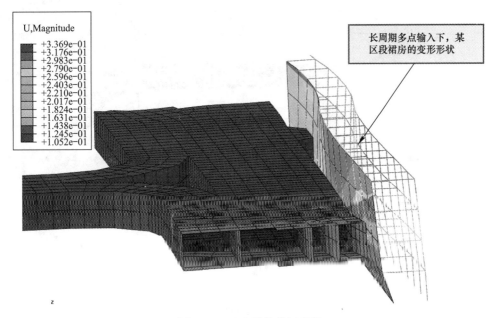

图 2.10.2　变形缝剪切变形

（3）环形隧道在长周期短周期地震波作用下的响应及考虑土体阻尼后的响应对比分析：

不论多点输入还是一致输入，环形隧道在长周期地震波下的位移、内力、应力等响应均比短周期的要大。从 2.2.4 节的地震波位移曲线可以看出，同样加速度峰值的地震波，长周期波由于含有较多的低频分量导致位移积分曲线是短周期波的 8.8 倍。在长周期波一致输入作用下，环形隧道的位移峰值响应是短周期波的约 6～8 倍（典型测点位移峰值为长周期时约 0.6m，短周期时约 0.1m），十字地下空间的位移峰值响应是短周期波的约 2.5～3 倍。

土体考虑 0.05 的阻尼比后，高层裙房与隧道之间的土弹簧轴力峰值减少了约 7.6%，结构缝应力及变形均有所减少，应力峰值减少了约 20%，变形峰值减少了约 7%。土阻尼对减少结构缝剪切变形及应力较明显（注：阻尼比取值参考 2004 年地震工程与工程振动中的《土动剪切模量和阻尼比的推荐值和规范值的合理性比较》一文）。

（4）环形隧道在一致、多点地震作用下的薄弱部位分析：

① 从多点输入、一致输入、0 度地震输入、90 度地震输入、45 度地震输入这些结果观测到，环形隧道的拐弯处由地震产生的外侧壁主拉应力较大，部分区域峰值达到 18MPa（主拉应力的数值对比见 2.8 节的表格 4 及表格 6）。建议增强转弯处外侧壁的水平向配筋（按应力计算出需配置双排 Φ25@100，HRB400）。

② 长直线段隧道容易受到行波效应的影响产生纵向受拉，长周期波多点输入下的主拉应力峰值达到 50MPa（主拉应力的数值对比见 2.8 节的表格 3 及表格 5），是一致输入的 7.5 倍。

③ 十字地下空间与环形隧道相接的地方，隧道受到地下空间往外顶的力作用使得外侧壁受拉，外侧壁主拉应力较大。

薄弱部位：

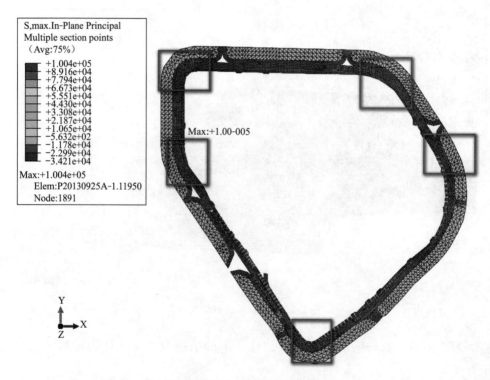

图 2.10.3　薄弱部分分布

（5）相对于单一隧道结构，交叉隧道结构之间地震波的反射、绕射现象明显，交叉隧道结构同一时刻往往受到入射、反射、绕射等多种地震波激振，相互之间的影响巨大。加之其对地震的敏感性强，容易成为整条线路的抗震薄弱环节，一旦出现破坏将会产生严重后果。特别要注意横通道与隧道的连接部位是结构的抗震薄弱区域，应力集中，在墙角处易发生破坏；竖井与隧道的连接部位地震响应明显大于其他部位，也是抗震的薄弱位置。

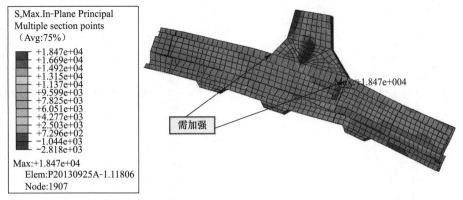

图 2.10.4　十字地下空间与环形隧道相接的地方

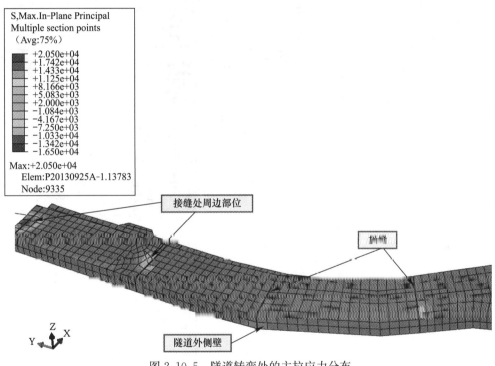

图 2.10.5　隧道转弯处的主拉应力分布

2.11　花城广场地下空间结构的地震作用整体计算分析实例

2.11.1　花城广场的结构特点——全埋式地下结构

　　花城广场地下空间基本上没有上部结构，其地面广场仅分布有少量零星结构——地下交通核的出口，相对于其庞大的地下空间结构而言，这些小出口可忽略不计。因此，本工程为典型的全埋式地下结构。图 2.11.1～2.11.4 为本工程的典型地下结构剖面图。

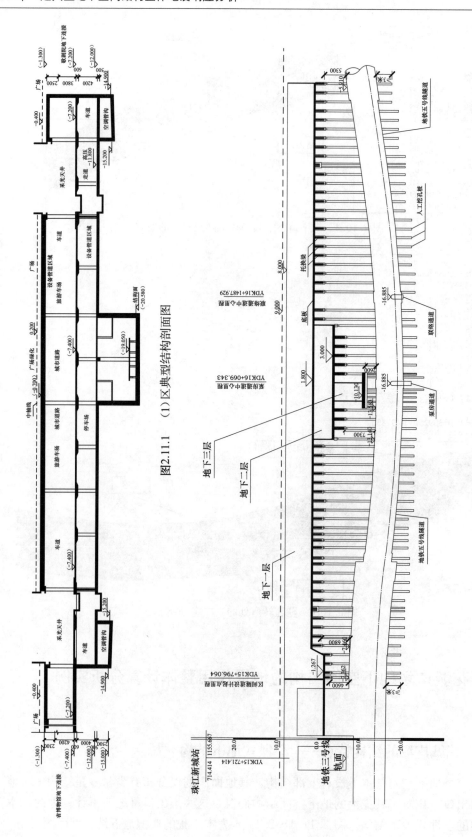

图2.11.1 （1）区典型结构剖面图

图2.11.2 （2）区典型结构剖面图

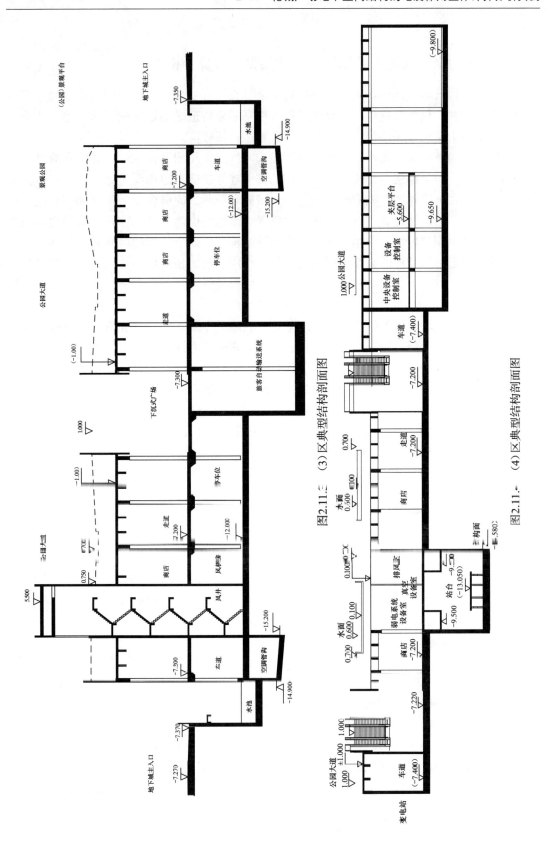

图2.11.三　(3)区典型结构剖面图

图2.11.一　(4)区典型结构剖面图

2.11.2　作为全埋式地下结构的地震作用整体计算分析

常规的结构抗震设计中，把建筑物的地下部分视作不受地震力或地震力很小而无需进行地震作用计算，仅按照规范以一定的抗震等级来采取构造措施；又或者简单地把地下结构视作多层地上结构，采用传统方法来计算其地震作用效应。

实际上，地下结构（尤其是全埋式地下结构）的地震作用分析，存在其固有的且不可忽略的特点——与上部结构相比，地下结构的抗震计算还应考虑周围土体的动土压力。随着对地下结构在地震作用下响应特征的进一步研究，一些新的概念和一些更加符合地下结构动力响应实际的设计计算理论和方法也得以提出。地层中地下结构存在的范围内，不同位置之间会产生相对位移，该相对位移迫使地下结构产生变形，这种层间相对位移达到一定程度就会引起地下结构的破坏。因此这种地震作用引起的相对位移，在设计计算中有必要加以考虑——首先计算出周围土体的变形，将变形量作为强制变形施加于结构上，计算出结构的效应。

本工程属于全埋式地下结构，这类地下结构在地震作用下的计算分析，其分析方法基本上分为三种：等效静力法、反应位移法、有限元整体动力计算法。本工程采用后者对结构进行了整体动力分析，主要做了以下工作：

1）根据结构动力学的基本理论，以土体-地下结构体系作为研究对象，建立合理的力学模型。

2）对全埋式地下结构进行动力模态分析，采用土-结构体系地震反应的时程分析方法对本工程的主体结构进行动力响应分析。

3）考虑地震波的相位差，对大断面的地下空间结构进行多点地震输入，分析其地震反应。

4）通过以上计算分析，总结本结构典型断面的地震作用效应的基本规律，提出一些抗震设计的建议，并将研究结果应用到广州市珠江新城核心区市政交通项目实际情况中，指出具体设计采用的抗震措施。

下文将采用大型非线性有限元程序 ABAQUS 对花城广场地下空间结构（1）区进行地震时程分析。因为该区的结构较为对称，所以采用了平面应力分析方法对该区结构及其周边土层进行抗震分析。

一、ABAQUS 的计算模型

计算模型如图 2.11.5，土块跨度为 500m，深 60m。地下空间结构为三层，负一层跨度为 117.6m、层高 6.2m，负二层跨度为 100.8m、层高 4.8m，负一层跨度为 16.4m、层高 7.2m。梁、柱截面厚为 1m，结构与土层之间建立 1m 厚的剪力墙。

二、材料的选取

梁、柱、墙采用 C35 号混凝土，并考虑构件的配筋将材料的弹性模量提高到 $4.2E10\text{N/mm}^2$、泊松比为 0.2。-60m 到 -18.2m 标高处地土层为微风化细砂岩弹性模量为 $1.0E10\text{N/mm}^2$、泊松比为 0.2。地面到 -18.2m 标高处土层为强风化粉质砂岩采用 Drucker-Prager 弹塑性材料弹性模量为 $5.7E7\text{N/mm}^2$、泊松比为 0.25，摩擦角为 35 度、膨胀角为 0，屈服应力为 $265E3\text{N/mm}^2$。

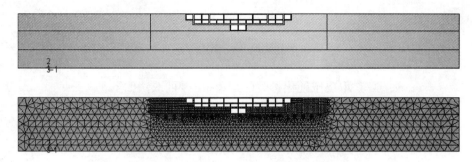

图 2.11.5 珠江新城交通枢纽工程计算模型

梁、柱、墙及周边土体计算精度要求较高采用二维实体 CPS4R：单元（A4-node bi-linear plane stress quadrilateral，reduced integration，hourglass control.），远离结构的土块采用二维实体 CPS3：单元（A3-node linear plane stress triangle.）。

Drucker-Prager 弹塑性材料模型：

屈服曲函数为
$$F=t-p\tan\beta-d=0 \tag{1}$$

对各参数的说明如下：

1）粘聚力 d 与输入的硬化参数有关：

若由单向受压试验的应力 σ_c 来定义硬化：
$$d=\left(1-\frac{1}{3}\tan\beta\right)\sigma_c \tag{2}$$

若由单向受拉试验的应力 σ_t 来定义硬化：
$$d=\left(\frac{1}{k}+\frac{1}{3}\tan\beta\right)\sigma_t \tag{3}$$

若由剪切值（黏聚力）来定义硬化时，可认为上述两个 d 相等。

β 为摩擦角，k 为材料参数，$0.8 \leqslant k \leqslant 1.0$

d，σ_c，σ_t 作为各向同性硬化参数，取决于等效塑性应变。

2）t 为偏应力的度量参数，t 可以由不同的应力状态来确立，如拉应力状态或压应力状态。这样就提供了对待不同的试验结果的处理的灵活性。

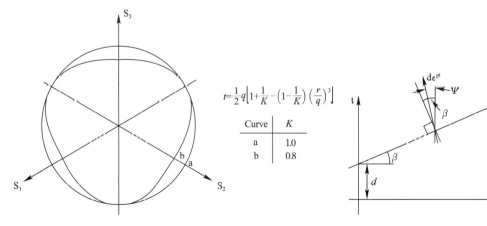

图 2.11.6 子午线为线性的 Drucker-Prager 在 π 平面上的形状　　图 2.11.7 Drucker Prager 模型在 p-t 平面上的模型摩擦角与剪胀角

对于非关联流动法则，塑性应变的方向垂直于塑性势 G：

$$d\varepsilon^{pl} = \frac{d\bar{\varepsilon}^{pl}}{c} \frac{\partial G}{\partial \boldsymbol{\sigma}} \tag{4}$$

其中 $G = t - p\tan\psi$，C 是取决于硬化参数的常量；$d\bar{\varepsilon}^{pl}$ 的取法如下，

$$d\bar{\varepsilon}^{pl} = \begin{cases} |d\varepsilon_{11}^{pl}|, & \text{单向压缩时;} \\ d\varepsilon_{11}^{pl}, & \text{单向拉伸时;} \\ \dfrac{dr^{pl}}{\sqrt{3}}, & \text{纯剪时;} \end{cases}$$

ψ 是 p-t 平面上的膨胀角，这个流动法则规定了膨胀角的范围：$\psi > 71.50$，即 $\tan\psi > 3$。（对真实材料，并无这个限制）

若 $\psi \neq \beta$，则在 π 平面上，流动是相关联的，但在 p-t 平面上是非关联的；

若 $\psi = 0$，则材料无膨胀；

若 $\psi = \beta$，则材料是完全相关联流动的。

三、荷载及边界条件

地下结构及土体在整个分析过程都受自重作用，梁上承为 34kN/m 均布荷载。在地震作用未到来之前，土体两侧及底部 U1、U2、UR3 三向均受约束，当地震发生时，土体底部受地震加速度作用，由于土体的跨度达到 500m 近大于地下空间结构的总跨度，所以土体两侧的边界为自由边界，地震波在两侧边界的反射对结构的影响十分少，可以忽略不计。因为土体跨度较大、不同区域承受不同的地震波控制，我们采用多个地震波分区域输入的办法，实际对结构受多个不同震源地震同时作用的最不利状态的模拟。

各段地震波加速度峰值（cm/s²） 表 2.11.1

位 置 概 率（年）	土体底部左段	土体底部中段	土体底部右段
2%（50 年）	199.85	154.25	208.10

四、分析步骤

计算过程分成三个阶段：

步骤 1：加入初始地应力，开挖土体，采用隐式求解器分析。

步骤 2：建立地下空间结构，加入梁、柱、墙，采用隐式求解器分析。

步骤 3：加入地震加速度波，进行地震时程分析，分析时间步长为 0.02s，历时 40.94s，水平地震波与竖直地震波共同作用，但存在一定的相差，竖直地震比水平地震延时 5s 左右。采用显式求解器分析。

五、计算结果

以下结果均以总体座标定义，单位采用均为 N、m、N/m² 。

步骤 1：加入初始地应力，开挖土体的位移及应力情况

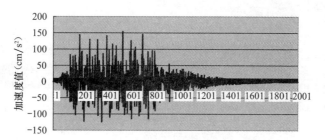

左段加速度值（cm/s²）

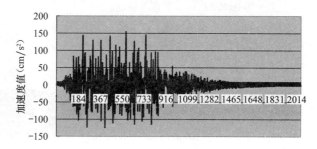

中段加速度值（cm/s²）

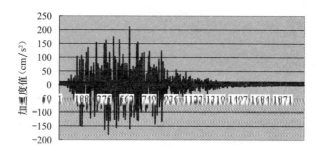

右段加速度值(cm/s²)

图 2.11.8 多点地震输入

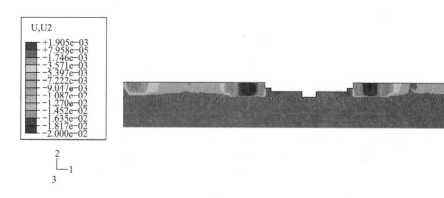

图 2.11.9 开挖土体的位移

步骤 2：建立地下空间结构，梁、柱、墙的位移及应力情况

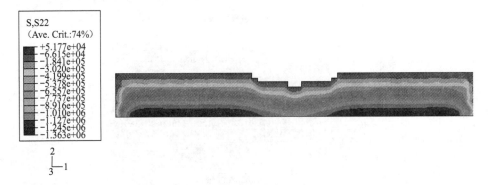

图 2.11.10　开挖土体的应力

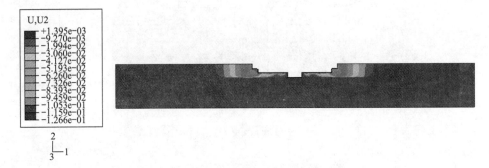

图 2.11.11　土体位移

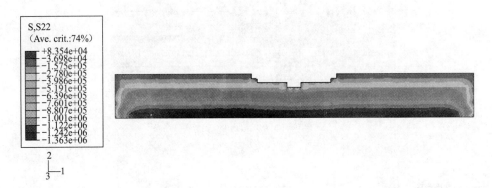

图 2.11.12　土体应力

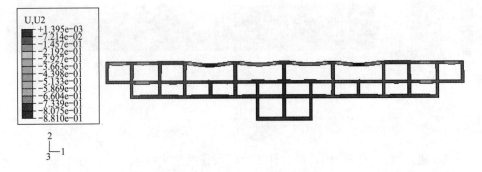

图 2.11.13　地下空间结构位移

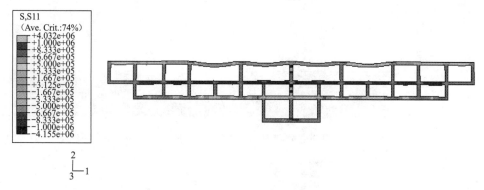

图 2.11.14　地下空间结构应力（S11）

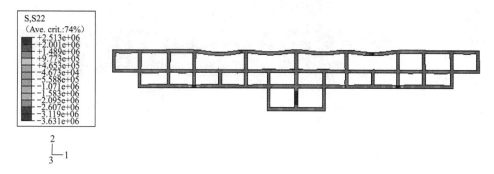

图 2.11.15　地下空间结构应力（S22）

步骤 3：加入地震加速度波，进行地震时程分析。

1. 土体各个时间点的位移情况

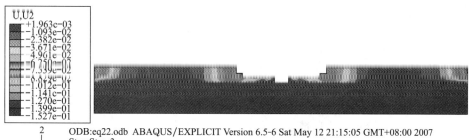

ODB:eq22.odb　ABAQUS/EXPLICIT Version 6.5-6 Sat May 12 21:15:05 GMT+08:00 2007
Step:Step-3
Increment 8113:Step Time= 2.047

（a）

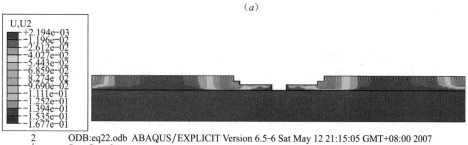

ODB:eq22.odb　ABAQUS/EXPLICIT Version 6.5-6 Sat May 12 21:15:05 GMT+08:00 2007
Step:Step-3
Increment 16220:Step Time= 4.094

（b）

图 2.11.16　土体在各时间段的位移（一）

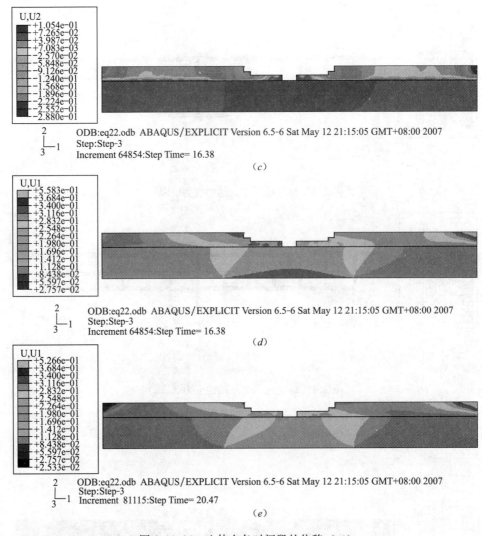

图 2.11.16　土体在各时间段的位移（二）

2. 结构在各个时间段的位移情况

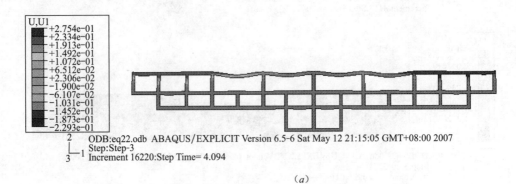

图 2.11.17　结构在各时间段的位移（一）

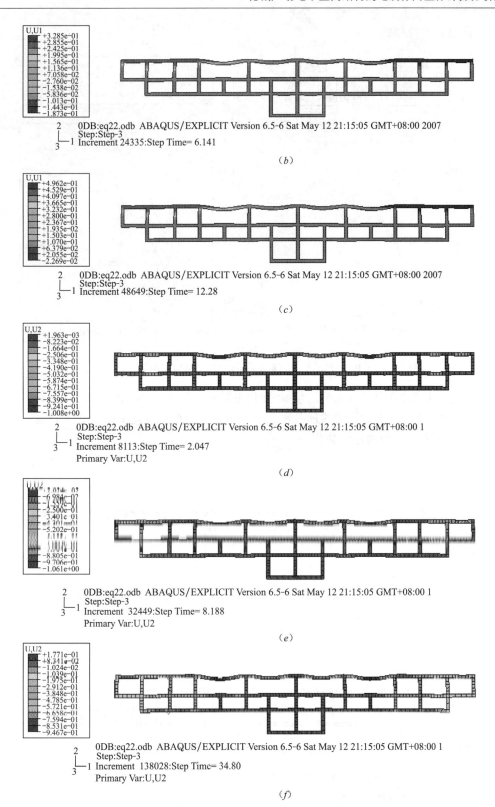

図 2.11.17　结构在各时间段的位移（二）

3. 亮点处的位移值：

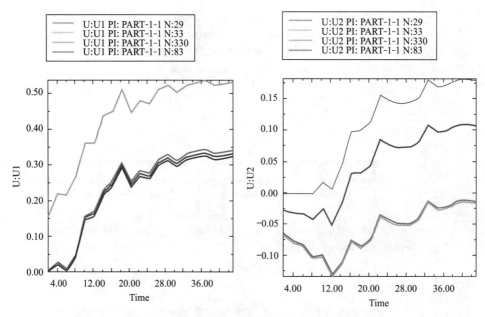

图 2.11.18　位移结果图中亮点处的位移值

在多震源地震作用下结构水平位移 u1 变化主要集中在 0～20s 期间，20～40s 期间 u1 的变化趋于平缓。主于竖向地震波的延迟到达，结构竖向位移 u2 变化主要集中在 12～30 秒处。

4. 结构在不同时刻的应力变化

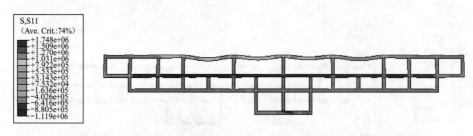

(*a*)

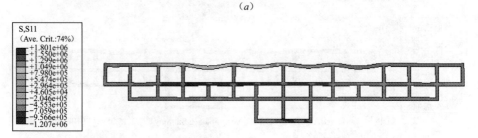

(*b*)

图 2.11.19　结构在各个时间段的应力（S11）（一）

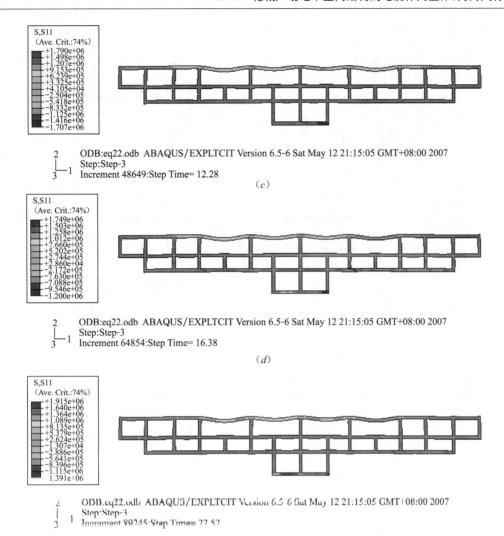

S,S11
(Ave. Crit.:74%)
+1.790e+06
+1.498e+06
+1.207e+06
+9.153e+05
+6.239e+05
+3.325e+05
+4.105e+04
-2.504e+05
-5.418e+05
-8.332e+05
-1.125e+06
-1.416e+06
-1.707e+06

2 ODB:eq22.odb ABAQUS/EXPLTCIT Version 6.5-6 Sat May 12 21:15:05 GMT+08:00 2007
└─1 Step:Step-3
3 Increment 48649:Step Time= 12.28

（c）

S,S11
(Ave. Crit.:74%)
+1.749e+06
+1.503e+06
+1.258e+06
+1.012e+06
+7.660e+05
+5.202e+05
+2.744e+05
+2.860e+04
-2.172e+05
-7.630e+05
-7.088e+05
-9.546e+05
-1.200e+06

2 ODB:eq22.odb ABAQUS/EXPLTCIT Version 6.5-6 Sat May 12 21:15:05 GMT+08:00 2007
└─1 Step:Step-3
3 Increment 64854:Step Time= 16.38

（d）

S,S11
(Ave. Crit.:74%)
+1.915e+06
+1.640e+06
+1.364e+06
+1.089e+06
+8.135e+05
+5.379e+05
+2.624e+05
-1.307e+04
-2.886e+05
-5.641e+05
-8.396e+05
-1.115e+06
1.391e+06

2 ODB:eq22.odb ABAQUS/EXPLTCIT Version 6.5-6 Sat May 12 21:15:05 GMT+08:00 2007
│ Step:Step-3
3─1 Increment 89245:Step Time= 22.52

（e）

图 2.11.19 结构在各个时间段的应力（S11）（二）

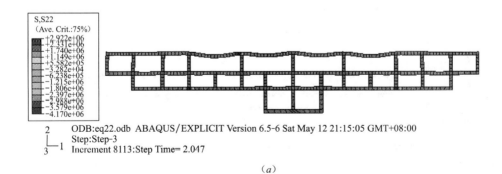

S,S22
(Ave. Crit.:75%)
+2.922e+06
+2.331e+06
+1.740e+06
+1.149e+06
+5.582e+05
-3.282e+04
-6.238e+05
-1.215e+06
-1.806e+06
-2.397e+06
-2.988e+06
-3.579e+06
-4.170e+06

2 ODB:eq22.odb ABAQUS/EXPLICIT Version 6.5-6 Sat May 12 21:15:05 GMT+08:00
└─1 Step:Step-3
3 Increment 8113:Step Time= 2.047

（a）

图 2.11.20 结构在各个时间段的应力（S22）（一）

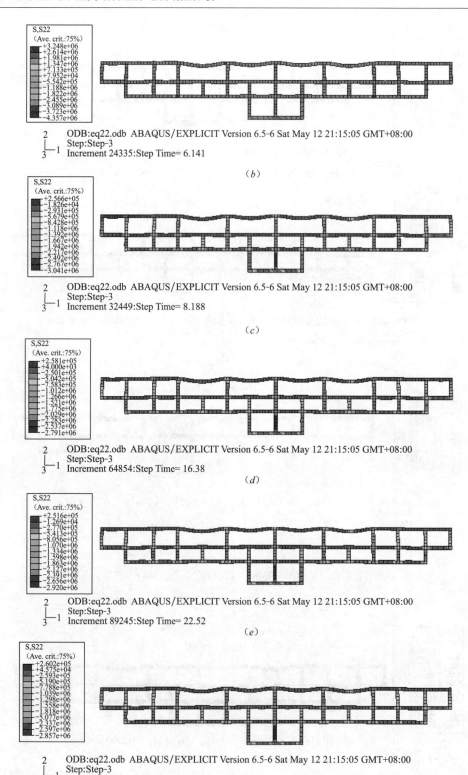

S,S22
(Ave. crit.:75%)
+3.248e+06
+2.614e+06
+1.981e+06
+1.347e+06
+7.133e+05
+7.952e+04
-5.542e+05
-1.188e+06
-1.822e+06
-2.455e+06
-3.089e+06
-3.723e+06
-4.357e+06

2　ODB:eq22.odb　ABAQUS/EXPLICIT Version 6.5-6 Sat May 12 21:15:05 GMT+08:00
└─1　Step:Step-3
3　　Increment 24335:Step Time= 6.141

(*b*)

S,S22
(Ave. crit.:75%)
+2.566e+05
-1.826e+04
-2.931e+05
-5.679e+05
-8.428e+05
-1.118e+06
-1.392e+06
-1.667e+06
-1.942e+06
-2.217e+06
-2.492e+06
-2.767e+06
-3.041e+06

2　ODB:eq22.odb　ABAQUS/EXPLICIT Version 6.5-6 Sat May 12 21:15:05 GMT+08:00
└─1　Step:Step-3
3　　Increment 32449:Step Time= 8.188

(*c*)

S,S22
(Ave. crit.:75%)
+2.581e+05
+4.000e+03
-2.501e+05
-5.042e+05
-7.583e+05
-1.012e+06
-1.266e+06
-1.521e+06
-1.775e+06
-2.029e+06
-2.283e+06
-2.537e+06
-2.791e+06

2　ODB:eq22.odb　ABAQUS/EXPLICIT Version 6.5-6 Sat May 12 21:15:05 GMT+08:00
└─1　Step:Step-3
3　　Increment 64854:Step Time= 16.38

(*d*)

S,S22
(Ave. crit.:75%)
+2.516e+05
-1.269e+04
-2.770e+05
-5.413e+05
-8.056e+05
-1.070e+06
-1.334e+06
-1.598e+06
-1.863e+06
-2.127e+06
-2.391e+06
-2.656e+06
-2.920e+06

2　ODB:eq22.odb　ABAQUS/EXPLICIT Version 6.5-6 Sat May 12 21:15:05 GMT+08:00
└─1　Step:Step-3
3　　Increment 89245:Step Time= 22.52

(*e*)

S,S22
(Ave. crit.:75%)
+2.602e+05
+4.575e+04
-2.593e+05
-5.190e+05
-7.788e+05
-1.039e+06
-1.298e+06
-1.558e+06
-1.818e+06
-5.077e+06
-2.337e+06
-2.597e+06
-2.857e+06

2　ODB:eq22.odb　ABAQUS/EXPLICIT Version 6.5-6 Sat May 12 21:15:05 GMT+08:00
└─1　Step:Step-3
3　　Increment 146158:Step Time= 36.85

(*f*)

图 2.11.20　结构在各个时间段的应力（S22）（二）

5. 结构部分节点及单元的应力时程图

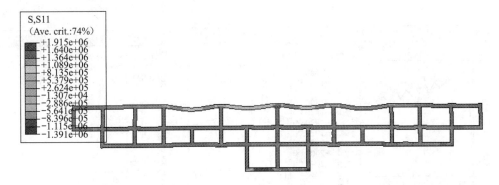

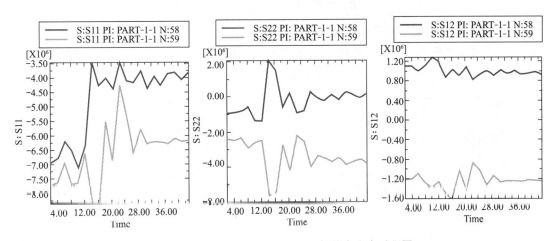

图 2.11.21 结构地下一层中柱两侧节点应力时程图

以上图示为负一层中柱两侧节点在 0~40.94 秒的应力值。在 16s 附近应力发生明显突变。由于两节点处于对称位置，它们的应力峰值图线形基本一致，有时方向相反。S11在地震过程中有所减小，S22 与 S12 出现最大峰值后趋于平缓。

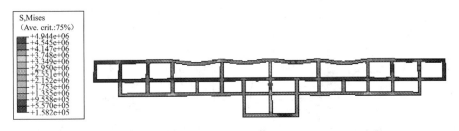

图 2.11.22 结构地下二层中柱两侧节点应力时程图（一）

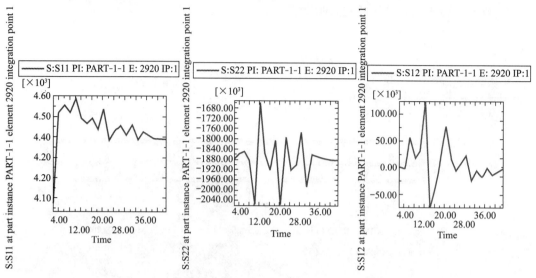

图 2.11.22　结构地下二层中柱两侧节点应力时程图（二）

以上图示为负二层中柱中部单元在 0～40.94s 的应力值。在 4～12s 附近应力发生明显突变。S11（水平方向内力）在前两秒有 20% 的增幅，S22（轴向压力）在整个历程中以 12% 幅度振动，S12 在 12s 附近有明显增幅。

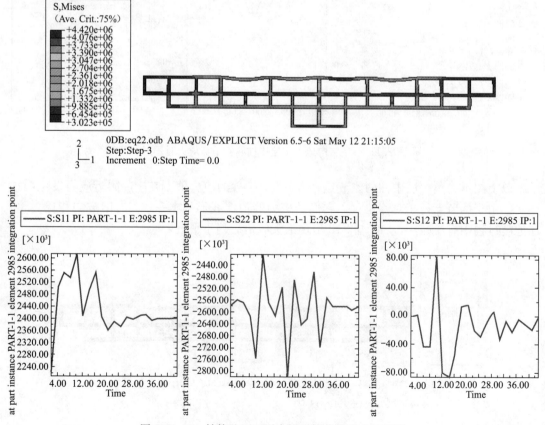

图 2.11.23　结构地下三层中柱两侧节点应力时程图

以上图示为负三层中柱中部单元在 0～40.94s 的应力值。与负二层中柱中部单元应力变化情况基本相似。

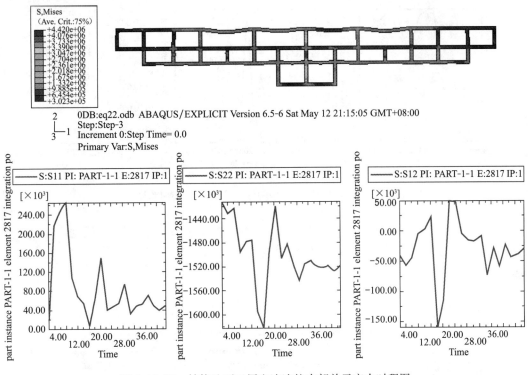

图 2.11.24 结构地下二层左边边柱中部单元应力时程图

以上图示为负二层左边边柱中部单元在 0～40.94s 的应力值。由于受多震源的影响，其各个应力值的峰值图，形态与中柱有较大的区别，以单峰值为主，没有出现齿锯状的变化。

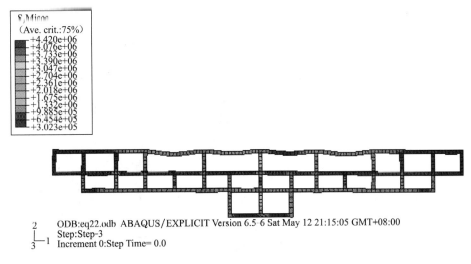

图 2.11.25 结构地下二层右边边柱中部单元应力时程图（一）

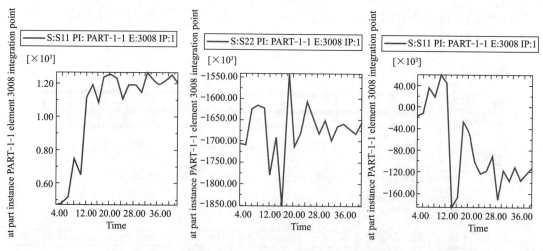

图 2.11.25　结构地下二层右边边柱中部单元应力时程图（二）

以上图示为负二层右边边柱中部单元在 $0\sim40.94s$ 的应力值。由于右段地震加速度波的峰值比左段的大，所以各应力的变化幅度也较大。

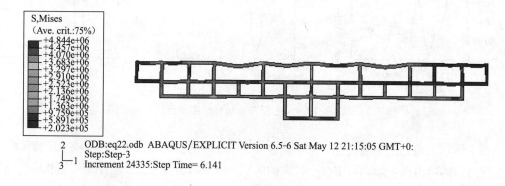

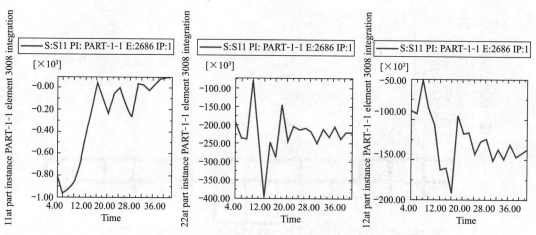

图 2.11.26　结构地下二层中部单元应力时程图

以上图示为负二层梁中部单元在 $0\sim40.94s$ 的应力值。因为两端柱位在地震过程中发

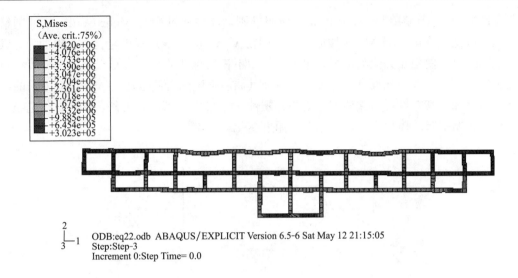

ODB:eq22.odb ABAQUS/EXPLICIT Version 6.5-6 Sat May 12 21:15:05
Step:Step-3
Increment 0:Step Time= 0.0

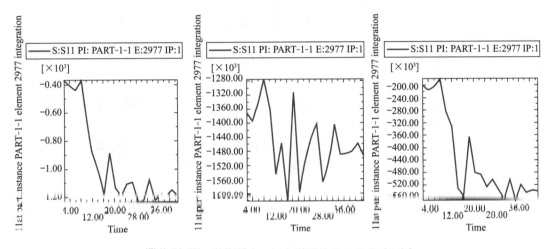

图 2.11-27 地下空间右侧墙体单元应力时程曲线图

生较大的相对位移，所以梁的轴向应力由最初的受压状态变化至接近 0 压力状态，这也是地震动力反应的无规律性的体现。剪应力及竖直方向的正应力则有 1 倍的增加。

以上图示为负二层右侧墙体单元在 0～40.94s 的应力值。竖直方向的最大正应力以地震前增大了 20%。水平方向正应力及剪应力则为原值的 2～3 倍。

6. 总结

地下空间结构在地震作用下的响应不同于地面建筑。其本质区别主要是由于地下空间结构受周边土体约束并相互作用产生的复杂关系，以及地下空间的大跨度、大开间特性使整个结构同时受多个地震震源的共同作用。这些复杂的关系决定我们必须使用有限元的分析方法对结构进行地震时程仿真分析。

由于珠江新城地下空间结构周边有许多高层建筑的地下室，所以土体的分布情况也难以准确描述，本研究对土体做了近似的设定，以取得定性的分析结果。

在本研究中，由于是对全埋式地下空间建筑结构进行地震反应分析，涉及高度非线性的土体材料，这里采用了目前公认较好的 Drucker-Prager（DP）材料性能来定义土体材料。DP 材料选项使用 Drucker-Prager 屈服准则，此屈服准则对 Mohr-Coulomb 准则给予近似，以此来修正 Von Mises 屈服准则，即在 Von Mises 表达式中包含一个附加项。其流动准则既可以使用相关流动准则，也可以使用不相关流动准则，其屈服面并不随着材料的逐渐屈服而改变，因此没有强化准则，然而其屈服强度随着侧限压力（静水应力）的增加而相应增加，其塑性行为被假定为理想弹塑性（如图 2.11.28），另外，这种材料选项考虑了由于屈服引起的体积膨胀，但不考虑温度变化的影响。

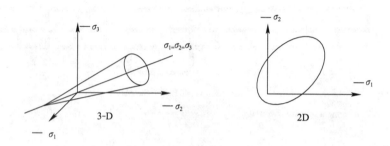

图 2.11.28　DP 材料的屈服面

我们根据现场实测地震波谱，对土体左、中、右三个区域加入不同的地震波。并考虑到竖向地震波的大开间地下空间结构的影响。

地下空间结构在地震作用下构件内力随时间变化出现明显的重分布。地震加速度峰值的大小对该区构件的内力变化起重要作用。柱的轴向应力一般都出现了 15%～30% 的增幅，中柱出现反复的波动，持续时间较长，而边柱轴向应力只出现了单峰值，持续时间较短。中柱的水平向正应力有 20%～25% 的增幅，而边柱的增幅只有 10% 左右。中柱与边柱的剪应力都由初始状态时 0 左右增加到 $100e3N/m^2$ 左右。由此可见，中柱在地震作用下轴向应力增幅较大，轴压比也明显增大，在水平正应力及剪应力的作用下中柱较边柱易发生破坏。

侧墙竖直方向的最大正应力比地震前增大了 30%。水平方向正应力及剪应力也有所提高。因为两端柱位在地震过程中发生较大的相对位移，所以梁的轴向应力会发生较大的变化，时而处于受压状态、时而处于受拉状态，边梁的反应尤其明显。这也是地震动力反应的无规律性的体现。剪应力及竖直方向的正应力则有 1 倍的增加。所以抗震设计要考虑到提高边梁拉弯承载能力。

2.11.3　全埋式地下结构的地震作用整体计算分析技术的推广与应用

2.11.3.1　全埋式地下空间建筑结构的整体计算分析新方法

地下结构由于受到周围岩体或土体的约束，一直被认为具有良好的抗震性能（相对地面结构而言），在很长时期内，对地下结构的震害问题远不如地面结构那样受到重视。1995 年日本阪神地震前，世界范围内历次地震中有许多地下线性结构及小型供水系统结构遭到地震破坏的报道，但关于地下铁道等大面积地下结构震害的报道非常少，且多属于程度较轻的损坏。直到 1995 年阪神地震，神户市地铁车站等地下结构遭到了严重破坏。

日本阪神地震中地下结构的破坏情况（1995.1.17；7.2级），破坏情况图片如图 2.11.29。

图 2.11.29　日本阪神地震中部分地下结构的破坏情况

神户地震地下结构的破坏总结：

1）地震时相邻地层间的相对位移是影响地下结构破坏的主要指标。

2）在水平地震作用下，地下结构产生平时使用状态下所没有的轴力、剪力和弯矩，使中柱抗剪承载力不够而发生破坏。

3）竖向地震使中柱轴力大幅增加，水平地震和竖向地震的共同作用加剧中柱的破坏。

4）地层条件及截面尺寸的变化，在相邻地层、相邻构件间产生的竖向相对位移对结构的内力的影响不能忽视。

因此，对地面结构，我们着手研究结构的自振特性；而对地下结构，我们应着手研究地基振动。

2.11.3.2 全埋式地下空间建筑结构的整体计算分析方法的依据

现阶段随着城市化的发展，城市交通状况和环境条件日趋恶化，交通的拥挤和效率低下成为各大城市的通病，人们逐渐认识到发展地下铁道为骨干的大运量快速公共交通系统是解决问题的重要途径。另外，为解决城市公共环境，又能有效的利用城市土地，越来越多的城市把建设大型的全埋式地下商业建筑作为最好的结合方式，在城市人流聚集的地方，建设全埋式地下商业建筑或地下停车场，地面作为休闲、绿化场所，不仅有效了利用了土地，也有效解决了城市绿化不足的问题，增加了市民的休闲场所。地铁方面，以广州为例，到 2010 年，广州规划建成 9 条轨道交通线路，总长 190.8km，远期规划"广州市快速轨道交通线网规划"共 14 条线路，总长 555km。北京目前地铁线路总长 114km，到 2008 年奥运会运营里程将达到 202km，远期规划总里程超过 600km。另外上海、深圳、南京、杭州、沈阳、武汉等各大城市也正在修建地铁。城市广场方面，以广州为例，城市中心广场就有好多处，比如建成的人民公园地下商业广场、广州火车站人防工程、康王路人防工程、江南西路人防工程等平时兼作商业广场。拟建的花园酒店城市广场示范工程等。

2004 年 7 月从国家建设部科技司在广州召开的全国城市地下空间开发利用关键技术研讨会上获悉，广州将把城市新轴线花城广场地下空间示范工程、大学城综合管廊示范工程、花园酒店城市广场示范工程和金沙洲新型居住小区示范工程作为广州城市地下空间开发利用的四个示范单位，通过试点来带动全市地下空间的开发利用水平。仅从广州市就可以看出，这种大型的全埋式地下空间的利用在一定时期内将作为城市建设的新的内容和城市发展的新的重点。

对于这种全埋式地下空间建筑结构的计算分析，也是随着对地下结构动力响应特性的认识的不断发展，以及近年来历次地震中地下结构震害的调查、分析总结以及相关研究的不断深化而发展的。20 世纪 50、60 年代，随着各国经济建设的发展，城市化进程加速，地下结构的建设不断增多，地下结构的抗震设计也进入人们的视野，各类地下结构的设计计算开始考虑地震的影响。这一阶段中对地震荷载或者地震影响的考虑还处于初级阶段，大致可以分为两种：一种是从安全系数的角度进行考虑，另一种是借鉴地面结构的抗震计算方法，即等效静力法。增大安全系数法的方法是以普通方法进行荷载计算，将得出的荷载乘以一个放大系数，笼统考虑地下结构地震的影响。或者其他因素使得算出的荷载需要乘以一个更大的安全系数时，地震力就不另外考虑。等效静力法大致与地面结构的抗震设计中使用的方法类似，即把地震影响或地震荷载考虑为地震加速度在结构上产生的惯性力。与地面结构中不同的是，对于地下结构的抗震计算还需考虑周围土层的动土压力。随着对地下结构在地震作用下响应特征的进一步研究，一些新的概念和一些更加符合地下结构动力响应实际的设计计算理论和方法也得以提出。地层中地下结构存在的范围内，不同位置之间会产生相对位移，该相对位移迫使地下结构产生变形，这种层间相对位移达到一定程度就会引起地下结构的破坏。因此这种地震作用引起的相对位移，在设计计算中有必要加以考虑。该方法首先计算出周围土体的变形，将变形量作为强制变形施加在结构上，从而计算出结构物的内力。

全埋式地下空间建筑的计算分析，目前采用的分析方法基本上可以描述为三种：等效静力法、反应位移法、有限元整体动力计算法。

对于与土体有接触的地下结构，我国相关规范并不多，主要有以下几点：

《地铁设计规范》相关抗震（10.5.1 条第 9 款）内容：设计地震区的结构时，应根据设防要求、场地条件、结构类型和埋深等因素选用能较好反映其地震工作性状的分析方法，并采取必要的构造措施，提高结构和接头处的整体抗震能力。

其条文解释，无论是地震系数法还是反应位移法，都是将随时间变化的地震作用用等代的静力荷载或静位移代替，然后再用静力计算模型求解结构的反应。对于大型地下结构或沉管隧道等，用动力分析方法与静力法的计算结果进行对照也是必要的。

《水工构筑物抗震规范》地下结构抗震（9.1.3 条）内容：多次地震经验表明，地下结构特别是地下管道的破坏主要是围岩变形，而不是地震惯性力。由于地下结构受周围介质的约束，不可能产生共振响应，地震惯性力的影响很少，其惯性力可以忽略。

这里仅仅对地下结构地震力中结构本身的惯性力的大小进行了定性的描述，对计算方法没有提及。

《核电站抗震规范》是相对描述较为细致，可操作性较强的，关于地下结构抗震内容主要有：

规范中 7.2 节对地下结构的抗震计算作了明确。第 7.2.1 条——地下结构的特点是截面较大，壁的厚度相对较小，由地震作用产生的截面内的变形占有重要地位。第 7.2.2 条——地下结构地震反应计算方法，目前正在发展之中，本节所建议的几种计算方法的特点如下：（1）反应位移法，采用等效静力计算方法。这是因为对地下埋设结构来说，地震波的传播在结构内产生的相对变形的影响远大于惯性力的影响。（2）多点输入弹性支承动力计算法，地基作用通过弹簧进行模拟，结构本身化为一系列梁单元的组合，计算模型与以上类似，但采用动力计算方法，结构和设备的重量、动水压力等均以集中质量代替，这种模型反映了半埋设结构的一些特点，是介于静力计算和动力计算之间的一种计算方法。（3）平面有限元整体计算方法，可以考虑地基土的不均匀性及土的非线性动力特性（弹簧常数和阻尼随动应变的幅度而变化）的影响。但应注意选择适当的能量透射边界计算模型。这种方法计算工作量相对较大。

并且规范对地基常数的选择建议采用平面有限元进行计算，再换算成集中的弹簧常数。第 7.3 节对地下管道的抗震计算进行了规定。附录 D——地下结构地震作用效应计算方法及简图中对反应位移法和多点输入弹性支承动力计算法都作了详细介绍。

将土体与结构进行整体考虑进行建筑物的计算，国内规范目前还没有明确的规范、规程对这种大型的地下空间建筑结构做出相应的规定。本研究报告采用的有限元直接分析方法就是利用目前相对成熟的理论进行合理分析和采用，将现有的理论运用到实际项目中，取得了较好的工程实际经验和结论。

通过花城广场地下空间的全埋式地下结构的地震作用整体计算分析作用，对日后同类工程的地震作用分析提出如下建议。

1）根据结构动力学的基本理论，以土体-地下结构体系为研究对象，建立合理的力学模型。

2）在建模的基础上，对全埋式地下空间结构进行动力模态分析，采用土-结构体系地震反应的时程分析方法对地下空间结构进行动力响应分析。

3）考虑地震波的相位差，对大断面的地下空间结构进行多点地震输入，分析其地震反应。

4）针对以上计算分析，总结全埋式地下空间结构的整体计算的一些规律，提出一些抗震设计的建议，并将研究结果应用工程实际设计中，指导具体设计采用的抗震措施。

第3章 地下隧道与周边高层结构相互作用的抗震分析

3.1 不等高嵌固对地下隧道影响

在实际工程中，经常会出现地下隧道两侧不等高嵌固的情况，此时在地震作用下地下隧道的整体结构响应是结构设计中非常关注的问题，本节将对地下隧道在几种不同嵌固条件下的地震响应进行计算分析。

3.1.1 计算模型

本节研究以广州万博中央商务区地下空间外环路14-14截面为例，采用MIDAS Gen软件进行计算分析。环路隧道14-14截面如图3.1.1所示。

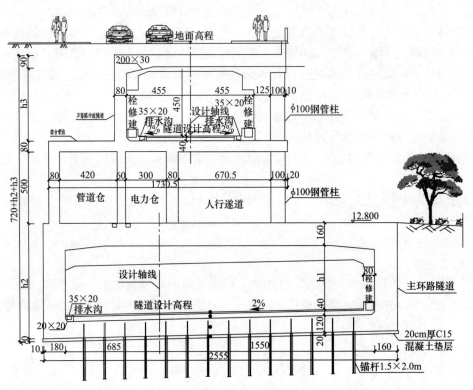

图 3.1.1 立面示意图

本模型墙、柱尺寸如图 3.1.1 中所示，U 型梁区域布置 1800mm×1800mm 的 U 型钢骨梁，U 型梁上托墙处设置 1200mm×1600mm 的钢骨次梁与 U 型梁垂直相交。楼板厚度均为 400mm。其余梁截面为 1000mm×1400mm。墙、柱、梁、板混凝土标号均为 C40。计算模型如图 3.1.2 所示。

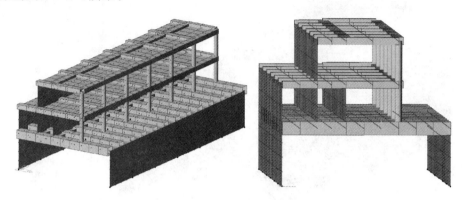

图 3.1.2　计算模型示意图

地震设防烈度为 7（0.1g）度，地震分组为第 1 组，场地类别为 2 类。计算参数如图 3.1.3 所示。

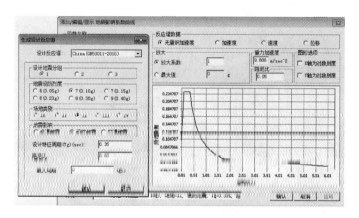

图 3.1.3　地震参数输入

本节共采用三个模型进行计算分析对比，模型信息如下：

模型 1：隧道两侧土体高度不同，即作为隧道两侧不等高嵌固。土体采用只压面弹簧约束，弹簧刚度取 $10000 \mathrm{kN/m^3}$。地震作用工况为 X 向设防烈度地震作用。

模型 2：不考虑隧道两侧土体的嵌固作用，只对隧道底部作嵌固约束。地震作用工况为 X 向设防烈度地震作用。

模型 3：隧道两侧土体高度不同，即作为隧道两侧不等高嵌固。土体采用只压面弹簧约束，弹簧刚度为 $10000 \mathrm{kN/m^3}$。地震作用工况为 X 向罕遇烈度地震作用。

3.1.2　计算结果

模型 1 计算结果：

恒载作用下，隧道竖向位移如图 3.1.4 所示；活载作用下，隧道竖向位移如图 3.1.5 所示。

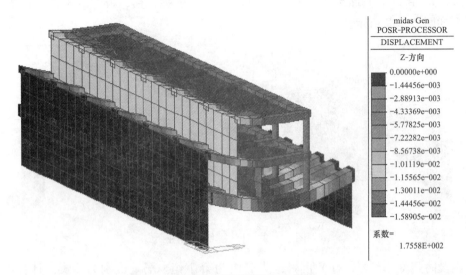

图 3.1.4　恒载作用下隧道竖向位移（m）

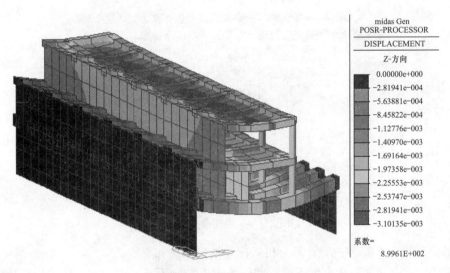

图 3.1.5　活载作用下隧道竖向位移（m）

其中 U 型梁在恒载作用下最大竖向位移为 15.8mm，在活载下最大竖向位移为 2.48mm；由此可得：U 型梁在准永久组合荷载作用下的挠度：$(1.2 \times 15.8 + 1.4 \times 0.4 \times 2.48)/25000 = 1/1228$，远小于规范的限值。

X 向设防烈度地震作用下，隧道 X 向位移如图 3.1.6 所示；Y 向设防烈度地震作用下，隧道 Y 向位移如图 3.1.7 所示。

恒载作用下，柱轴力如图 3.1.8 所示；X 向设防烈度地震作用下，柱轴力如图 3.1.9 所示；Y 向设防烈度地震作用下，柱轴力如图 3.1.10 所示。

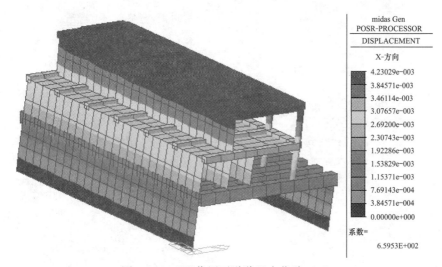

图 3.1.6　EX 作用下隧道 X 向位移（m）

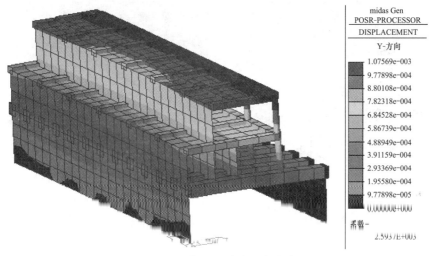

图 3.1.7　EY 作用下隧道 Y 向位移（m）

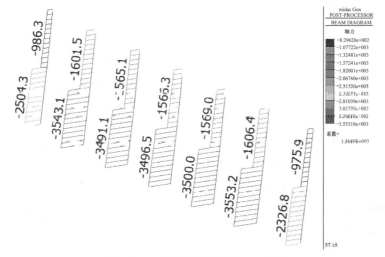

图 3.1.8　恒载作用下柱轴力（kN）

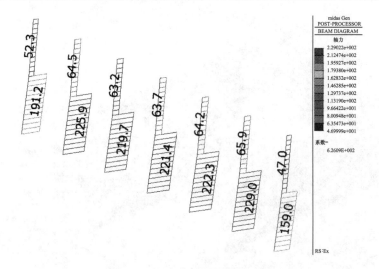

图 3.1.9　EX 作用下柱轴力（kN）

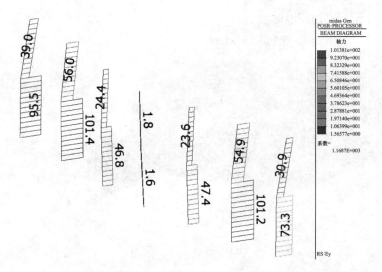

图 3.1.10　EY 作用下柱轴力（单位：kN）

　　恒载作用下，U 型梁剪力如图 3.1.11 所示；X 向设防烈度地震作用下，U 型梁剪力如图 3.1.12 所示；Y 向设防烈度地震作用下，U 型梁剪力如图 3.1.13 所示；恒载作用下，U 型梁弯矩如图 3.1.14 所示；X 向设防烈度地震作用下，U 型梁弯矩如图 3.1.15 所示；Y 向设防烈度地震作用下，U 型梁弯矩如图 3.1.16 所示。

　　恒载作用下，隧道底层侧墙的主轴力如图 3.1.17 所示；恒载作用下，隧道底层侧墙的主弯矩如图 3.1.18 所示；X 向设防烈度地震作用下，隧道底层侧墙的主轴力如图 3.1.19 所示；X 向设防烈度地震作用下，隧道底层侧墙的主弯矩如图 3.1.20 所示；Y 向设防烈度地震作用下，隧道底层侧墙的主轴力如图 3.1.21 所示；Y 向设防烈度地震作用下，隧道底层侧墙的主弯矩如图 3.1.22 所示。

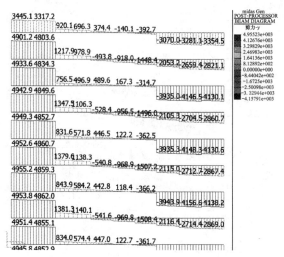

图 3.1.11　恒载作用下 U 型梁剪力（kN）

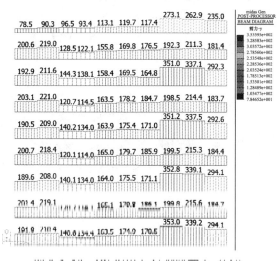

图 3.1.12　EX 作用下 U 型梁剪力（kN）

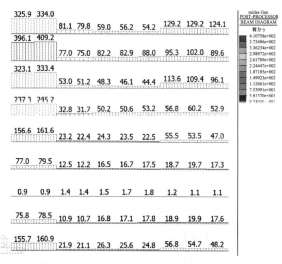

图 3.1.13　EY 作用下 U 型梁剪力（kN）

图 3.1.14　恒载作用下 U 型梁弯矩（kN•m）

图 3.1.15　EX 作用下 U 型梁弯矩（kN•m）

图 3.1.16　EY 作用下 U 型梁弯矩（kN•m）

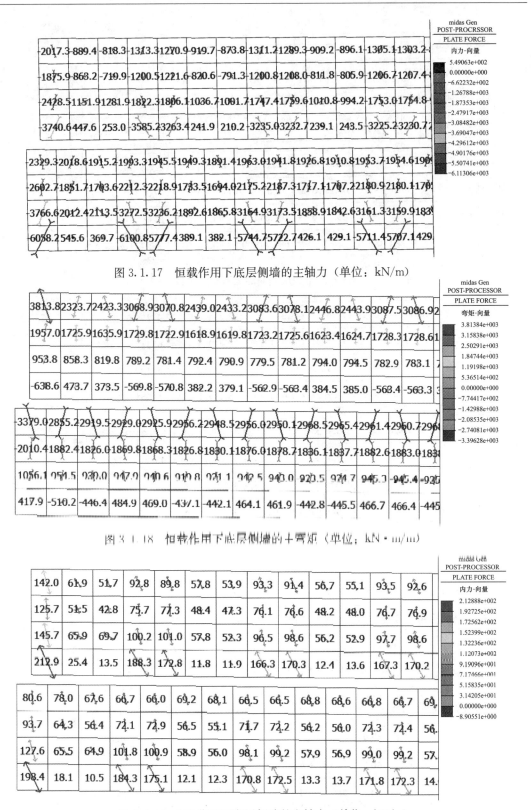

图 3.1.17 恒载作用下底层侧墙的主轴力（单位：kN/m）

图 3.1.18 恒载作用下底层侧墙的主弯矩（单位：kN·m/m）

图 3.1.19 EX 作用下底层侧墙的主轴力（单位：kN/m）

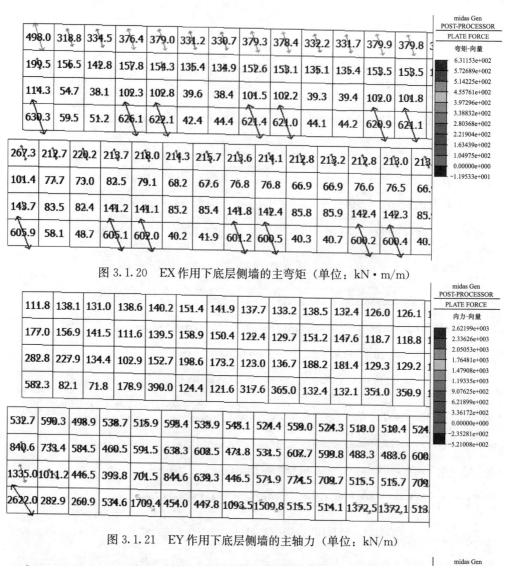

图 3.1.20　EX 作用下底层侧墙的主弯矩（单位：kN•m/m）

图 3.1.21　EY 作用下底层侧墙的主轴力（单位：kN/m）

图 3.1.22　EY 作用下底层侧墙的主弯矩（单位：kN•m/m）

模型2计算结果：

X向设防烈度地震作用下，隧道X向位移如图3.1.23所示：

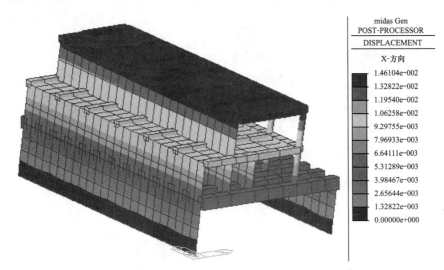

图3.1.23　EX作用下隧道X向位移（单位：m）

X向设防烈度地震作用下，柱轴力如图3.1.24所示：

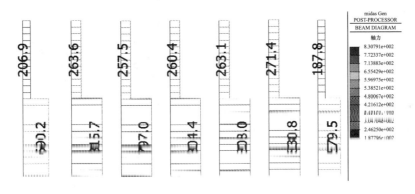

图3.1.24　EX作用下柱轴力（单位：kN）

　　X向设防烈度地震作用下，U型梁剪力如图3.1.25所示；X向设防烈度地震作用下，U型梁弯矩如图3.1.26所示。

　　X向设防烈度地震作用下，隧道底层侧墙主轴力如图3.1.27所示；X向设防烈度地震作用下，隧道底层侧墙主弯矩如图3.1.28所示。

　　模型3计算结果：

　　X向罕遇烈度地震作用下，隧道X向位移如图3.1.29所示：

　　X向罕遇烈度地震作用下，柱轴力如图3.1.30所示：

　　X向罕遇烈度地震作用下，U型梁剪力如图3.1.31所示；X向罕遇烈度地震作用下，U型梁弯矩如图3.1.32所示。

　　X向罕遇烈度地震作用下，隧道底层侧墙主轴力如图3.1.33所示；X向罕遇烈度地震作用下，隧道底层侧墙主弯矩如图3.1.34所示：

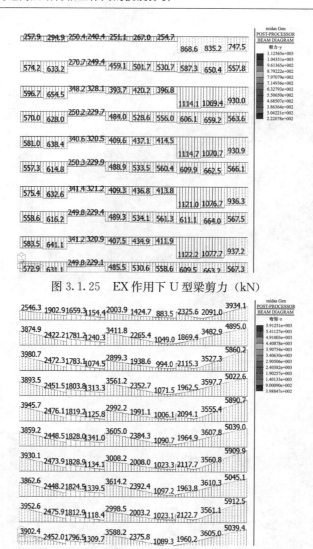

图 3.1.25　EX 作用下 U 型梁剪力（kN）

图 3.1.26　EX 作用下 U 型梁弯矩（kN·m）

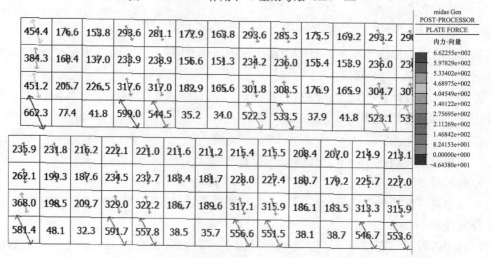

图 3.1.27　EX 作用下底层侧墙主轴力（单位：kN/m）

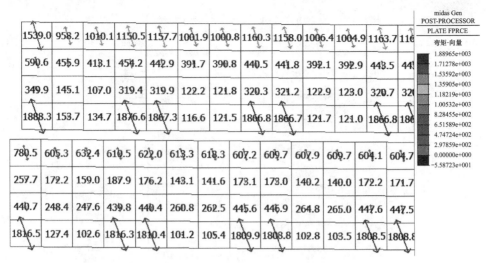

图 3.1.28　EX 地震作用下底层侧墙主弯矩（单位：kN·m/m）

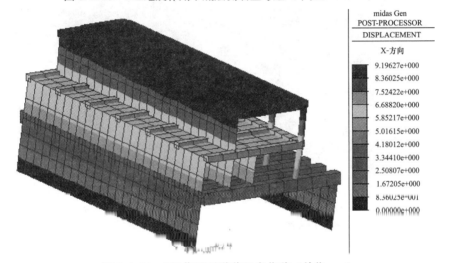

图 3.1.29　EX 作用下隧道 X 向位移（单位：m）

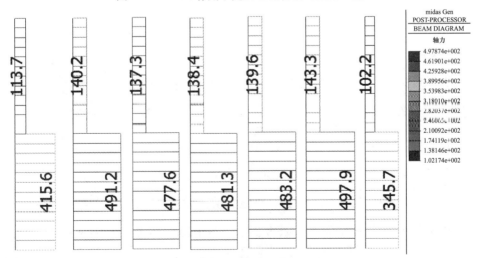

图 3.1.30　EX 作用下柱轴力（单位：kN）

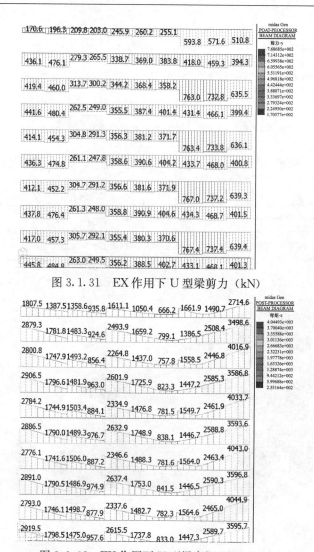

图 3.1.31　EX 作用下 U 型梁剪力（kN）

图 3.1.32　EX 作用下 U 型梁弯矩（kN·m）

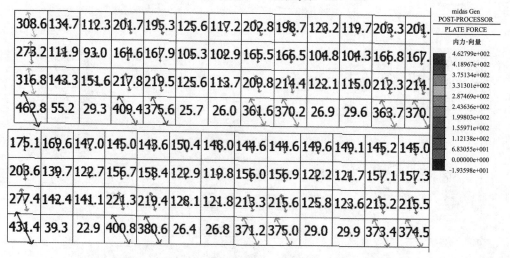

图 3.1.33　EX 作用下底层侧墙主轴力（单位：kN/m）

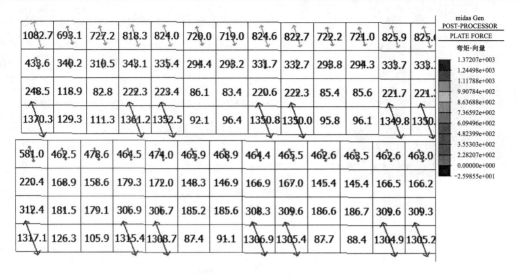

图 3.1.34 EX 作用下底层侧墙主弯矩（单位：kN·m/m）

3.1.3 小结

三个计算模型的结构位移如表 3.1.1 所示

结构位移统计表			表 3.1.1
模型	模型 1	模型 2	模型 3
1 层 X 向位移（mm）	1.71	5.15	3.92
3 层 X 向位移（mm）	4.23	14.6	9.25

由计算结果分析可得：只有底部约束的模型在设防烈度地震作用下的结构侧移最大；隧道两侧采用不等高土体约束的模型在罕遇烈度地震作用下的结构侧移次之；隧道两侧采用不等高土体约束的模型在设防烈度地震作用下的结构侧移最小。

在隧道两侧不等高土体约束作用下，在 X 向设防烈度地震作用下的梁柱墙等主要构件内力约为恒载工况下的 1/10。不考虑隧道两侧土层嵌固作用而只对隧道底部作嵌固约束时，在 X 向设防烈度地震作用下的梁柱墙等主要构件内力约为恒载工况下的 3/10。隧道两侧采用不等高土体约束的模型在 X 向罕遇烈度地震作用下的梁柱墙等主要构件内力略小于不考虑隧道两侧土层嵌固作用的模型在 X 向设防烈度地震作用下的计算结果。

3.2 环路隧道两侧均为建筑地下室的抗震分析

在实际工程中，隧道结构与两侧高层建筑结构紧密相邻的情况不可避免，此时在地震作用下各结构之间的相互影响也是值得探究论证的地方。本节即针对隧道结构两侧均为高层建筑地下室的情况进行结构的抗震计算分析。

本部分分析采用建立高层建筑与相邻段主环路隧道三维模型进行模拟，分析软件采用 MIDAS Gen，三维基本整体模型如图 3.2.1 所示。

图 3.2.1　三维基本整体模型图

在三维基本整体模型图中，左边高层建筑模型为舜德酒店地块，地上部分共有三座塔楼，底层嵌固，远离环路隧道一侧地下室侧壁采用只压土弹簧边界，其面弹簧刚度取 10000kN/m³。与舜德酒店相邻段环路隧道采用设计图纸中 A32-32 截面尺寸建立模型，环路隧道底部嵌固。为模拟环路隧道两边同时存在高层的情况，将 F2-4 塔楼结构模型导入置于环路隧道的另一侧模拟天河城地块其中一栋塔楼，天河城地块地上部分共有三座塔楼，底层嵌固，远离环路隧道一侧地下室侧壁采用只压土弹簧边界，其面弹簧刚度取 10000kN/m³。

考虑相邻两侧高层建筑地下室与环路隧道同时受到地震作用，隧道与相邻高层间距 2m，之间采用截面 1m×1m 的混凝土连接杆连接，每间隔 9m 布置一根。

建立两组模型进行计算分析：

模型 A：环路隧道顶板标高−10.600，模型侧立面如图 3.2.2 所示。

图 3.2.3 为模型通过反应谱分析，舜德酒店地块及天河城地块与环路隧道之间的连接杆的内力图。

由图 3.2.3 可看出，在地震工况下相邻高层对环路隧道的轴力最大为 691.5kN。连接杆的截面是 1m×1m，则连接杆的最大压应力为 0.7N/mm²。

图 3.2.4 为模型通过反应谱分析，环路隧道的侧墙位移图。

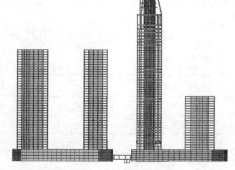

图 3.2.2　模型侧立面图

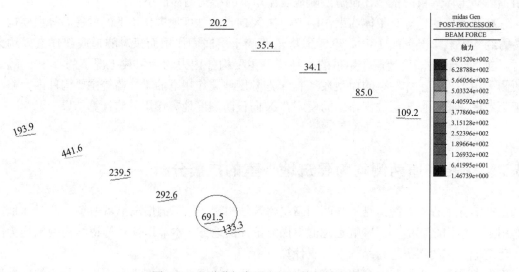

图 3.2.3　隧道与高层之间连接杆轴力图

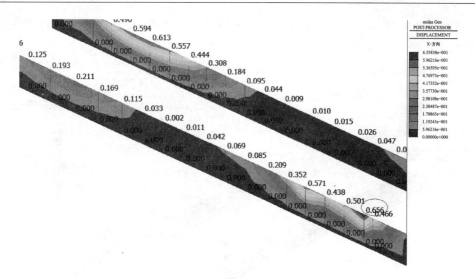

图 3.2.4 环路隧道侧墙位移图

由图 3.2.4 可看出,在地震工况下环路隧道沿地震方向的侧墙位移值最大为 0.656mm。

综上,当环路隧道顶板标高-10.600,在地震工况下两侧高层建筑对环路隧道的作用力很小,环路隧道产生的侧移很小。

模型 B:环路隧道顶板标高为±0.000,模型侧立面如图 3.2.5 所示。

图 3.2.6 为模型通过反应谱分析,舜德酒店地块及天河城地块与环路隧道之间的连接杆的内力图。

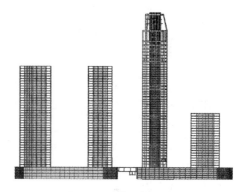

图 3.2.5 模型侧立面图

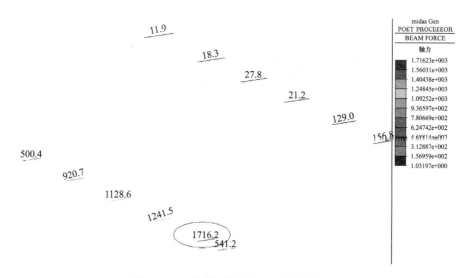

图 3.2.6 隧道与高层之间连接杆轴力图

由图 3.2.6 可看出，在地震工况下相邻高层对环路隧道的轴力最大为 1716.2kN。连接杆的截面是 1m×1m，则连接杆的最大压应力为 1.72N/mm²。

图 3.2.7 为模型通过反应谱分析，环路隧道的侧墙位移图。

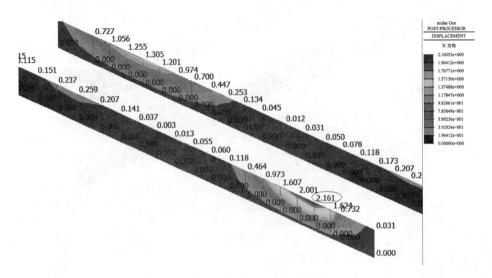

图 3.2.7　环路隧道侧墙位移图

由图 3.2.7 可看出，在地震工况下环路隧道沿地震方向的侧墙位移值最大为 2.161mm。

为分析地震工况下环路隧道受到的作用力对隧道侧壁配筋的影响，基于模型 B 的结果，选用广厦 GSSAP 建立环路隧道模型进行计算。

建立两组模型进行计算对比，三维模型如图 3.2.8 所示：

图 3.2.8　广厦模型示意图

模型 B1：考虑环路隧道侧壁的主动土压力作用对隧道侧壁的影响，在隧道侧壁加载三角形荷载，底部最大荷载为 50kN/m²，如图 3.2.9 所示。

模型 B2：根据本节的计算结果，在隧道侧壁加载 53kN/m² 的作用力，如图 3.2.10 所示。（环路隧道侧墙顶部产生的侧移最大值接近 2.161mm）

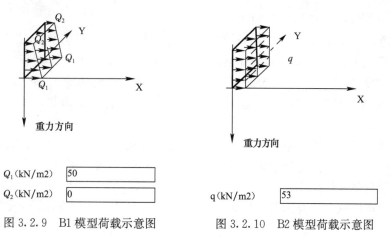

| Q_1(kN/m2) | 50 |
| Q_2(kN/m2) | 0 |

图 3.2.9　B1 模型荷载示意图

| q(kN/m2) | 53 |

图 3.2.10　B2 模型荷载示意图

计算结果见表 3.2.1：

侧墙结构配筋表 　　　　　　　　　　　　　　　　　　　　　　　表 3.2.1

模型	环路隧道侧墙水平分布筋（mm²/m）	环路隧道侧墙竖向分布筋（mm²/m）
模型 B1	2500	11327
模型 B2	2500	14845

综上，高层建筑对环路隧道产生的最大作用力处，隧道侧墙的竖向分布筋配筋量比侧土作用下隧道侧墙的竖向分布筋配筋量要增大 30%。

小结：

（1）当环路隧道顶板标高−10.600，在地震作用下，两侧高层建筑每平方米地下室侧墙传递给环路隧道的最大轴力为 21.34kN，环路隧道侧墙顶部产生的侧移最大值为 0.656mm，位移角为 1/11128。

（2）当环路隧道顶板标高为±0.000，在地震作用下，两侧高层建筑每平方米地下室侧墙传递给环路隧道的最大轴力为 53kN，环路隧道侧墙顶部产生的侧移最大值为 2.101mm，位移角为 1/8878。

（3）环路隧道顶板标高为±0.000 时，在地震作用下受到两侧高层建筑的作用力大于环路隧道顶板标高为−10.600 的情况，环路隧道侧墙最大位移角达到 1/3378。对于环路隧道顶板标高为±0.000 的情况，设计时可适当考虑两侧高层建筑的地震作用对环路隧道的影响。根据广厦 GSSAP 软件的计算，隧道侧墙在外力作用下侧向变形位移角达到 1/3378 时与只受侧土压力作用时相比，侧墙的竖向分布筋配筋量增大了 30%。

3.3　环路隧道内侧地下室外侧土体约束的抗震分析

在上节中，针对隧道结构两侧均为高层建筑地下室的情况进行结构的抗震计算分析。本节则针对另一种常见的实际情况——隧道结构一侧为高层建筑地下室另一侧为土体约束的情况进行结构的抗震计算分析。

本部分分析采用建立高层建筑与相邻段环路隧道三维模型进行模拟，分析软件采用

MIDAS Gen，三维基本整体模型如图 3.3.1 所示。

　　环路隧道采用设计图纸中 A32-32 截面尺寸建立模型，环路隧道底部嵌固，环路隧道外侧壁采用只压土弹簧边界，其面弹簧刚度取 10000kN/m³。将 F2-4 模型导入置于环路隧道的另一侧模拟与环路隧道相邻地块其中一栋塔楼，该地块地上部分共有三座塔楼，底层嵌固，远离主环路隧道一侧地下室侧壁采用只压土弹簧边界，其面弹簧刚度取 10000kN/m³。

　　考虑相邻高层建筑地下室与环路隧道同时受到地震作用，隧道与相邻高层间距 2m，之间采用截面 1m×1m 的混凝土连接杆连接，每间隔 9m 布置一根。

　　建立两组模型进行计算分析：

　　模型一：环路隧道顶板标高−10.600，模型侧立面如图 3.3.2 所示。

图 3.3.1　三维基本整体模型图　　　　图 3.3.2　模型侧立面图

　　图 3.3.3 为模型通过反应谱分析，相邻高层建筑与环路隧道之间的连接杆的内力图。由图 3.3.3 可看出，在地震工况下相邻高层对环路隧道的轴力最大为 1272.1kN。连接杆的截面是 1m×1m，则连接杆的最大压应力为 1.27N/mm²。

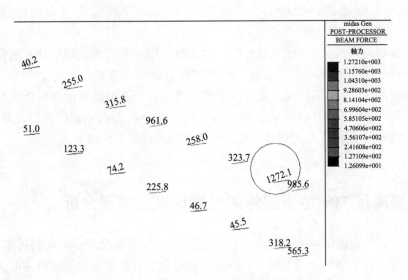

图 3.3.3　隧道与高层之间连接杆轴力图

图 3.3.4 为模型通过反应谱分析，环路隧道的侧墙位移图。由图 3.3.4 可看出，在地震工况下环路隧道沿地震方向的侧墙的位移值最大为 0.220mm。

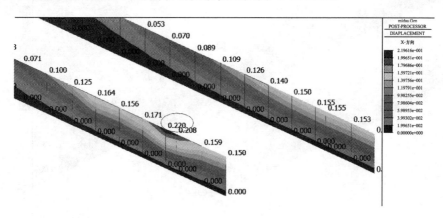

图 3.3.4　环路隧道侧墙位移图

综上，当环路隧道顶板标高－10.600，在地震工况下相邻高层建筑对环路隧道的作用力很小，环路隧道产生的侧移很小。

模型二：环路隧道顶板标高为±0.000，模型侧立面如图 3.3.5 所示。

图 3.3.6 为模型通过反应谱分析，相邻高层建筑与环路隧道之间的连接杆的内力图。由图 3.3.6 可看出，在地震工况下相邻高层对环路隧道的轴力最大为 3105.6kN。连接杆的截面是 1m× 1m，则连接杆的最大压应力为 3.11N/mm^2。

图 3.3.7 为模型通过反应谱分析，环路隧道的侧墙位移图。由图 3.3.7 可看出，在地震工况下环路隧道沿地震方向的侧墙位移值最大为 0.000mm。

图 3.3.5　模型侧立面图

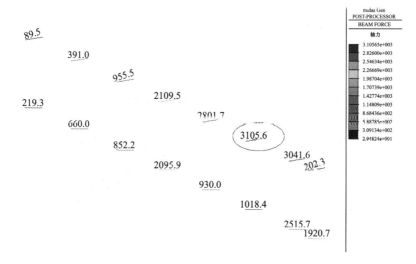

图 3.3.6　隧道与高层之间连接杆轴力图

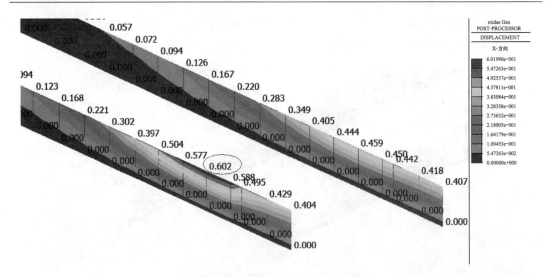

图 3.3.7　环路隧道侧墙位移图

综上，当环路隧道顶板标高为±0.000，在地震工况下相邻高层建筑对环路隧道的作用力很小，环路隧道产生的侧移很小。

小结：

（1）当环路隧道顶板标高－10.600，在地震作用下，内侧高层建筑每平方米地下室侧墙传递给环路隧道的最大轴力为 39.3kN，环路隧道侧墙顶部产生的侧移最大值为 0.220mm，位移角为 1/33182。

（2）当环路隧道顶板标高为±0.000，在地震作用下，内侧高层建筑每平方米地下室侧墙传递给环路隧道的最大轴力为 95.9kN，环路隧道侧墙顶部产生的侧移最大值为 0.602mm，位移角为 1/12126。

（3）环路隧道顶板标高为±0.000 时，在地震作用下受到内侧高层建筑的作用力大于环路隧道顶板标高－10.600 的情况。

（4）本章的结果与 3.2 章节对比，环路隧道顶板标高为±0.000 时，在地震作用下受到内侧高层建筑的作用力大于环路隧道顶板标高－10.600 时的情况。

3.4　不同厚度及本构模型下土的受压屈服分析

随着城市用地日益紧张，建筑物之间的距离越来越近，而此时建筑物之间的土体情况也不尽相同。土体的厚度不同、计算选取的本构关系不同，其承载力和变形能力也会不同，对其周边的建筑物会起到不同的嵌固作用。为更真实的计算土体在压力作用下的变形屈服情况，以广州万博中央商务区地下空间工程为例，采用有限元软件 ABAQUS 建立了多种不同厚度和不同本构的土体模型进行弹塑性计算分析，模拟土体受周边建筑物地下室侧墙压力时的受力变形响应。

3.4.1 计算模型

本节分析采用有限元软件 ABAQUS，计算模型如图 3.4.1 所示。绿色部分为混凝土板，板尺寸为 60m×30m×1.6m，混凝土标号为 C40；中间灰色部分为土体，土体厚度分别取 1m、2m、5m、10m，对应的计算模型是 TT1m、TT2m、TT5m、TT10m。

图 3.4.1 计算模型

在分析过程中，分别采用位移加载和力加载两种加载方式。

按位移加载时，Time＝0 时位移加载为 0，Time＝1 时位移加载为 20mm。

按力加载时，Time＝0 时力加载为 0，Time＝1 时力加载为 180000kN。

3.4.2 土的本构模型

土的本构采用 ABAQUS 程序中的修正的 DRUCKER PRAGER 帽盖模型进行计算，具体参数见表 3.4.1。

土体本构参数表 表 3.4.1

土体类型	s1 型土体	sf 型土体	sq 型土体
容重（kN/m³）	19.0	19.0	19.0
弹模（mPa）	5.2	13.76	60
摩擦角	18.3°	18.3°	25°
泊松比	0.45	0.35	0.28
粘结应力（kPa）	22.4	48.6	50

3.4.3 计算结果

在以下计算结果中，黑色部分应力超过屈服应力。不特殊说明的结果数据单位均为

N、mm、MPa。

1. 按位移加载的计算结果

对一侧混凝土板施加 20mm 的位移。

（1）采用 S1 型土体的计算结果

当位移加载到 2mm 时，各模型的 X 向应力如图 3.4.2 所示。1m 厚度土体的 X 向应力超越屈服应力，其他厚度的土体均没有出现屈服现象。

图 3.4.2　X 向应力云图

当位移加载到 3mm 时，各模型的 X 向应力如图 3.4.3 所示。1m、2m 厚度土体的 X 向应力超越屈服应力，其他厚度的土体均没有出现屈服现象。

图 3.4.3　X 向应力云图

当位移加载到 8mm 时，各模型的 X 向应力如图 3.4.4 所示。1m、2m、5m 厚度土体的 X 向应力均已超越屈服应力，只有 10m 厚度的土体均没有出现屈服现象。

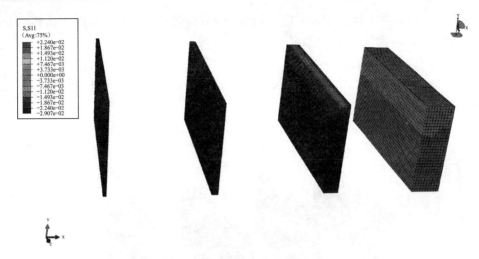

图 3.4.4　X 向应力云图

各种厚度的土体的应力随位移加载时间的变化情况如图 3.4.5 所示。其中 TT1-1 曲线为 1m 厚度土体结果，TT2-1 曲线为 2m 厚度土体结果，TT4-1 曲线为 5m 厚度土体结果，TT5-1 曲线为 10m 厚度土体结果。

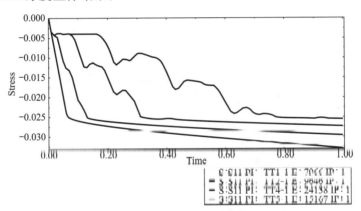

图 3.4.5　土体应力变化图

各种厚度的土体边界所受压力随位移加载时间的变化情况如图 3.4.6 所示。其中

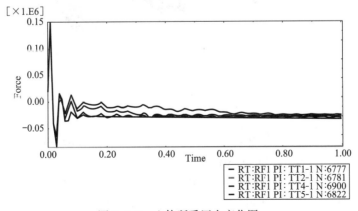

图 3.4.6　土体所受压力变化图

TT1-1 曲线为 1m 厚度土体结果，TT2-1 曲线为 2m 厚度土体结果，TT4-1 曲线为 5m 厚度土体结果，TT5-1 曲线为 10m 厚度土体结果。

（2）采用 Sf 型土体的计算结果

当位移加载到 2mm 时，各模型的 X 向应力如图 3.4.7 所示。四个模型的土体均没有出现屈服现象。

图 3.4.7　X 向应力云图

当位移加载到 3mm 时，各模型的 X 向应力如图 3.4.8 所示。1m 厚度土体的 X 向应力超越屈服应力，其他厚度的土体均没有出现屈服现象。

图 3.4.8　X 向应力云图

当位移加载到 8mm 时，各模型的 X 向应力如图 3.4.9 所示。1m、2m 厚度土体的 X 向应力超越屈服应力，其他厚度的土体均没有出现屈服现象。

当位移加载到 12mm 时，各模型的 X 向应力如图 3.4.10 所示。1m、2m、5m 厚度土体的 X 向应力超越屈服应力，10m 厚度的土体没有出现屈服现象。

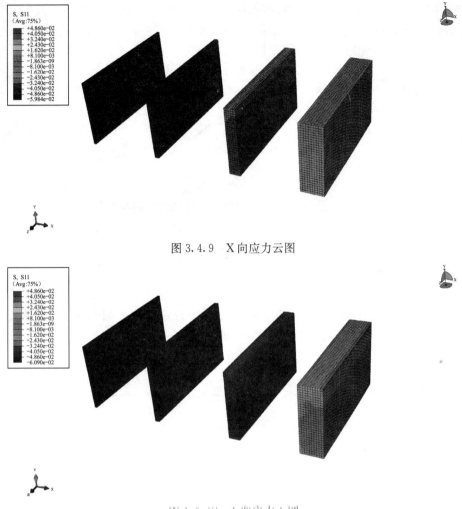

图 3.4.9　X 向应力云图

图 3.4.10　X 向应力云图

当位移加载到 20mm 时，各模型的 X 向应力如图 3.4.11 所示。1m、2m、5m 厚度土体的 X 向应力超越屈服应力，10m 厚度的土体仍然没有出现屈服现象。

图 3.4.11　X 向应力云图

各种厚度的土体的应力随位移加载时间的变化情况如图 3.4.12 所示。其中 TT1M-1 曲线为 1m 厚度土体结果，TT2M-1 曲线为 2m 厚度土体结果，TT5M-1 曲线为 5m 厚度土体结果，TT10M-1 曲线为 10m 厚度土体结果。

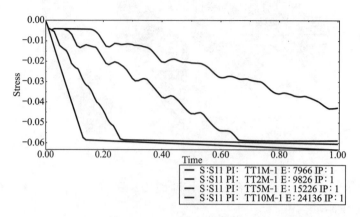

图 3.4.12　土体应力变化图

各种厚度的土体边界所受压力随位移加载时间的变化情况如图 3.4.13 所示。其中 TT1M-1 曲线为 1m 厚度土体结果，TT2M-1 曲线为 2m 厚度土体结果，TT5M-1 曲线为 5m 厚度土体结果，TT10M-1 曲线为 10m 厚度土体结果。

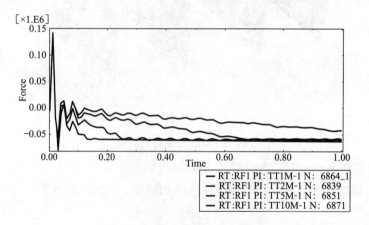

图 3.4.13　土体所受压力变化图

（3）采用 Sq 型土体的计算结果

当位移加载到 2mm 时，各模型的 X 向应力如图 3.4.14 所示。1m、2m 厚度土体的 X 向应力超越屈服应力，其他厚度的土体均没有出现屈服现象。

当位移加载到 3mm 时，各模型的 X 向应力如图 3.4.15 所示。1m、2m 厚度土体的 X 向应力超越屈服应力，其他厚度的土体均没有出现屈服现象。

当位移加载到 6mm 时，各模型的 X 向应力如图 3.4.16 所示。1m、2m、5m 厚度土体的 X 向应力超越屈服应力，10m 厚度的土体没有出现屈服现象。

当位移加载到 7mm 时，各模型的 X 向应力如图 3.4.17 所示。4 个模型的土体均出现屈服现象。

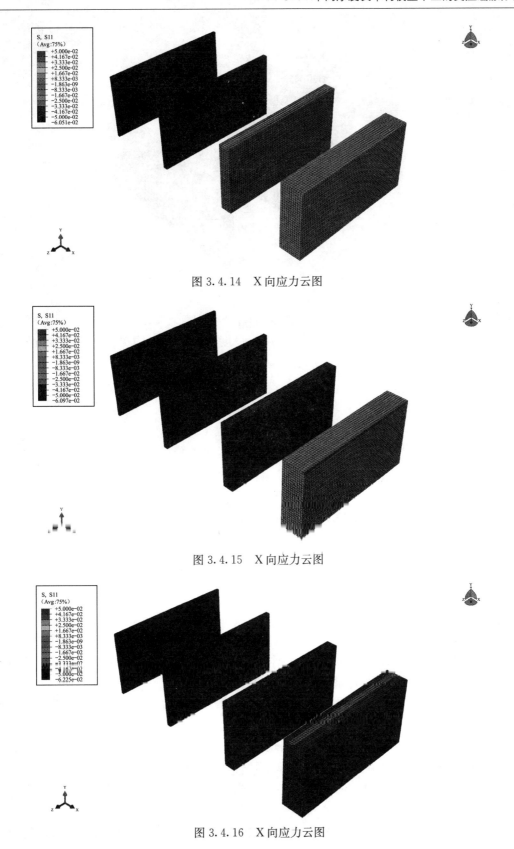

图 3.4.14　X向应力云图

图 3.4.15　X向应力云图

图 3.4.16　X向应力云图

图 3.4.17　X 向应力云图

各种厚度的土体的应力随位移加载时间的变化情况如图 3.4.18 所示。其中 TT1M-1 曲线为 1m 厚度土体结果，TT2M-1 曲线为 2m 厚度土体结果，TT5M-1 曲线为 5m 厚度土体结果，TT10M-1 曲线为 10m 厚度土体结果。

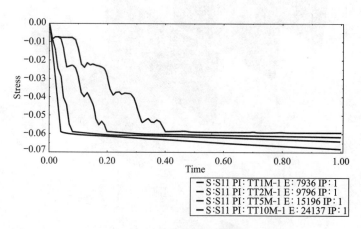

图 3.4.18　土体应力变化图

各种厚度的土体边界所受压力随位移加载时间的变化情况如图 3.4.19 所示。其中 TT1M-1 曲线为 1m 厚度土体结果，TT2M-1 曲线为 2m 厚度土体结果，TT5M-1 曲线为 5m 厚度土体结果，TT10M-1 曲线为 10m 厚度土体结果。

通过位移加载方法对不同厚度、不同本构模型的土体进行 0～20mm 的加载计算分析可得出以下结论：

1. 对于同一种土体，土体越薄越早出现屈服。

2. 对于 1m 厚的土体在 3mm 位移加载下，各种土体均出现了屈服。

3. 对于同一厚度的土体，各种土体的弹性模量接近，土体的屈服强度越小，就越早出现屈服。

4. 对于同一厚度的土体，各种土体的屈服强度接近，土体的弹性模量越大，就越早出现屈服。

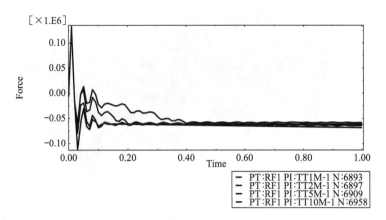

图 3.4.19 土体所受压力变化图

5. 对于同一种土体，随位移增加，土体越薄其所受的压力增加就越快，越早进入屈服平台段；对于较厚的土体，在较大的位移作用下，对应的混凝土板的支座反力仍较低。

6. 对于同一厚度的土体，在同一位移作用下，土体的弹性模量越大，土体受的压力就越大。

2. 按力加载的计算结果

通过对一侧混凝土楼板施加 0 到 180000kN 力的面压力，分析土的变形和应力情况。

（1）采用 Sf 型土体的计算结果

当力加载到 18000kN 时，各模型的 X 向应力如图 3.4.20 所示。4 个模型中的土体均没有出现屈服现象。

图 3.4.20 X 向应力云图

当力加载到 27000kN 时，各模型的 X 向应力如图 3.4.21 所示。4 个模型中的土体均没有出现屈服现象。

图 3.4.21　X 向应力云图

当力加载到 72000kN 时，各模型的 X 向应力如图 3.4.22 所示。4 个模型中的土体均没有出现屈服现象。

图 3.4.22　X 向应力云图

当力加载到 81000kN 时，各模型的 X 向应力如图 3.4.23 所示。5m 厚度土体的 X 向应力超越屈服应力，其他厚度的土体均没有出现屈服现象。

当力加载到 90000kN 时，各模型的 X 向应力如图 3.4.24 所示。四个模型的土体均出现屈服现象。

各种厚度的土体的应力随力加载时间的变化情况如图 3.4.25 所示。其中 TT1M-1 曲线为 1m 厚度土体结果，TT2M-1 曲线为 2m 厚度土体结果，TT5M-1 曲线为 5m 厚度土体结果，TT10M-1 曲线为 10m 厚度土体结果。

各种厚度的土体的压缩位移随力加载时间的变化情况如图 3.4.26 所示。其中 TT1M-1 曲线为 1m 厚度土体结果，TT2M-1 曲线为 2m 厚度土体结果，TT5M-1 曲线为 5m 厚度土体结果，TT10M-1 曲线为 10m 厚度土体结果。

图 3.4.23 X 向应力云图

图 3.4.24 X 向应力云图

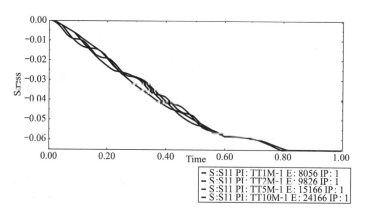

图 3.4.25 土体应力变化图

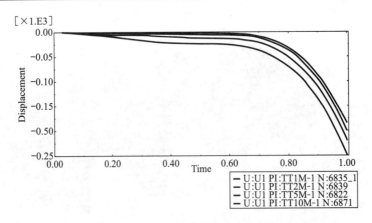

图 3.4.26　土体压缩位移变化图

（2）采用 Sg 型土体的计算结果

当力加载到 82800kN 时，各模型的 X 向应力如图 3.4.27 所示。10m 厚度土体的 X 向应力超越屈服应力，其他厚度的土体均没有出现屈服现象。

图 3.4.27　X 向应力云图

当力加载到 90000kN 时，各模型的 X 向应力如图 3.4.28 所示。四个模型的土体均出现屈服现象。

各种厚度的土体的应力随力加载时间的变化情况如图 3.4.29 所示。其中 TT1M-1 曲线为 1m 厚度土体结果，TT2M-1 曲线为 2m 厚度土体结果，TT5M-1 曲线为 5m 厚度土体结果，TT10M-1 曲线为 10m 厚度土体结果。

各种厚度的土体的压缩位移随力加载时间的变化情况如图 3.4.30 所示。其中 TT1M-1 曲线为 1m 厚度土体结果，TT2M-1 曲线为 2m 厚度土体结果，TT5M-1 曲线为 5m 厚度土体结果，TT10M-1 曲线为 10m 厚度土体结果。

图 3.4.28 X 向应力云图

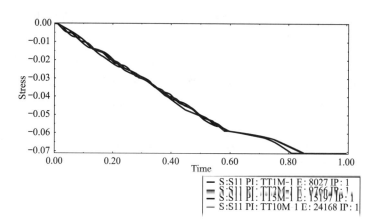

图 3.4.29 土体应力变化图

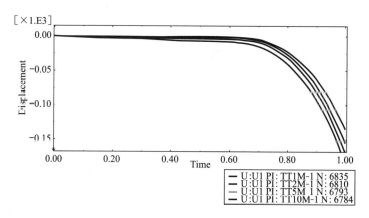

图 3.4.30 土体压缩位移变化图

通过力加载方法对不同厚度、不同本构模型的土体进行 0～180000kN 的加载计算分析可得出：Sf 型土体与土 Sg 型土体的屈服应力比较接近，但弹性模型差别较大。在采用力加载方式的计算中，两种土体的应力与时间关系曲线以及土体压缩位移与时间关系曲线的形态比较接近。两种土体的各种厚度模型基本同时出现屈服，只是在相同的受力作用下土体越厚，其弹性模量越小，土体两侧的混凝土板位移就越大。

3.4.4　小结

通过位移加载方法对不同厚度、不同本构模型的土体进行 0～20mm 的加载计算分析可得出以下结论：

（1）对于同一种土体，土体越薄越早出现屈服。

（2）对于 1m 厚的土体在 3mm 位移加载下，各种土体均出现了屈服。

（3）对于同一厚度的土体，各种土体的弹性模量接近，土体的屈服强度越小，就越早出现屈服。

（4）对于同一厚度的土体，各种土体的屈服强度接近，土体的弹性模量越大，就越早出现屈服。

（5）对于同一种土体，随位移增加，土体越薄其所受的压力增加就越快，越早进入屈服平台段；对于较厚的土体，在较大的位移作用下，对应的混凝土板的支座反力仍较低。

（6）对于同一厚度的土体，在同一位移作用下，土体的弹性模量越大，土体受的压力就越大。

通过力加载方法对不同厚度、不同本构模型的土体进行 0～180000kN 的加载计算分析可得出：土体屈服时对应的压力主要由土体的屈服应力决定，而与土体的厚度和弹性模量关系不大，只是在相同的受力作用下土体越厚、土体的弹性模量越小，土体两侧的混凝土板位移也就越大，也就是说土体对与之接触的建筑地下室侧墙的约束力越小。

由以上计算分析，对建筑结构之间的填土提出以下建议：若需要填土的厚度小于 5m，此时土体较易出现屈服，应采用弹性模量较小（约 10MPa）、屈服应力较大（约 45KPa）的土体，比如本节中的 Sf 型土体；若需要填土的厚度大于 5m，此时土体不易出现屈服，应采用弹性模量较大（约 60MPa）、屈服应力较大（约 45KPa）的土体，比如本节中的 Sg 型土体。

3.5　环路隧道对高层结构嵌固端设定的影响分析

为计算分析隧道对高层结构嵌固端设定的影响，本部分分析采用建立高层建筑与相邻段主环路隧道三维模型进行模拟，分析软件采用 MIDAS Gen，三维整体模型如图 3.5.1 所示。

首先，将图 3.5.1 中的高层建筑大底盘模型在不同嵌固情况下进行计算分析：

模型 A：地块模型底部嵌固，地下室周边添加只压土弹簧边界，其面弹簧刚度取

10000kN/m³。模型如图 3.5.2 所示。图 3.5.3 为模型 A 通过反应谱分析，高层建筑地下室边缘柱沿地震方向的位移图。

图 3.5.1 三维整体模型图

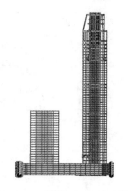

图 3.5.2 模型 A 立面示意图

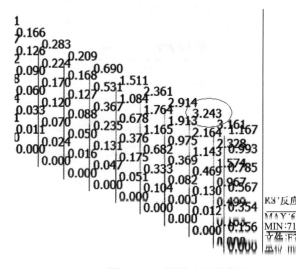

图 3.5.3 模型 A 柱位移图

模型 B：地块模型底部嵌固，地下室周边无土体约束。模型如图 3.5.4 所示。图 3.5.5 为模型 B 通过反应谱分析，高层建筑地下室边缘柱沿地震方向的位移图。

环路隧道采用设计图纸中 A32-32、A14-14 两种截面尺寸建立模型，环路隧道顶板标高为±0.000，环路隧道底部嵌固，环路隧道外侧壁采用只压土弹簧边界，其面弹簧刚度取 10000kN/m³。将 F2-4 模型导入置于环路隧道的另一侧模拟与环路隧道相邻地块其中一栋塔楼，该地块地上部分共有三座塔楼，底层嵌固，远离环路隧道一侧地下室侧壁采用只压土弹簧边界，其面弹簧刚度取 10000kN/m³。

建立以下多组模型模拟实际情况进行计算分析。模型参数见表 3.5.1。

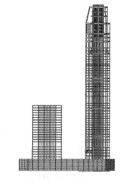

图 3.5.4 模型 B 立面示意图

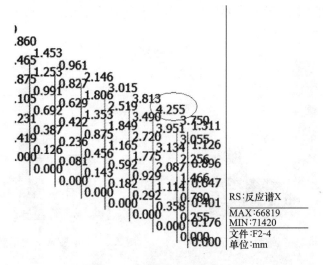

图 3.5.5　模型 B 柱位移图

模型参数表　　　　　　　　　　　　　　　　　　　　　　　表 3.5.1

模型	隧道截面	隧道与高层之间土层厚度	模拟填土弹簧刚度
模型 1	A32-32	1m	10780kN/m³
模型 2	A32-32	2m	10780kN/m³
模型 3	A32-32	5m	10780kN/m³
模型 4	A32-32	10m	10780kN/m³
模型 5	A32-32	1m	60000kN/m³
模型 6	A32-32	2m	60000kN/m³
模型 7	A32-32	5m	60000kN/m³
模型 8	A32-32	10m	60000kN/m³
模型 9	A14-14	1m	10780kN/m³
模型 10	A14-14	2m	10780kN/m³
模型 11	A14-14	5m	10780kN/m³
模型 12	A14-14	10m	10780kN/m³
模型 13	A14-14	1m	60000kN/m³
模型 14	A14-14	2m	60000kN/m³
模型 15	A14-14	5m	60000kN/m³
模型 16	A14-14	10m	60000kN/m3

　　模型 1 至模型 8 立面图如图 3.5.6 所示；模型 9 至模型 16 立面图如图 3.5.7 所示：

　　通过反应谱分析，取各模型中高层建筑地下室边缘柱沿地震作用方向最大位移值做图 3.5.8 及图 3.5.9，地下室边柱延地震方向的最大位移值即反映了该模型中土体最大变形值。

图 3.5.6 模型 1 至模型 8 立面图　　图 3.5.7 模型 9 至模型 16 立面图

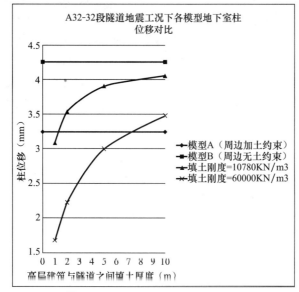

图 3.5.8　A32-32 段隧道柱位移图

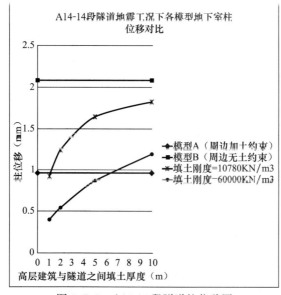

图 3.5.9　A14-14 段隧道柱位移图

小结：

（1）对于同一弹性模量的填土而言，填土越厚，在地震作用下土体变形越大，对建筑物的侧向约束作用越差，即对建筑物的嵌固作用越差。

（2）对于刚度较小的填土对建筑的约束能力较弱，如刚度 $10780kN/m^3$ 时，填土厚度超过 5m 时，在地震力作用下土体的变形值趋于稳定，对于刚度较大的填土对建筑的约束能力较强，土体厚度不超过 10m 时，位移与土厚呈近线性变化。

（3）本章的土本构是基于线性定义的，结合 3.4 节的非线性分析结论，虽然填土在厚度较小时的变形值很小，但相对于厚填土在相同的变形下更容易屈服，例如 1m 厚的填土在变形为 3mm 时已经屈服，故此时填土对建筑物无嵌固作用。

（4）可按 3.4 节的建议对小于 5m 厚的土体采用 $10780kN/m^3$ 刚度，对大于 5m 厚的土体采用 $60000kN/m^3$ 刚度。这样的话土的厚度大于等于 2m 时土的屈服位移值为 5mm，由本章计算结果可知各种厚度和本构的土约束作用下，土在地震作用下的压缩变形均不超过 4.3mm，所以厚度大于等于 2m 的土在地震作用下不会出现屈服。

（5）从柱位移对比图可知，对于 A14-14 段隧道和 A32-32 段隧道的计算，当土厚小于 5m 时，采用刚度 $10780kN/m^3$ 的土，建筑物的相对变形与常规土约束（模型 B）的变形十分接近。当土厚大于等于 5m 时，采用刚度 $60000kN/m^3$ 的土，建筑物的相对变形与常规土约束（模型 B）的变形十分接近。所以除土厚 1m 以外的其他情况，填土能起到常规的地下室侧土约束的作用。

第4章 地下空间结构与周边高层建筑结构之间相互作用的分析

地下空间结构与周边高层建筑结构紧密相邻时，各结构之间的相互影响也是值得探究论证的地方，本章即针对地下空间结构与周边高层建筑结构之间的相互影响进行计算分析。本章六小节将分别从六个方面进行相关的分析。

4.1 地下空间首层板作为周边高层建筑嵌固端的分析

4.1.1 基本信息

本部分分析采用建立高层建筑与相邻段地下空间三维模型进行模拟，分析软件采用 MIDAS Gen，三维基本整体模型如图 4.1.1 所示。

三维基本整体模型图中，左边高层建筑模型为信息中心地块，如图 4.1.2 所示，其基本信息如下：四层地下室，负一层地下室顶板标高±0.000，地上部分共有三座塔楼，其中两座塔楼高 99m，一座塔楼 184m。底层嵌固，远离地下空间一侧地下室侧壁采用只压十弹簧边界，其面弹簧刚度取 10000kN/m³。

图 4.1.1 三维基本整体模型图

图 4.1.2 信息中心二维模型图

三维基本整体模型图中，与信息中心相邻段地下空间如图 4.1.3 所示，其基本信息如下：地下四层，负一层顶板标高⊥0.000，底层嵌固。截取的地下空间段在整体模型中的位置如图 4.1.4 所示。

为模拟地下空间两边同时存在高层的情况，在三维基本整体模型图中将 F2-4 塔楼结构模型导入置于地下空间的另一侧，如图 4.1.5 所示，其基本信息如下：六层地下室，负一层地下室顶板标高±0.000，地上部分塔楼高 280m。底层嵌固，远离地下空间一侧地下室侧壁采用只压土弹簧边界，其面弹簧刚度取 $10000kN/m^3$。

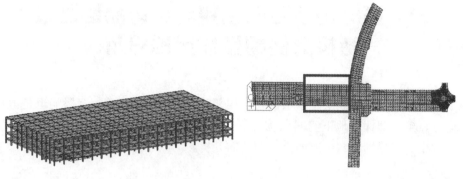

图 4.1.3　地下空间三维模型图　　　图 4.1.4　截取地下空间段位置示意图

图 4.1.5　F2-4 地块三维
模型图

如图 4.1.1 的基本整体模型中，地下空间部分与两侧的高层模型间距 0.5 至 1.0m，之间采用 1m×1m 的混凝土连接杆连接。

为验证地下空间首层板是否可作为周边高层建筑嵌固端，以及计算首层板作为周边高层建筑嵌固端时，地下空间与周边高层建筑之间相互传递的作用力，建立以下三种模型进行计算对比分析。

模型一：考虑周边高层建筑地下室与地下空间为统一整体，不设置变形缝，采用截面 1m×1m 的混凝土连接杆连接。即图 4.1.1 所示的基本模型，模型侧立面如图 4.1.6 所示。

模型二：考虑周边高层建筑地下室与地下空间为单独建筑物，不考虑相互影响，考虑温度工作工况，温度工况取降温 9 度计算。模型侧立面如图 4.1.7 所示。

模型三：考虑周边高层建筑地下室与地下空间为统一整体，设置变形缝，分缝处设置弹簧支座，支座刚度按照模型二温度作用工况下边跨柱最大位移的一半考虑。模型侧立面如图 4.1.8 所示。

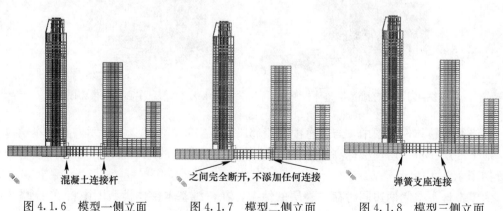

图 4.1.6　模型一侧立面　　图 4.1.7　模型二侧立面　　图 4.1.8　模型三侧立面

4.1.2 模型的动力特性及计算分析结果

三组计算模型的反应谱分析计算结果如表 4.1.1 所示：

反应谱分析结果 表 4.1.1

模型		模型一	模型二	模型三
高层建筑地下室与地下空间的连接情况		1m×1m混凝土连接杆连接	完全断开	弹簧连接(SDx=1.0e+006kN/mm)
周期（sec）	一	5.4614（Y方向）	5.4721（Y方向）	5.4638（Y方向）
	二	5.0935（X方向）	5.1008（X方向）	5.0950（X方向）
	三	3.5537（X方向）	3.5571（X方向）	3.5542（X方向）
反应谱计算基底剪力（kN）	X	1.6316e+004	3.5519e+003	1.7365e+004
	Y	3.0072e+004	3.6744e+004	3.3480e+004
反应谱计算地下室顶板剪力（kN）	X	2.6635e+004	2.2080e+004	2.7379e+004
	Y	9.1415e+004	8.6691e+004	9.3937e+004
反应谱计算首层顶板剪力（kN）	X	2.6252e+004	2.2067e+004	2.7097e+004
	Y	9.0087e+004	8.5532e+004	9.1978e+004
反应谱分析位移图		图4.2.2.1、图4.2.2.2	图4.2.2.3、图4.2.2.4	图4.2.2.5、图4.2.2.6
反应谱分析构件内力		图4.2.2.8至图4.2.2.19		
反应谱分析信息中心柱2位移（mm）	负一层	0.833	1.966	0.785
	首层	3.078	1.961	3.154
反应谱分析F2-4柱1位移（mm）	负一层	0.905	1.136	0.932
	首层	3.380	3.245	3.363
反应谱分析信息中心首层板上下层侧刚比		0.26	0.99	0.24
反应谱分析的F2-4高层首层板上下层侧刚比		0.26	0.35	0.47

由表 4.1.1 可看出，由于高层建筑与相邻地下空间的连接方式不同，使得三组模型的刚度产生变化，进而使得周期不同。

模型一中高层建筑与相邻地下空间之间采用混凝土连接杆连接，整体刚度最大，周期最小。

模型三中高层建筑与相邻地下空间之间采用弹性连接，整体刚度小于模型一，周期大于模型一。

模型二中高层建筑与相邻地下空间之间不采用任何连接方式，完全断开，整体刚度最小，周期最大。

三组模型的周期虽有变化，但变化幅度在 0.4％以内。

由表 4.1.1 可看出，反应谱分析得到三组模型的首层与负一层侧向刚度比。

对于 F2-4 高层，模型二的侧刚比为 0.35，模型一与模型三的侧刚比均小于 0.35，说明与地下空间相连接能对相邻高层建筑起到嵌固作用。

对于信息中心高层，模型二的侧刚比为 0.99，分析原因为建模时简化上下层的构件为统一截面，故侧刚比接近1；模型一与模型三的侧刚比均小于0.5，说明与地下空间相连接能对相邻高层建筑起到嵌固作用。

模型二在温度作用工况下（降温9℃）边跨柱的最大相对位移为5mm。模型三高层建筑与地下空间之间的弹簧支座刚度是按照模型二在温度作用工况下计算位移的一半考虑。通过试算得：当SDx＝1.0e＋006kN/mm时，模型三在温度作用工况下（降温9℃）边跨柱相对位移才能接近模型二的一半，而此时的弹簧刚度值太大。

为比较高层与地下空间之间的连接弹簧作用，现基于模型三，对连接弹簧取不同SDx值进行计算分析。计算结果见表4.1.2：

变弹簧刚度计算结果 表4.1.2

高层建筑地下室与地下空间的连接情况		弹簧连接 (SDx＝1.0e＋003kN/mm)	弹簧连接 (SDx＝1.0e＋004kN/mm)	弹簧连接 (SDx＝1.0e＋005kN/mm)
周期（sec）	一	5.4690（Y方向）	5.4651（Y方向）	5.4639（Y方向）
	二	5.0986（X方向）	5.0960（X方向）	5.0951（X方向）
	三	3.5556（X方向）	3.5545（X方向）	3.5543（X方向）
反应谱计算 基底剪力（kN）	X	1.1832e＋004	1.6385e＋004	1.7434e＋004
	Y	4.1471e＋004	3.1211e＋004	3.3315e＋004
反应谱计算地下室 顶板剪力（kN）	X	2.4392e＋004	2.6746e＋004	2.7416e＋004
	Y	9.3042e＋004	9.2760e＋004	9.3899e＋004
反应谱计算首层 顶板剪力（kN）	X	2.4046e＋004	2.6503e＋004	2.7141e＋004
	Y	9.1031e＋004	9.0943e＋004	9.1934e＋004
反应谱分析信息 中心柱2位移（mm）	负一层	1.432	0.896	0.798
	首层	2.671	3.017	3.134
反应谱分析F2-4 柱1位移（mm）	负一层	1.052	0.965	0.936
	首层	3.285	3.360	3.362
反应谱分析信息中心首层 板上下层侧刚比		0.52	0.29	0.25
反应谱分析F2-4地块首层 板上下层侧刚比		0.31	0.28	0.27

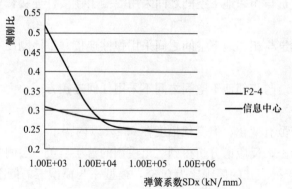

图4.1.9 连接弹簧系数与高层建筑侧刚比关系图

4.2 地下空间与周边高层建筑之间作用力的计算结果及分析

4.2.1 计算模型

本节计算分析所用三组模型即为 4.1 节的三组计算模型，模型间的区别如下：

模型一：高层建筑与地下空间之间采用混凝土连接杆连接。

模型二：高层建筑与地下空间之间完全断开。

模型三：高层建筑与地下空间之间采用弹簧连接。

4.2.2 地下空间内力计算结果及分析

图 4.2.1 至图 4.2.6 为三组模型通过反应谱分析，信息中心塔楼及 F2-4 塔楼分别与地下空间相邻段的六层地下室边柱及首层边柱的位移值。

模型二中高层建筑与相邻地下空间之间不采用任何连接方式，完全断开，故地下空间不能对相邻高层建筑起到嵌固作用。

模型三中高层建筑与相邻地下空间之间采用弹性连接，故地下空间应能对相邻高层建筑起到一定的嵌固作用。

模型一中高层建筑与相邻地下空间之间采用混凝土连接杆连接，故地下空间对相邻的高层建筑的嵌固作用应当最理想。

而由图 4.2.1 至图 4.2.6 可得出：高层建筑边柱的位移值体现出"模型一柱位移最小，模型三柱位移次之，模型二柱位移最大"的趋势。

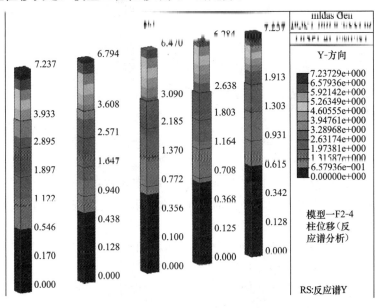

图 4.2.1　模型一 F2-4 柱位移图

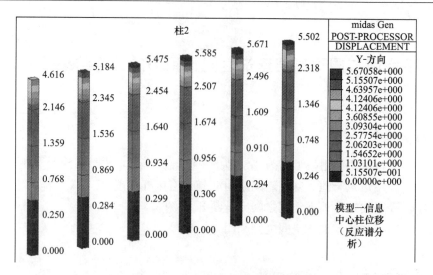

图 4.2.2　模型一信息中心柱位移图

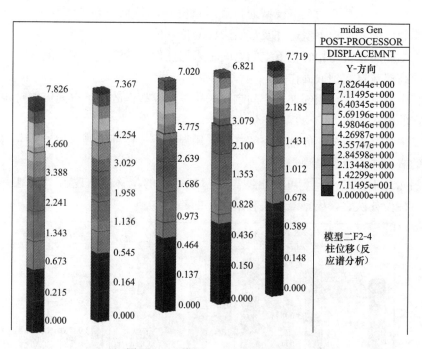

图 4.2.3　模型二 F2-4 柱位移图

　　三组模型通过反应谱分析，地下空间结构中与高层建筑相邻的部分梁、板、柱的受力分析结果以及模型二在不考虑地震作用时地下空间结构中与高层建筑相邻的部分梁、板、柱的受力分析结果如下：

　　模型一在地震工况下，地下空间首层 Y 方向梁轴力达到 417kN，往下层轴力依次递减，到负四层 Y 方向梁轴力为 11.1kN。

　　模型二在不考虑地震工况下，地下空间首层 Y 方向梁轴力达到 6.9kN，往下层轴力依次递减，到负四层 Y 方向梁轴力为 1.6kN。

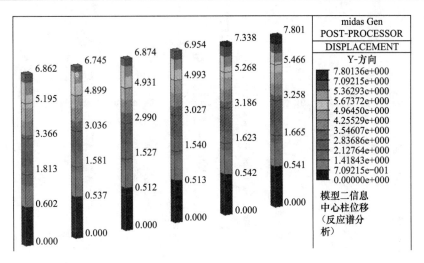

图 4.2.4　模型二信息中心柱位移图

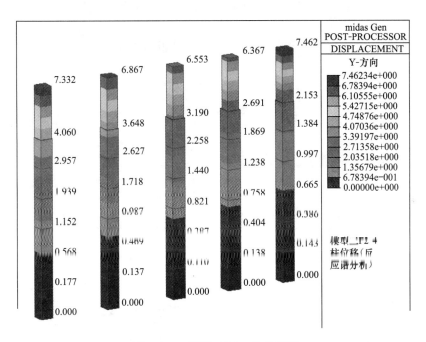

图 4.2.5　模型三 F2-4 柱位移图

模型在地震工况下，一地下空间首层 Y 方向梁轴力达到 315.6kN，往下层轴力依次递减，到负四层 Y 方向梁轴力为 11.3kN。

可看出模型一和模型三在地震作用时地下空间 Y 方向梁轴力均远远大于模型二在恒载作用下地下空间 Y 方向梁轴力。

模型一在地震工况下，地下空间首层板应力达到 1235.4kN/m²，往下层轴力依次递减，到负四层板应力为 76.4kN/m²。

模型二在不考虑地震工况下，地下空间首层板应力达到 134.9kN/m²，往下层轴力依次递减，到负四层板应力为 49.2kN/m²。

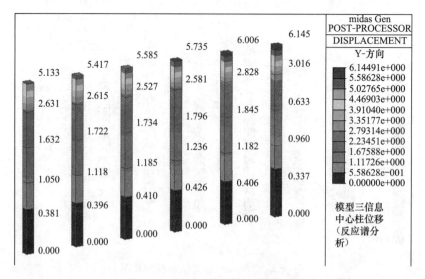

图 4.2.6　模型三信息中心柱位移图

模型在地震工况下，地下空间首层板应力达到 $1399kN/m^2$，往下层轴力依次递减，到负四层板应力为 $72.1kN/m^2$。

可看出模型一和模型三在地震作用时地下空间板应力均大于模型二在不考虑地震作用时地下空间板应力，尤其是地下空间顶板应力增大了 10 倍。

4.2.3　高层建筑远端侧土约束作用的分析

为比较只压土弹簧边界条件的作用，在三组模型中，将远离相邻地下空间一侧的高层建筑地下室侧壁上施加只压土弹簧边界条件，如图 4.2.7 所示。

只压弹簧边界约束的受力特点为：只对结构提供压力而不提供拉力，提供的压力大小与相应的面弹簧刚度有关。本报告中三组模型的面弹簧刚度均取 $10000kN/m^3$。

由地下室侧壁受力情况可得：

模型二在恒载作用下，只压土弹簧对高层建筑地下室侧墙的作用力很小；

模型一和模型三在地震作用下侧墙受到只压土弹簧的力远大于模型二在恒载作用下侧墙受到只压土弹簧的力；

模型一与模型三在地震作用下侧墙受到只压土弹簧的力相差很小。

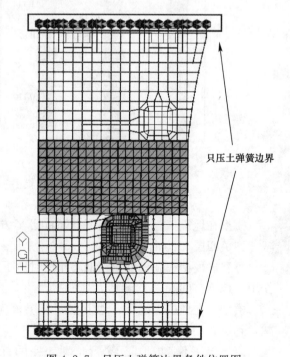

图 4.2.7　只压土弹簧边界条件位置图

4.3　地下空间结构对大底盘高层建筑底部约束作用分析

4.3.1　大底盘裙房地下室远端侧土对塔楼侧向位移的约束作用

为计算分析大底盘裙房地下室远端侧土对塔楼侧向位移的约束作用的影响程度，建立两组模型对比分析。分析软件采用 Midas Gen。整体三维模型如图 4.3.1 所示。

模型 X：考虑周边高层建筑地下室与地下空间为统一整体，不设置变形缝，采用截面 1m×1m 的混凝土连接杆连接，高层建筑中远离地下空间一侧地下室侧壁均采用只压土弹簧边界，其面弹簧刚度取 10000kN/m³。模型 X 俯视图如图 4.3.2 所示。

模型 Y：考虑周边高层建筑地下室与地下空间为统一

图 4.3.1　三维整体模型图

整体，不设置变形缝，采用截面 1m×1m 的混凝土连接杆连接，将高层建筑中远离地下空间一侧地下室侧壁不添加土弹簧边界约束。模型 Y 俯视图如图 4.3.3 所示。

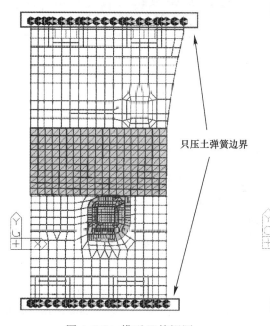

只压土弹簧边界

图 4.3.2　模型 X 俯视图

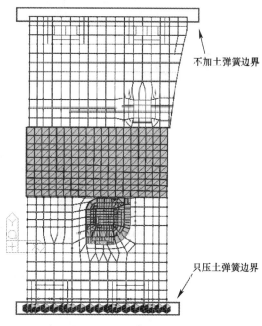

不加土弹簧边界

只压土弹簧边界

图 4.3.3　模型 X 俯视图

图 4.3.4 至图 4.3.7 为三组模型通过反应谱分析，信息中心塔楼及 F2-4 塔楼分别与地下空间相邻段的六层地下室边柱及首层边柱的位移值。

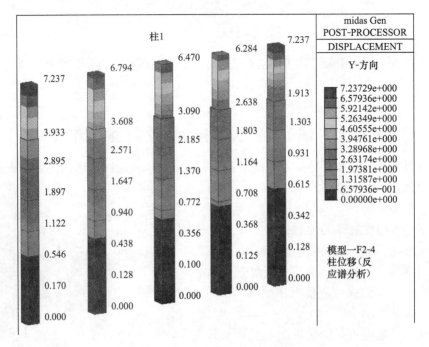

图 4.3.4　模型 X F2-4 柱位移图

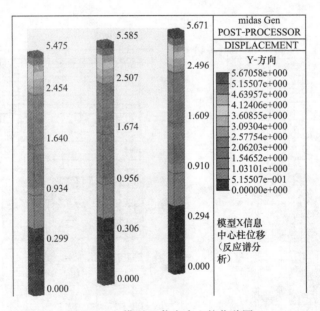

图 4.3.5　模型 X 信息中心柱位移图

由图 4.3.4 至图 4.3.7 可看出，两组模型柱侧向位移相差最大为 0.065mm，增幅 1.2%。可知，大底盘裙房地下室远端侧土对塔楼侧向位移的约束作用很小，对大底盘中心的塔楼侧移的限制作用几乎可以忽略。

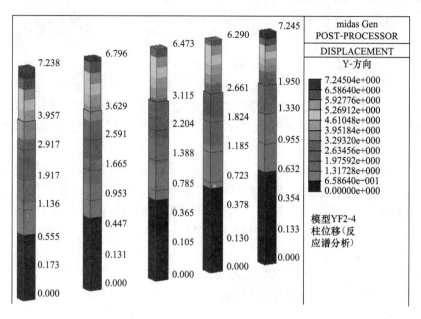

图 4.3.6 模型 Y F2-4 柱位移图

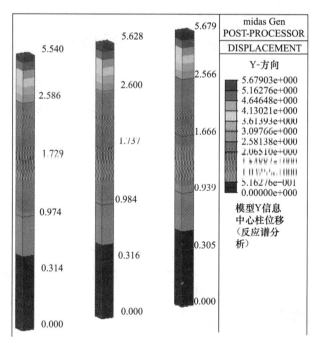

图 4.3.7 模型 Y 信息中心柱位移图

4.3.2 大底盘裙房地下室的嵌固端位置设置的条件

作为高层建筑的结构嵌固端，其工作机理是：嵌固端节点下的梁柱（板）构件是不产生转动的，嵌固端楼层平面内更不会产生水平位移，地震作用下结构的屈服部位将发生在嵌固端之上楼层。

现行规范要求嵌固端下一层地下室侧向刚度不应小于嵌固端上一层侧向刚度的 2 倍，但实际情况是地下室的侧向刚度与主楼的侧向刚度很大一部分是不连续的，这主要是因为地下室往往比主楼平面面积大（尤其是带大底盘塔楼结构），抗侧力构件数量增多。因此，地下室顶板作为上部结构的嵌固端是有条件的：地下室与上部结构之间必须有良好的侧向力传递。

理论上嵌固端应能限制构件在两个水平方向的平动位移和绕竖轴的转角位移，并将上部结构的剪切力全部传递给地下室构件。因此最重要的是加强作为主体结构嵌固部位的侧向刚度和整体承载力。为了是地下室顶板部位较真实地成为结构嵌固端，《高规》与《抗规》都对嵌固端做出了具体规定。《抗规》6.1.14 条文说明中提到"这里所指的地下室应为完整的地下室"，这是规范考虑地下室侧土的有利约束作用。

而对于带大底板地下室的建筑结构，尤其是超大底盘建筑，由 4.3.1 章节的结论可知：地下室边缘的土压对大底盘中心塔楼的嵌固作用贡献最多达到 1.2%，影响很小。故加强主体结构嵌固部位的侧向刚度和整体承载力是结构嵌固端安全可靠的最重要的保证。

4.4　高层建筑地下室远端侧土对地下空间的影响分析

4.4.1　计算模型

为计算分析地下空间两侧高层建筑地下室远端侧土对地下空间的作用的影响程度，建立三组模型对比分析。分析软件采用 Midas Gen。整体三维模型如图 4.4.1 所示，

图 4.4.1　三维基本整体模型图

模型 A：考虑周边高层建筑地下室与地下空间为统一整体，不设置变形缝，采用截面 1m×1m 的混凝土连接杆连接，高层建筑中远离地下空间一侧地下室侧壁均采用只压土弹簧边界，其面弹簧刚度取 10000kN/m³。模型 A 俯视图如图 4.4.2 所示。

模型 B：考虑周边高层建筑地下室与地下空间为统一整体，不设置变形缝，采用截面 1m×1m 的混凝土连接杆连接，将高层建筑中远离地下空间一侧地下室侧壁不添加土弹簧边界约束。模型 B 俯视图如图 4.4.3 所示。

模型 C：考虑周边高层建筑地下室与地下空间为统一整体，不设置变形缝，采用截面 1m×1m 的混凝土连接杆连接，在高层建筑中远离地下空间两侧地下室侧壁均不添加土弹簧边界约束。模型 C 俯视图如图 4.4.4 所示。

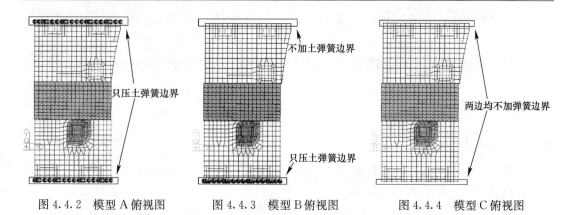

图 4.4.2　模型 A 俯视图　　　图 4.4.3　模型 B 俯视图　　　图 4.4.4　模型 C 俯视图

4.4.2　计算分析结果

三组计算模型的反应谱分析计算结果如表 4.4.1 所示。

反应谱分析结果　　　　　　　　　　　　　　　表 4.4.1

模型		模型 A	模型 B	模型 C
高层建筑地下室远端侧土情况		两边均有侧土	一边有侧土，一边无侧土	两边均无侧土
周期（sec）	一	5.4614（Y 方向）	5.4614（Y 方向）	5.4622（Y 方向）
	二	5.0935（X 方向）	5.0935（X 方向）	5.0936（X 方向）
	三	3.5537（X 方向）	3.5537（X 方向）	3.5537（X 方向）
反应谱计算基底剪力（kN）	X	1.6316e+004	1.5932e+004	1.5831e+004
	Y	3.0072e+004	4.9887e+004	5.0651e+004
反应谱计算地下室顶板剪力（kN）	X	2.6635e+004	2.6727e+004	2.6730e+004
	Y	9.1415e+004	9.3899e+004	9.4434e+004
反应谱计算首层顶板剪力（kN）	X	2.6252e+004	3.6359e+004	2.6362e+004
	Y	9.0087e+004	9.1335e+004	9.1786e+004

由表 4.4.1 可看出，地下空间两侧高层建筑地下室的远端侧土对整体结构周期影响程度很小，地下空间两侧高层建筑地下室的远端侧土对整体结构刚度影响程度较小。而模型三 Y 向基底剪力与模型一相比，增大了 60%；再往上层的各层剪力逐渐接近。

由三组模型地下空间两侧边柱及高层建筑地下室柱的位移结果可看出，对于高层建筑地下室外侧边柱，模型 C 柱侧向位移相对于模型 A 相差最大达到 22.3mm，增幅达 400%。而对于地下空间两侧边柱，实际位移值均很小，模型 C 柱侧向位移相对于模型 A 相差最大为 0.893mm，增幅为 45%，绝对值差异很小。

由三组模型地下空间两侧边柱及高层建筑地下室梁的轴力结果可看出，而对于地下空间 Y 向梁，模型 C 的 Y 向梁最大轴力相对于模型 A 相差最大为 68kN，增幅为 5.7%。其他 Y 向梁轴力差异也较小。

可知，高层建筑大底盘地下室远端侧土对与其相邻地下室边柱位移约束作用明显，但对高层建筑之间的地下空间的影响几乎可以忽略。

4.5　高层建筑在风荷载作用下对相邻地下空间的影响分析

4.5.1　计算模型

为计算分析不同高度高层建筑在风荷载作用下对相邻地下空间的影响，建立三组模型对比分析。分析软件采用 Midas Gen。

模型 A：300m 高层建筑与地下空间相邻，之间采用 1m×1m 的混凝土连接杆连接。高层建筑与地下空间底部均采用固结，高层建筑中远离地下空间一侧地下室侧壁采用只压土弹簧边界，其面弹簧刚度取 10000kN/m³。三维模型如图 4.5.1 所示。

模型 B：200m 高层建筑与地下空间相邻，之间采用 1m×1m 的混凝土连接杆连接。高层建筑与地下空间底部均采用固结，高层建筑中远离地下空间一侧地下室侧壁采用只压土弹簧边界其面弹簧刚度取 10000kN/m³。三维模型如图 4.5.2 所示。

模型 C：100m 高层建筑与地下空间相邻，之间采用 1m×1m 的混凝土连接杆连接。高层建筑与地下空间底部均采用固结，高层建筑中远离地下空间一侧地下室侧壁采用只压土弹簧边界，其面弹簧刚度取 10000kN/m³。三维模型如图 4.5.3 所示。

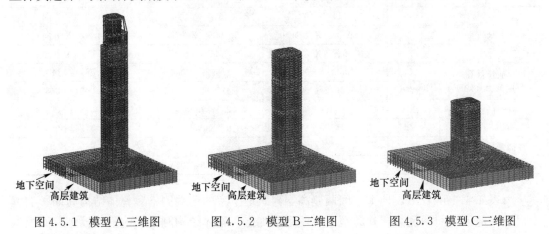

图 4.5.1　模型 A 三维图　　　图 4.5.2　模型 B 三维图　　　图 4.5.3　模型 C 三维图

4.5.2　计算分析结果

三组计算模型的计算结果如表 4.5.1 所示。

风工况下分析结果　　　　　　　　　　　表 4.5.1

模型		模型 A	模型 B	模型 C
高层建筑高度		300m	200m	100m
周期（sec）	一	5.4632（Y 方向）	3.8335（Y 方向）	1.4568（Y 方向）
	二	5.0942（X 方向）	3.5471（X 方向）	1.3306（X 方向）
	三	2.9495（扭转）	2.3392（扭转）	1.0515（X 方向）

续表

模型	模型 A	模型 B	模型 C
风荷载图	图 4.5.4	图 4.5.6	图 4.5.8
风荷载下层剪力图	图 4.5.5	图 4.5.7	图 4.5.9
Y 向层位移图	图 4.5.10		
杆件内力	图 4.5.12 至图 4.5.17		

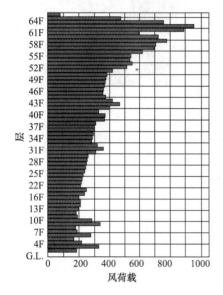

图 4.5.4　模型 A 风工况下层荷载图（kN）

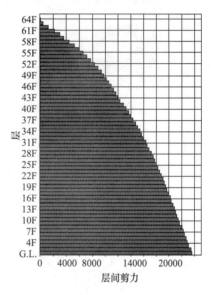

图 4.5.5　模型 A 风工况下层剪力图（kN）

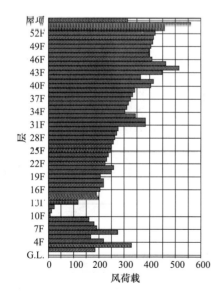

图 4.5.6　模型 B 风工况下层荷载图（kN）

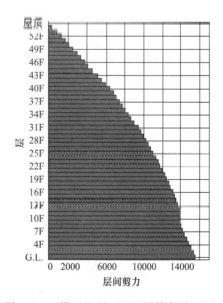

图 4.5.7　模型 B 风工况下层剪力图（kN）

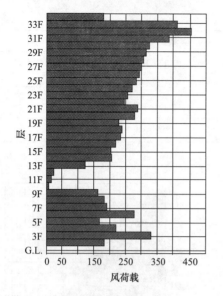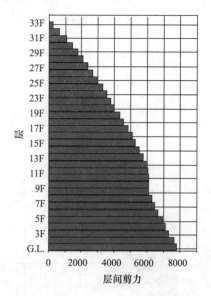

图 4.5.8　模型 C 风工况下层荷载图（kN）　　　图 4.5.9　模型 C 风工况下层剪力图（kN）

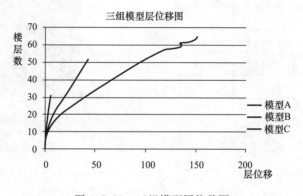

图 4.5.10　三组模型层位移图

由表 4.5.1 可得：从结构计算周期可看出，随着高层建筑高度的增加，结构逐渐变柔。

由图 4.5.4 至图 4.5.9 可看出：300m 高层受到的风荷载最大值达到 960kN，受到的层间剪力最大值达到 24000kN；200m 高层受到的风荷载最大值达到 550kN，受到的层间剪力最大值达到 16000kN；100m 高层受到的风荷载最大值达到 450kN，受到的层间剪力最大值达到 8000kN。随着高层建筑高度的增加，风荷载的影响逐渐增大，尤其是 200m 高层建筑与 300m 高层建筑的最大风荷载相差达到 74.5%，最大层间剪力相差达到 50%。

由图 4.5.10 可看出：随着高层建筑高度的增加，楼层的位移值增大，十层以上的楼层位移的相差尤其明显。

根据三组模型的地下空间梁、柱、墙的受力分析结果做表格 4.5.2 如下：

梁板受力结果　　　　　　　　　　　　　　　　　表 4.5.2

模型	梁内力（kN）	板应力（kN/m²）
模型 A	85.7	66.2/139.9
模型 B	49.8	42.4/76.8
模型 C	17.4	18.3/32.4

由表 4.5.2 可看出：在风工况下，随着高层建筑高度的增加，高层建筑对相邻地下空间的影响明显增大。

4.6 粘滞阻尼器的作用效果分析

在高层建筑与相邻地下空间之间采用粘滞阻尼器连接，其减震效果如何也是本项目关心的问题，本节内容即分析这一方面。

4.6.1 计算模型

本节的计算模型采用 4.1 章的模型作为基本模型，高层建筑与地下空间之间采用粘滞阻尼器连接。分析软件采用 Midas Gen。三维整体模型如图 4.6.1 所示。

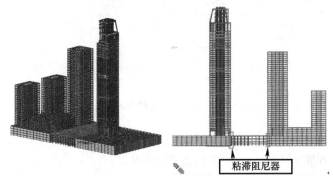

图 4.6.1 三维整体模型图

4.6.2 粘滞阻尼器基本信息

粘滞阻尼器的基本信息如图 4.6.2 所示。

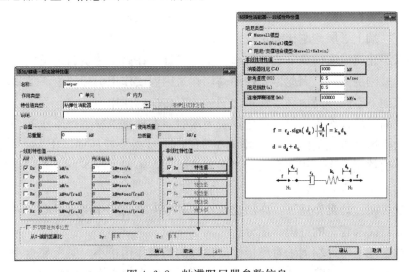

图 4.6.2 粘滞阻尼器参数信息

高层与地下空间的空隙长 170m，深 22m，每层放 22 至 23 根粘滞阻尼器连接，共 180 根粘滞阻尼器。

定义粘滞阻尼器的非线性特征值如上图所示。通过计算对比调整，连接弹簧刚度取 10^5 kN/m 时能达到减小基底剪力的效果。现调整消能器阻尼值分析所添加的粘滞阻尼器对基底剪力的影响。

4.6.3 分析结果

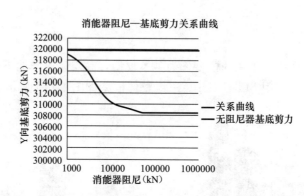

图 4.6.3 阻尼与基底剪力关系曲线

从上图可看出，通过添加粘滞阻尼器，能够起到减小基底剪力的作用。但基底剪力减小的幅度很有限，基底剪力减小量最多趋近于 3.5%。

4.7 总结

（1）验证地下空间首层板是否可作为周边高层建筑嵌固端

当地下空间与相邻高层建筑之间设置一定刚度的约束连接，首层板作为周边高层建筑嵌固端时，嵌固端上下层侧刚比满足规范要求。

以控制高层建筑温度荷载下边柱位移一半为目标，在高层建筑与地下空间之间添加弹簧所需要的弹簧刚度太大。因此，要控制高层建筑因温度作用引起的位移是非常困难的。

（2）研究地下空间与周边高层建筑之间的相互传递的作用力

当地下空间首层板作为相邻高层建筑嵌固端时，在地震工况下地下空间中沿地震作用方向的梁轴力由恒载工况下的 6.9kN 增大至 417kN（梁轴向受压轴压比为 0.04）。

当地下空间首层板作为相邻高层建筑嵌固端时，在地震工况下地下空间板受压应力由恒载工况下的 0.1349MPa 增大至 1.2354MPa。

计算结果表明：地震作用下，高层建筑对相邻地下空间的作用力很小。

（3）大底盘高层建筑的嵌固作用分析

大底盘裙房地下室远端侧土对塔楼侧向位移的约束作用很小，对大底盘中心的塔楼侧移的限制作用几乎可以忽略。地下室边缘的土压对大底盘中心塔楼的嵌固作用贡献最多达到 1.2%，影响很小。故加强主体结构嵌固部位的侧向刚度和整体承载力是结构嵌固端安全可靠的最重要的保证。

（4）地下空间两侧高层建筑地下室远端侧土对地下空间的作用分析

地下空间两侧高层建筑地下室的远端侧土对整体结构周期影响程度很小，地下空间两侧高层建筑地下室的远端侧土对整体结构刚度影响程度较小。

高层建筑大底盘地下室远端侧土对与其相邻地下室边柱位移约束作用明显，但对高层建筑之间的地下空间的影响几乎可以忽略。

（5）高层建筑在风荷载作用下对相邻地下空间产生影响的研究

风荷载工况下，100m 高层对相邻地下空间结构影响很小；当高层建筑增高到 200m 时地空间沿风荷载方向梁轴力比 100m 时增大 186%；当高层建筑增高到 300m 时地空间沿风荷载方向梁轴力比 200m 时增大 72%

计算结果表明：在风荷载作用下，高层建筑对相邻的地下空间作用力很小。

（6）高层建筑与相邻地下空间之间采用黏滞阻尼器连接的研究

在高层建筑与地下空间之间添加黏滞阻尼器，能够减小地震作用。但由于黏滞阻尼器连接的地方标高在 ±0.000 以下，地震作用下位移较小，因此地震作用减小的幅度很有限，基底剪力减小量最多趋近于 3.5%。

第5章 环路隧道三维模型的温度效应和减振分析

所谓结构振动，简单地讲就是结构在其平衡位置附近的往复运动。随着工程建筑的发展，结构振动的问题越来越得到人们的重视，如工业建筑中振动对设备加工和仪器测量精度的影响，高层建筑中动力设备对建筑物的影响、振动对人体健康的影响、城市地铁振动与隧道路面振动对其周边建筑物的影响等等。

在自然界中振动是普遍存在的。有些振动是有利的，如音乐家手中拨弄的琴弦振动，会发出美妙动听的音乐；医生手中的听筒振动，可以帮助病人检查其健康程度。不过更大一部分振动是有害的，当其超过一定的限度之后，则会造成人们不能正常工作和生活，精密仪器设备不能正常运转和建筑物发生损坏等危害。例如动力机器的振动会产生很大的噪声，干扰人们的日常生活，对在机器旁工作的操作人员造成听力损伤；高速行驶的重型汽车、拖拉机产生的振动不仅会产生很多噪声污染，而且对车内的乘客带来身体的不舒适感，对周围建筑物造成损伤。

声音与振动是一对不可分割的孪生物。声音的本质就是介质中质点的振动，声音的产生和传播离不开介质的力学振动行为。当振动产生的声音不和谐、令人反感时，我们称之为噪声。如汽车行驶过程中产生的声音、机械振动产生的声音、不规则的打击声等。因此，如何有效地隔离有害振动，使振动的振幅控制在容许范围内，不利影响降到最低限度成为结构隔振控制的重点。

5.1 万博项目隧道温度效应的设计计算

考虑施工过程因混凝土的收缩和徐变引起的应力集中，对收缩和徐变引起的应力超出混凝土的抗拉应力处，应进行相应的处理。考虑施工完成后，但未填土条件下，隧道受到阳光直射时，分析混凝土的应力分布情况，观察混凝土是否出现开裂，为施工图设计提供参考。

5.1.1 工程概况

地下建筑主要为商城、仓库和地下隧道，为超长钢筋砼墙封闭结构，基本尺寸约为25m宽，21m高，壁厚800～1600mm。A3区段2-2标段隧道长约70m，A19区段17-17标段隧道长约80m，见图5.1.1。隧道上部及侧面土层覆盖厚度约0.54m。

图 5.1.1 2-2 标段和 17-17 标段平面图

5.1.2 直线段的有限元模型及参数

5.1.2.1 有限元模型

分析计算采用有限元软件 MIDAS/GEN。

隧道主体结构采用六面体实体单元模拟，混凝土标号为 C40 和 C30。整体模型见图 5.1.2、图 5.1.3，剖面图见图 5.1.4、图 5.1.5 所示。

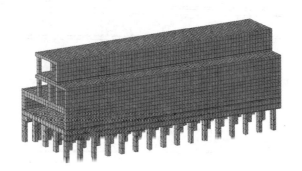

图 5.1.2 2-2 标段的整体模型

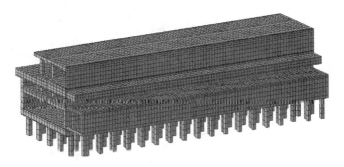

图 5.1.3 17-17 标段的整体模型

5.1.2.2 混凝土水化热材料特性

（1）混凝土基本材料参数

C40 和 C30 混凝土的弹性模量、泊松比、线膨胀系数、容重、比热、导热系数均依据《水工混凝土结构设计规范》附录 G 取用，见图 5.1.6、图 5.1.7。

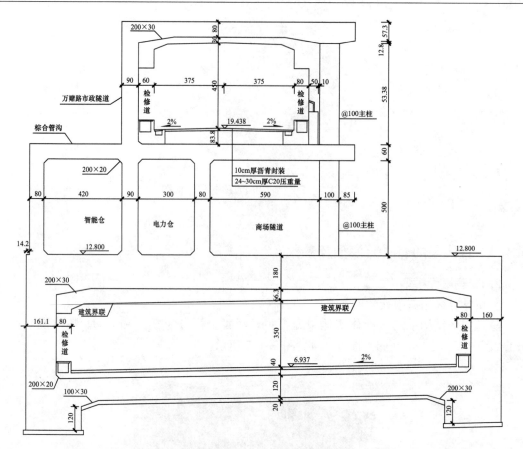

图 5.1.4　2-2 剖面图

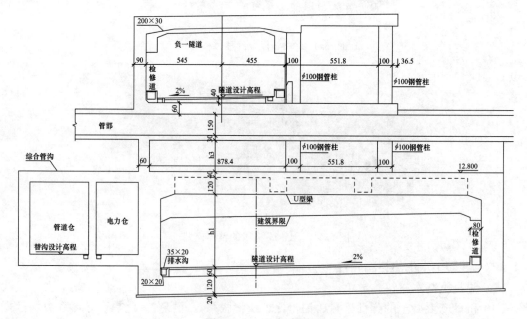

图 5.1.5　17-17 剖面图

图 5.1.6 C40 混凝土热特性参数

图 5.1.7 C40 混凝土收缩徐变参数

材料基本参数表 表 5.1.1

材料名称	弹性模量（kN/m2）	泊松比	线膨胀系数	容重（kN/m3）	比热（kJ/N·℃）	热传导系数（kJ/m·h·℃）
C40 混凝土	3.25E+07	0.2	1.00E-05	25	96	10.6

（2）C40 混凝土收缩徐变曲线

C40 混凝土收缩徐变曲线按 Midas/Gen 中的中国规范定义，见图 5.1.8、图 5.1.9。

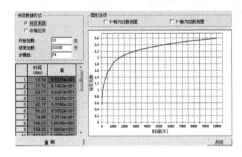

图 5.1.8 C40 混凝土徐变系数曲线

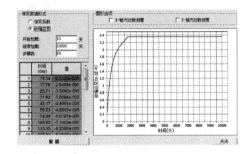
图 5.1.9 C40 混凝土收缩应变曲线

（8）C40 混凝土强度发展曲线

混凝土强度发展曲线及弹性模量发展曲线按大体积混凝土施工规范（GB 50496—2009）B.7.1 及 B.3.1 条来输入，见图 5.1.10、图 5.1.11。

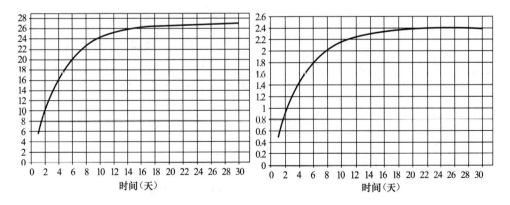
图 5.1.10 C40 混凝土抗压强度（左）及抗拉强度（右）发展曲线（单位 kN/m²）

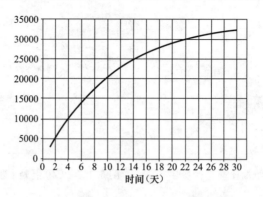

图 5.1.11　C40 混凝土弹性模量发展曲线（单位 kN/m²）

（4）C40 混凝土水化热的热源函数曲线

普通硅酸盐混凝土，浇筑温度设为 20 度，单位体积水泥用量取 350kg/m³，见图 5.1.12。

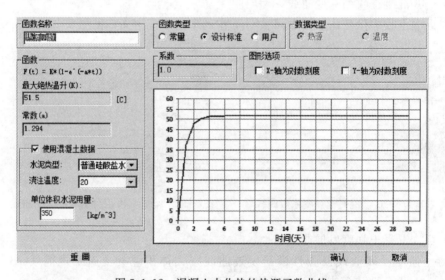

图 5.1.12　混凝土水化热的热源函数曲线

（5）混凝土与周围空气的对流系数函数取为常数，根据不同的对流形式取不同的值，风速假定为 3m/s，空气相对湿度假定为 70。混凝土底板与大地接触，考虑 200 厚的混凝土垫层，对流系数取 2.19kcal/m² * hr * ［C］，混凝土上表面，对流系数取 2.28kcal/m² * hr * ［C］，混凝土侧面考虑用 15mm 厚的木模板，对流系数取 10.61kcal/m² * hr * ［C］。

5.1.2.3　边界条件

（1）混凝土底部受三向位移约束，见图 5.1.13。

（2）周边的空气温度假设恒定为 23.1 度。

（3）隧道与底部的混凝土垫层、与周边的空气和土层接触的部位，均设置对流边界。

5.1.2.4　模拟施工顺序

模型共分 4 个模拟施工号，见下图所示。每层为一个模拟施工号，见图 5.1.14。

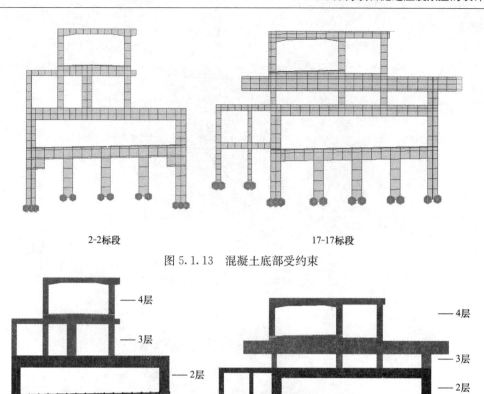

2-2标段　　　　　　　　　　　17-17标段

图 5.1.13　混凝土底部受约束

2-2标段　　　　　　　　　　　17-17标段

图 5.1.14　模拟施工顺序图

5.1.3　混凝土后期收缩应力分析

5.1.3.1　隧道局部墙收缩应力分析

当混凝土水化热效应褪去后，混凝土的拉应力将主要来自混凝土的收缩效应。注意到模型墙体右侧为转角部位，此处边界设为固端。当整体浇筑完成后 360 个小时，由于混凝土的收缩作用，在筏板和墙体的两端都出现了较大的拉应力，有开裂的现象。见图 5.1.15～图 5.1.22 所示：

（1）2-2 标段

（2）17-17 标段

5.1.3.2　混凝土后期收缩应力分析结论

（1）2-2 标段

当混凝土水化热效应褪去后，混凝土的应力将主要来自混凝土的收缩效应。在结构浇筑完成一段时间以后，混凝土的收缩作用依然在持续，这对于结构基础、墙壁以及顶板都属于不利的因素。由于收缩原因引起的应力容易集中在端部、侧壁和楼板中部，最大应力达 4.36MPa，见图 5.1.23、图 5.1.24 所示。所以，对于混凝土后期收缩应力引起的不利影响在设计和施工中也应予以考虑。

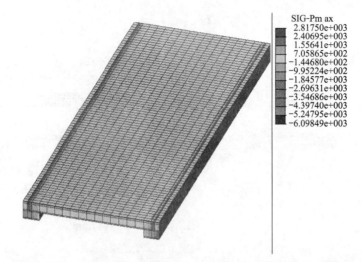

图 5.1.15　1 层 360 小时混凝土应力云图（最大拉应力 2.82MPa）

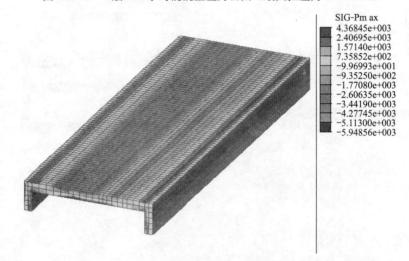

图 5.1.16　2 层 360 小时混凝土应力云图（最大拉应力 4.36MPa）

图 5.1.17　3 层 360 小时混凝土应力云图（最大拉应力 1.71MPa）

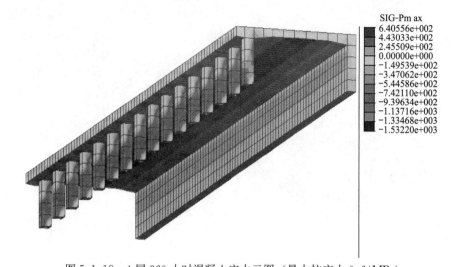

图 5.1.18　4 层 360 小时混凝土应力云图（最大拉应力 0.64MPa）

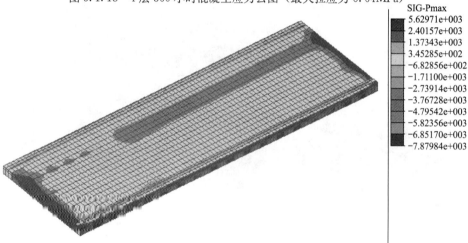

图 5.1.19　1 层 360 小时混凝土应力云图（最大拉应力 5.63MPa）

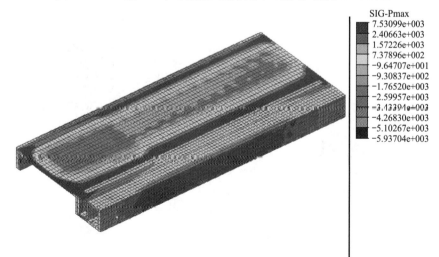

图 5.1.20　2 层 360 小时混凝土应力云图（最大拉应力 7.53MPa）

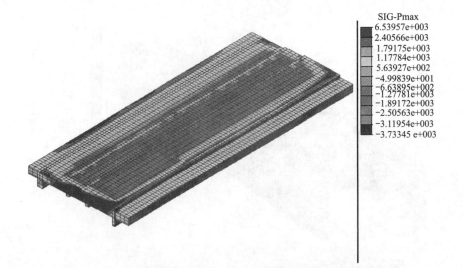

图 5.1.21　3 层 360 小时混凝土应力云图（最大拉应力 6.54MPa）

图 5.1.22　4 层 360 小时混凝土应力云图（最大拉应力 3.83MPa）

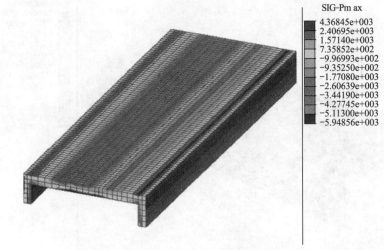

图 5.1.23　2 层 360 小时混凝土应力云图

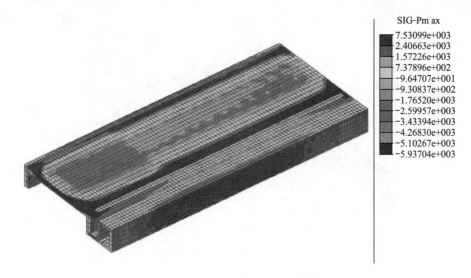

图 5.1.24　2 层 360 小时混凝土应力云图

（2）17-17 标段

由于收缩原因引起的应力容易集中在端部、楼板跨中、侧壁，最大应力为 7.53MPa，大于混凝土的抗拉应力，混凝土出现开裂现象。

5.1.4　直线段隧道局部升温分析

5.1.4.1　假定隧道左侧局部升温

（1）2-2 标段

图 5.1.25 为左侧局部升温布置图，局部升温 25°。

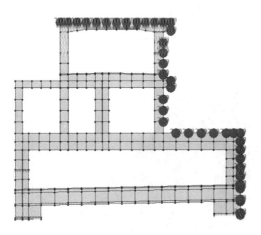

图 5.1.25　局部升温布置示意图

① 左侧升温应力云图

图 5.1.26～图 5.1.29 为左侧升温的应力云图，局部最大应力 13.2MPa。

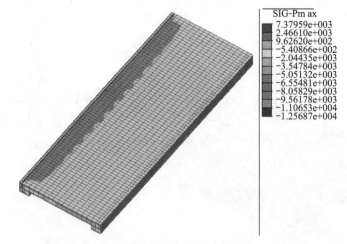

图 5.1.26　1 层主应力云图（最大拉应力 1.79MPa）

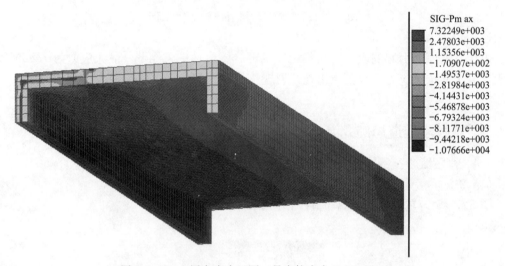

图 5.1.27　2 层主应力云图（最大拉应力 7.32MPa）

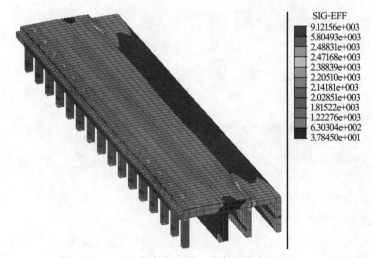

图 5.1.28　3 层主应力云图（最大拉应力 9.12MPa）

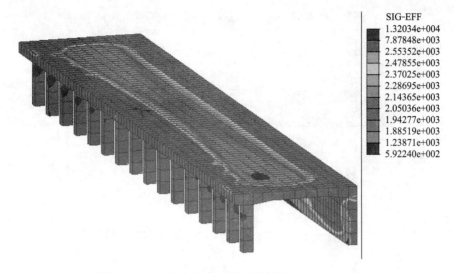

图 5.1.29　4 层主应力云图（最大拉应力 13.2MPa）

② 左侧升温下位移云图

图 5.1.30 为隧道在左侧局部升温下，最大的水平位移为 6.93mm（见图 5.1.30），远小于分缝宽度 30mm。

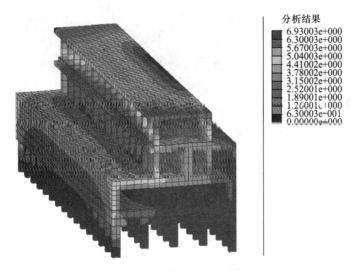

图 5.1.30　隧道整体水平位移云图

（2）17-17 标段

图 5.1.31 为左侧局部升温布置图，局部升温 25°。

① 左侧升温应力云图

图 5.1.32～图 5.1.35 为左侧升温的应力云图，局部最大应力 8.28MPa。

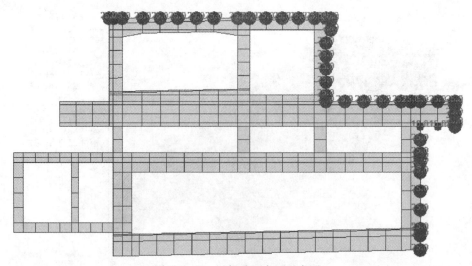

图 5.1.31　局部升温布置示意图

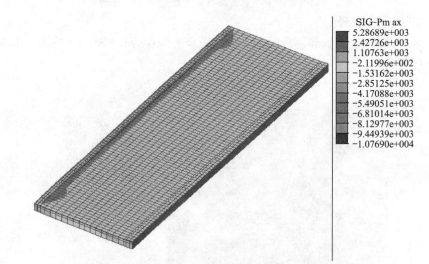

图 5.1.32　1 层主应力云图（最大拉应力 8.28MPa）

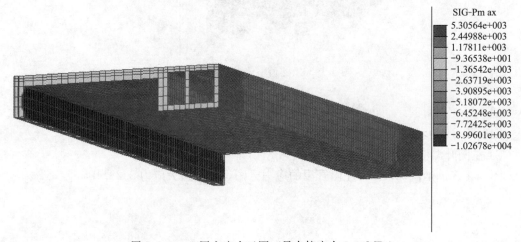

图 5.1.33　2 层主应力云图（最大拉应力 5.30MPa）

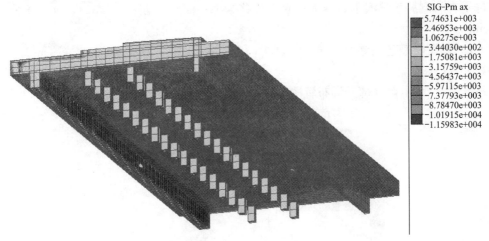

图 5.1.34　3 层主应力云图（最大拉应力 5.75MPa）

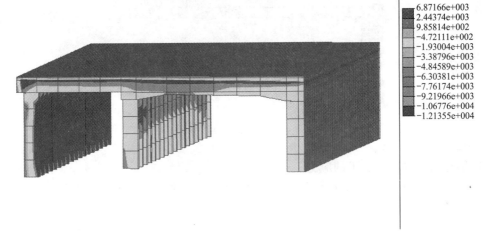

图 5.1.35　4 层主应力云图（最大拉应力 6.87MPa）

② 隧道左侧局部升温下的位移

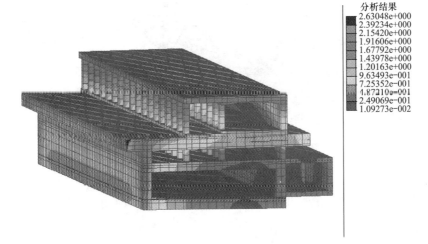

图 5.1.36　隧道整体水平位移云图

隧道在右侧局部升温下，最大的水平位移为 2.63mm（见图 5.1.35），远小于分缝宽度 30mm。

5.1.4.2　假定隧道右侧局部升温

（1）2-2 标段

图 5.1.37 为右侧局部升温布置图，局部升温 25°。

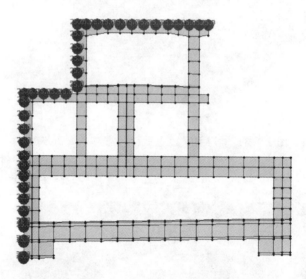

图 5.1.37　右侧局部升温布置示意图

① 隧道右侧局部升温下的应力

图 5.1.38～图 5.1.41 为右侧升温的应力云图，局部最大应力 9.46MPa。

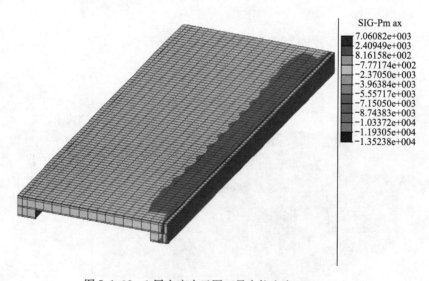

图 5.1.38　1 层主应力云图（最大拉应力 7.06MPa）

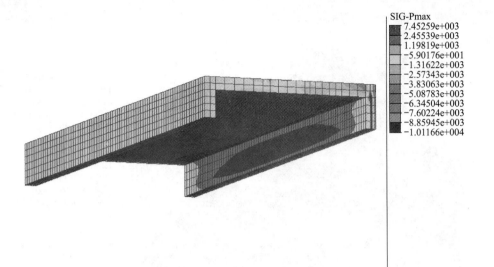

图 5.1.39　2 层主应力云图（最大拉应力 7.45MPa）

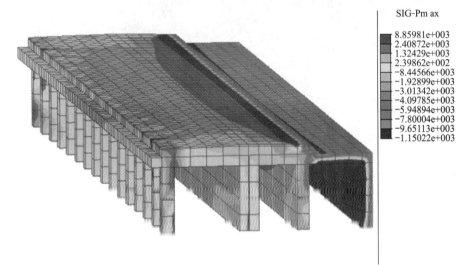

图 5.1.40　3 层主应力云图（最大拉应力 8.86MPa）

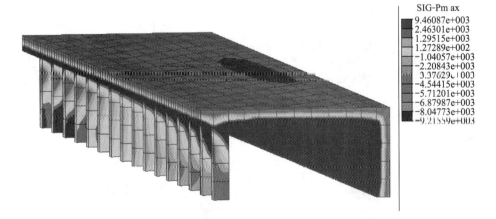

图 5.1.41　4 层主应力云图（最大拉应力 9.46MPa）

② 隧道右侧局部升温下的位移

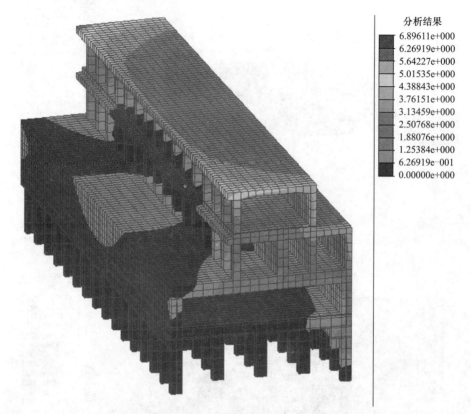

图 5.1.42　隧道整体水平位移云图

　　隧道在左侧局部升温下，最大的水平位移为 6.89mm（见图 5.1.42），远小于分缝宽度 30mm。

　　（2）17-7 标段

　　图 5.1.43 为右侧局部升温布置图，局部升温 25°。

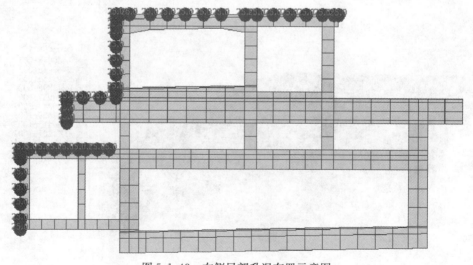

图 5.1.43　右侧局部升温布置示意图

① 隧道右侧局部升温下的应力

图 5.1.44～图 5.1.47 为右侧升温的应力云图，局部最大应力 7.21MPa。

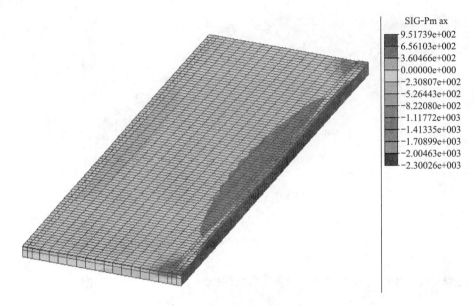

图 5.1.44 1 层主应力云图（最大拉应力 0.95MPa）

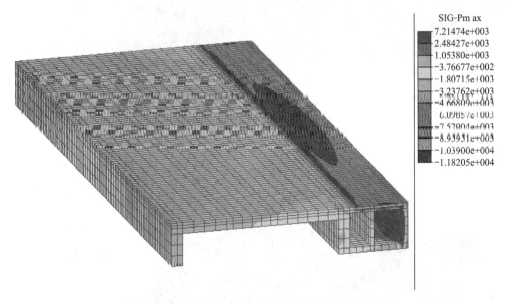

图 5.1.45 2 层主应力云图（最大拉应力 7.21MPa）

② 隧道左侧局部升温下的位移

隧道在左侧局部升温下，最大的水平位移为 3.0mm（见图 5.1.48），远小于分缝宽度 30mm。

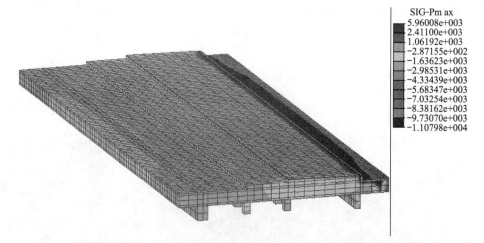

图 5.1.46　3 层主应力云图（最大拉应力 5.96MPa）

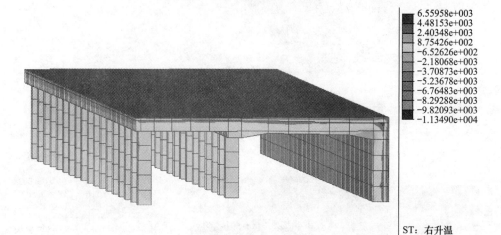

图 5.1.47　4 层主应力云图（最大拉应力 6.56MPa）

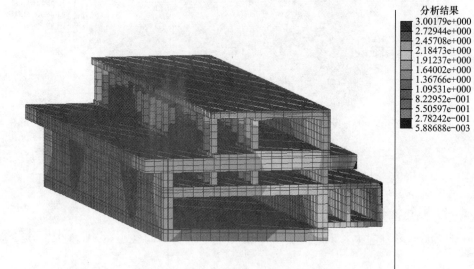

图 5.1.48　隧道整体水平位移云图

5.1.4.3 隧道局部升温分析结论

（1）2-2标段

当考虑左侧剪力墙局部升温25度的单工况作用时，外墙内壁、隧道顶板底部、剪力墙端部出现较大的拉应力，较大拉应力的范围2.4～13.2MPa。较大拉应力的位置见图5.1.49所示。

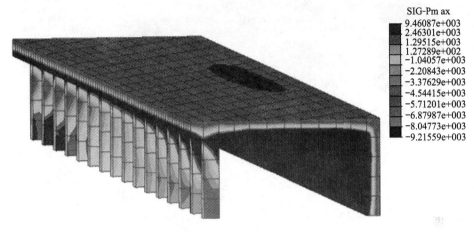

图5.1.49　4层主应力云图

当考虑右侧剪力墙局部升温25度的单工况作用时，外墙内壁、隧道顶板、剪力墙端部拉应力约为2.4～9.46MPa。较大拉应力的位置见图5.1.50所示。

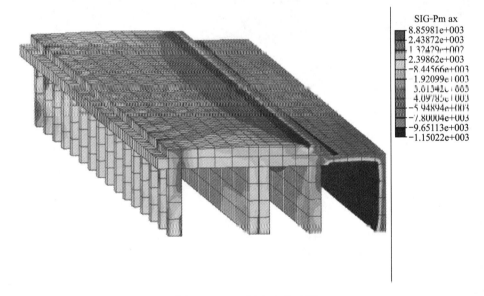

图5.1.50　3层主应力云图

（2）17-17标段

隧道左侧外墙距离中部柱较近，而右侧外墙距中部柱较远。因此，中部柱体两侧的刚度不平衡，即距离中部柱体较近的一端相比远端对整个结构形成了更大的约束。当考虑两侧局部升温的时候，它们呈现不同的内力分布。设计与施工中应予以专门考虑：

隧道左侧剪力墙局部升温 25 度的单工况作用时，外墙内壁、隧道顶板、中部柱体出现较大拉应力 2.4～8.28MPa。较大拉应力的位置见图 5.1.51 所示。

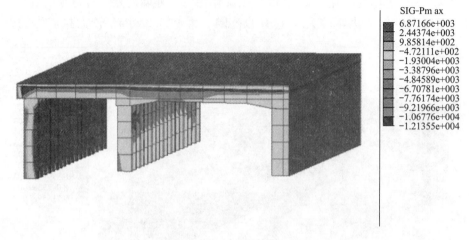

SIG-Pm ax
6.87166e+003
2.44374e+003
9.85814e+002
-4.72111e+002
-1.93004e+003
-3.38796e+003
-4.84589e+003
-6.70781e+003
-7.76174e+003
-9.21966e+003
-1.06776e+004
-1.21355e+004

图 5.1.51　4 层主应力云图

隧道右侧剪力墙局部升温 25 度的单工况作用时，外墙内壁、隧道顶板出现较大拉应力 2.4～7.2MPa。较大拉应力的位置见图 5.1.52 所示。

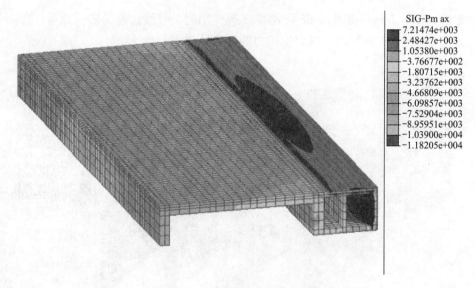

SIG-Pm ax
7.21474e+003
2.48427e+003
1.05380e+003
-3.76677e+002
-1.80715e+003
-3.23762e+003
-4.66809e+003
-6.09857e+003
-7.52904e+003
-8.95951e+003
-1.03900e+004
-1.18205e+004

图 5.1.52　2 层主应力云图

5.1.5　小结

（1）当混凝土水化热效应褪去后，混凝土的应力将主要来自混凝土的收缩效应。在结构浇筑完成一段时间以后，混凝土的收缩作用依然在持续，这对于结构基础、墙壁以及顶板都属于不利的因素。

（2）由于收缩原因引起的位移和应力容易集中在剪力墙端部、侧壁和楼板中部，最大应力达 7.53MPa，所以，对于混凝土后期收缩应力引起的不利影响在设计和施工中也应予以考虑。

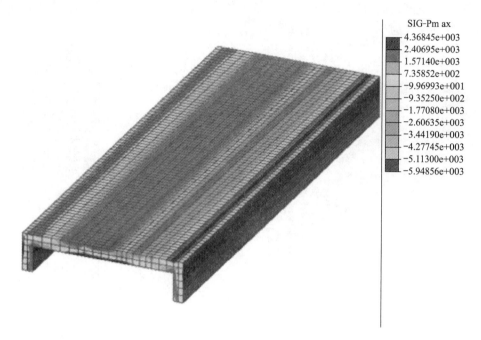

图 5.1.53　2-2 标段 2 层 360 小时混凝土应力云图

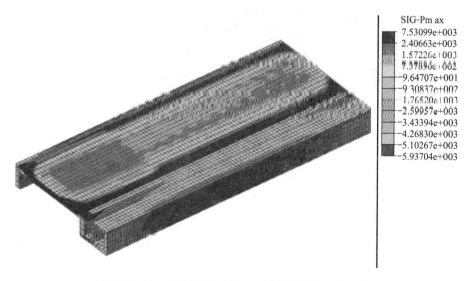

图 5.1.54　17-17 标段 2 层 360 小时混凝土应力云图

（3）隧道左侧外墙距离中部柱较近，而右侧外墙距中部柱较远。因此，中部柱体两侧的刚度不平衡，即距离中部柱体较近的一端相比远端对整个结构形成了更大的约束。当考虑两侧局部升温的时候，它们呈现不同的内力分布。设计与施工中应予以专门考虑。

（4）当考虑左侧剪力墙局部升温 25 度的单工况作用时，外墙内壁、隧道顶板底部、剪力墙端部、中部柱体出现较大的拉应力，较大拉应力的范围 2.4～13.2MPa。较大拉应力的位置见下图所示。

不考虑小范围的应力集中现象，应力较大值主要集中在 2.4～3.5MPa 之间，所需的抗拉钢筋配筋率约为 0.67％～0.97％.

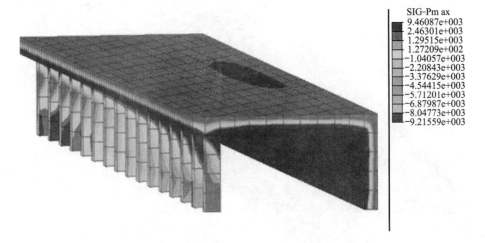

图 5.1.55　2-2 标段 4 层主应力云图

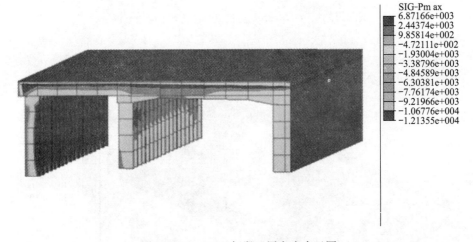

图 5.1.56　17-17 标段 4 层主应力云图

（5）当考虑右侧剪力墙局部升温 25 度的单工况作用时，外墙内壁、隧道顶板、剪力墙端部拉应力约为 2.4～9.46MPa。较大拉应力的位置见下图所示。

不考虑小范围的应力集中现象，应力较大值主要集中在 2.4～3.8MPa 之间，所需的抗拉钢筋配筋率约为 0.67％～1.06％.

（6）设计建议

在水化热和局部升温 25° 下，墙体侧壁、隧道顶板底部、剪力墙端部、中部柱体出现较大的拉应力，拉应力全由钢筋承担，所需的钢筋配筋率在 0.67％～1.11％之间。

防止因为混凝土的表面受太阳直射引起的墙体侧壁、隧道顶板底部和中部柱体开裂，建议在不影响视觉效果及对周围建筑无不良影响的前提下，对墙体侧壁和顶板混凝土表面涂刷浅色涂层，并尽量使混凝土结构表面平整。

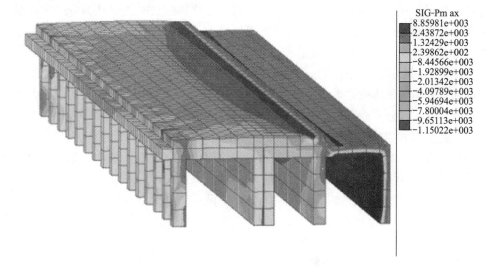

图 5.1.57　2-2 标段 3 层主应力云图

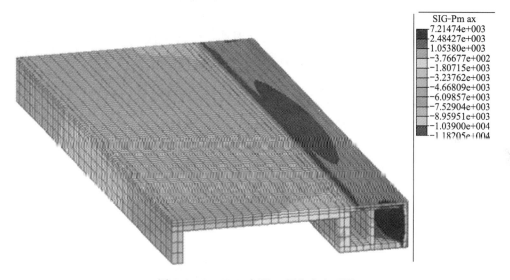

图 5.1.58　17-17 标段 2 层主应力云图

5.2　地下空间结构隔振降噪技术

5.2.1　振动及其危害

5.2.1.1　结构振动

振动，是指物体在其平衡位置附近的往复运动。振动的基础是一个系统在两个能量形式间的能量转换，任何振动都有其能量来源。

振动在自然界普遍存在。振动有周期性的，如单摆；也有随机性的，如轮胎在碎石路上的运动。它是一个与时间相关的物理状态。当一个物体振动时能够让另外一个物体产生相同频率振动的现象叫共振。描述振动的物理量指标一般有振幅、周期、频率等参数。振动的振幅和能量用分贝（dB）来量化。

振动依据不同的特点有不同的分类。按振动体的大小可分为宏观振动（如地震、海啸）和微观振动（基本粒子的热运动、布朗运动）。按振源可分为自由振动、受迫振动和自激振动；按振动的规律可分为简谐振动、非简谐周期振动和随机振动；按振动系统结构参数的特性可分为线性振动和非线性振动；按振动位移的特征可分为扭转振动和直线振动。

有些振动是有利的，如音乐家手中拨弄的琴弦振动，会发出美妙动听的音乐；医生手中的听筒振动，可以帮助病人检查其健康程度。不过更大一部分振动是有害的，当其超过一定的限度之后，则会造成人们不能正常工作和生活，精密仪器设备不能正常运转和建筑物发生损坏等危害。例如动力机器的振动会产生很大的噪声，干扰人们的日常生活，对在机器旁工作的操作人员造成听力损伤；高速行驶的重型汽车、拖拉机产生的振动不仅会产生很多噪声污染，而且对车内的乘客带来身体的不舒适感，对周围建筑物造成损伤。

声音与振动是一对不可分割的孪生物。声音的本质就是介质中质点的振动，声音的产生和传播离不开介质的力学振动行为。当振动产生的声音不和谐、令人反感时，我们称之为噪声。如汽车行驶过程中产生的声音、机械振动产生的声音、不规则的打击声等。因此，如何有效地隔离有害振动，使振动的振幅控制在容许范围内，不利影响降到最低限度成为结构隔振控制的重点。

5.2.1.2　交通振动

这里所指的交通振动，是指轨道上行驶车辆（如火车、地铁、高速列车等）或者市政道路上行驶车辆（如货车、客车、小汽车等）的冲击力作用在路基上并通过路基传递使沿线地基和建筑物产生的振动。根据其振动特点，交通振动是一种线型分布、多点随机振源的振动。交通振动来源主要由以下几个方面产生：

（1）车辆以一定速度运行时，对道路、轨道的重力加载产生冲击；

（2）车辆运行变速时，车轮和路基、轨道相互作用产生的车轮与路基、轨道结构的振动；

（3）道路、轨道不平顺和车轮损伤也是交通振动的振源。

（4）车轮滚过钢轨接头时轮轨相互作用产生的车轮与钢轨结构的振动。

（5）车轮的偏心等周期性激励导致的振动。

5.2.1.3　交通振动实测

为了确定交通振动的主频分布范围，广东省建筑设计研究院与隔而固（青岛）振动控制有限公司相关技术人员在青岛对部分路段进行了实地振动测试。每个测点连续采集 10 分钟数据，分析时提取 10 组数据，每组 100 秒，数据覆盖率 50%。

测点 1 位于青岛辽源路桥面跨中位置，采样频率为 512Hz；测点 2 位于青岛辽源路桥面跨中位置，采样频率为 256Hz；测点 3 位于双元路与金刚路交叉口附近，此测点处重载车辆较多，采样频率为 256Hz；测点 4 位于兴阳路上，此测点处小轿车较多（几乎没有重载车辆），采样频率为 256Hz；测点 5 位于市南区家乐福附近，测点的位置位于地下通道顶上路面，地下通道顶面距离路面覆土较厚，约三四米，其中测点1至测点4的二次辐射噪声均不满足要求，测点1和测点3的振级也不满足要求。

根据测试结果，测点3、测点4和测点5下部结构为土壤的主频在10Hz以上；测点1、测点2位置在桥面跨中位置，一阶主频在4-8Hz之间，二阶主频在10Hz以上。

 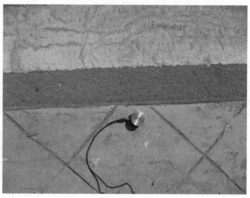

图5.2.1 测点2现场情况

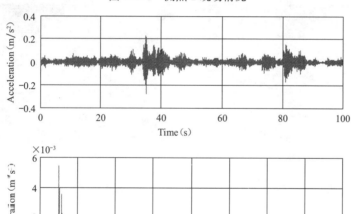

图5.2.2 测点2第二组数据

图5.2.3 测点3现场

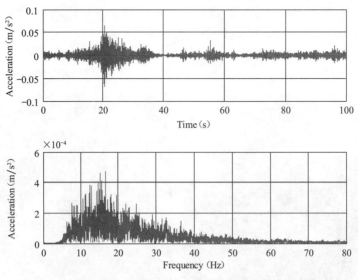

图 5.2.4　测点 3 第二组数据

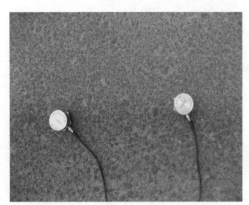

图 5.2.5　测点 4 现场

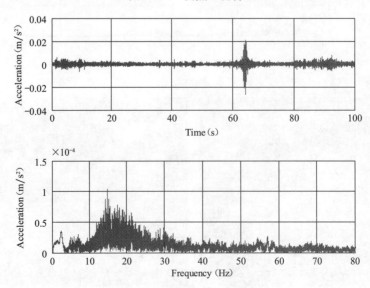

图 5.2.6　测点 4 第二组数据

测试时只采集各种车辆经过测量断面时路面的垂向振动响应，由于路况车况较复杂，所以无法分析车辆运行速度、型号及载重对于振动响应的影响规律，但测试包含 0～60km/h 车速及各种车辆型号、载重的数据。通过对 5 个测点的随机数据进行分析，汽车通过时激励振动主频分布见表 5.2.1。

各测点主频分布情况   表 5.2.1

测点	主频 1 范围/Hz	主频 2 范围/Hz
1	5-7	10-20
2	5-8	12-18
3	10-25	—
4	10-25	—
5	10-15	—

从以上可以看出：（1）汽车运行时产生的垂向激励力主频集中在 10-30Hz，车辆型号、车速及载重对激励频率影响不是很大；（2）汽车在桥上运行时，在 4-8Hz 处也有较大的能量，通过与路面的比较分析可知，4-8Hz 处的振动主要为桥梁结构产生共振引起。

5.2.1.4 交通振动的危害

目前，交通振动所引起的振动公害已被列为世界七大环境公害之一。主要表现为以下两个方面，一是对人体心身健康的影响；二是对周边建筑物安全的影响。

交通振动会直接对人的生理及心理造成危害，影响范围几乎涉及人体的各系统和各个方面。主要为：

（1）振动强烈时会造成关节及韧带损伤；

（2）特别严重的会引起人体内脏器官共振而造成内脏器官的损伤；

（3）周期、反复的振动会导致新陈代谢系统紊乱，神经系统出现交感神经兴奋、腱反射减退或消失、手指颤动等；

（4）振动会引起心烦意乱，使心理失衡而出现障碍，影响人们的生活质量与工作效率；

（5）交通振动影响人的失眠。尤其对年老体弱和患病者所带来的危害会更加直接和明显。经有关试验表明，振动强度愈高，对人们入睡和睡眠深度的影响愈大。当振动加速度在 65dB 以下，一般对睡眠影响不大，振动加速度达 69dB 时所有轻睡的人将被惊醒振动，振动加速度达到 74dB 时，般情况下人将惊醒，到 80dB 则会惊醒所有人。

应当说，每个人在生活中对交通振动是难以完全避免的，如果是偶尔的、短暂的、轻度的振动对人体的影响不大，甚至可以提高人体对环境的适应能力，不必大惊小怪。但是经常的、长时间的、剧烈的振动会对人体构成危害，要主动地加以避免。

虽然交通系统引起的环境振动振幅和能量都比较小，从建筑物安全的角度来讲，不会造成像地震那样的剧烈损害。但是，由于该振动的作用是长期存在和反复发生的，这种持久性的小幅环境振动的反复作用会使建筑结构的强度降低，从而出现裂缝或者引起结构变形，最终影响建筑物的安全和正常使用。

结构在振动产生的不平衡欧动力作用下将引起结构的动应力、动力疲劳、应力集中。轻微的会出现墙皮剥落、墙壁龟裂、地板裂缝，严重时发生整体或局部的动力失稳，地基产生液化、基础产生下沉或不均匀沉降，使建筑物倾斜、甚至局部破坏。

汽车、地铁在运行过程中产生的振动传递到结构内部，不可避免地对结构产生振动附加应力，改变结构在静荷载作用下的应力分布，局部不平顺位置增加了应力集中，降低了结构承载能力的安全水平，当引起结构共振时，危害结构更是不可估量。在地下空间内部，建筑结构与城市市政道路、轨道交通的交叠必不可少，汽车、地铁的运行又是一个长期的、每天均持续很长时间的过程，即使不足以在短时间内对建筑物产生明显的影响，但长期积累之后，对建筑物的疲劳损伤也是不可忽视的。研究资料表明，结构在动力荷载作用下，尤其是应力幅变化较大的反复荷载作用下，动力疲劳的影响程度可达动应力的 3 倍之多。焊缝和混凝土在动力疲劳状态下，强度可降低一半左右，因此在动力疲劳作用下所引起的局部损坏会导致结构内力重分布，严重时促使结构产生局部或整体性破坏。在动荷载作用下，使得土体的凝聚和内摩擦减小，土体颗粒移位和增密，降低地基承载力，振动越大地基承载力降低越多。当地下水位较高时，不但振动传递的影响范围扩大，还可能引起粉砂层地基的局部液化，从而引起结构基础的下沉或不均匀沉降。

在捷克，繁忙的公路或轨道交通线附近的一些砖石结构的古建筑因车辆通过时引起振动而产生裂缝，甚至发生了由于裂缝不断扩大而导致古教堂倒塌的恶性事件。

北京科技大学某些住宅楼距离道路不到 1 米远，居民饱受噪音之苦，根据测试结果，该住宅楼昼间（6：0～22：00）等效平均声级为 75.8dB，夜间（22：00～6：00）等效平均声级为 72.8dB，不仅噪音水平均超过国家《城市区域环境噪声标准》（GB 3096—93）中规定的城市 4 类区域标准限值（昼间 70dB（A），夜间 55dB（A）），而且昼夜声级差小，夜间超标严重。主要原因是夜间车流量小，但车速快，重型机动车比例高达 40％左右。

北京地铁西单站附近的居民，也曾经因地铁造成的振动和结构噪声问题进行过投诉。

广州地铁一号线长寿路站到中山七路站区间的隧道线路上的一幢 9 层框架房屋，实测数据表明，地铁经过时室内的竖向振级为 79.2～85.2dB，超出了《城市区域环境振动标准》（GB 10070—88）规定的城市"混合区"，即一般商业与居民混合区昼间竖向振级标准 75dB、夜间 72dB 的要求，附近的居民每天晚上数着地铁车辆数而不能睡眠。

广州地铁五号线在黄埔大道珠江纸厂公交车站附近，站在公交站台上就能明显感觉每隔 1 分钟左右就有一趟地铁哄哄通过，引起的振动可使人头晕。

广州正佳广场地铁对地下商业城带来的较大影响，一直以来受到较大诟病。

广州市珠江新城核心区市政交通项目地下空间的花城大道隧道，由于设置了一定的减振隔噪措施，效果不错。

5.2.1.5　交通振动振害影响因素

交通振动对周边建筑的影响大小与振源的速度、持续时间有关。根据某城市地铁车辆段振动调查，当地铁列车以 15～20km/h 速度通过时，地铁正上方居民住宅的振动高达 85dB，如果地铁速度达到正常运行时的 40km/h，甚至最高时的 70km/h 时，其振级应该还要大得多。地铁隧道振动振级随列车运行速度的增加而增加，大体上速度每增大 1 倍，振动振级增加约 6dB。

根据北京地铁的调查：一列地铁列车通过时，在地面建筑物上引起的振动持续时间约为 10s 钟。在一条地铁线路上，高峰时，2 个方向 1h 内可通过 30 对列车或更多一些。因而振动作用的持续时间，可达到地铁总工作时间的 15％～20％。

交通振动对周边建筑的影响大小与离振源的远近有关。铁道部劳动卫生研究所通过对我国几个型城市的铁路环境振动的现场实测，考察了铁路沿线居民区受列车运行引起的环境振动污染现状，测试结果表明，离轨道中心线 30m 之内区域的振级大部分接近 80dB。振动传播过程中，振动随着距轨道水平距离的增加而衰减。高频分量随距离衰减较快，低频部分衰减较慢；水平向振动比铅垂向振动衰减得快。地铁列车对邻近建筑物的振动影响范围不超过 100m，此范围外的建筑物振动可忽略不计。具体影响范围会因隧道结构和地质条件不同而不同。

交通振动对周边建筑的影响大小与建筑楼层高低有关。就不同楼层高度而言，一般来说，对于低层建筑，特别是在 4 层以下，随着楼层的增高，振动的强度有增大的趋势。沈阳、北京、西安等地对 4 座 3～5 层楼房的测试结果表明：在不同的距离上，3～5 层的振动强度较 1 层约高 3～5dB。对高层来说，由于其刚度较大，振动频率较低，交通振动的影响相对较小，但低频的振动仍不可忽视。

交通振动对周边建筑的影响大小与车辆通行的密集度、道路的平顺度、建筑结构材料、构件尺寸大小等有关。众多车轮与钢轨同时发生作用所产生的振动在一定运行速度范围内，轮轨表面不规则，将使振级增加 5～10dB；车轮不圆整将使振级增加 10～22dB；在相同地质条件下，当隧道材料相同时，结构厚度增大 1 倍，墙壁振动可降低 5～18dB，地铁列车运行时，在振动振源的频率分布上，以人体反应比较敏感的低频为主，其中 50～60Hz 的振动强度较大。

总体说来，交通振动不仅能引起结构的动应力，产生动力疲劳，而且严重影响着人们的舒适度与身心健康。路面越不平整、车辆重量越大、车速越高、载货车辆越多，产生的振动越大。过量的振动会使人不舒适、疲劳，甚至导致人体损伤。交通振动具有以下几个方面的特点：

（1）交通振动污染是一种能量污染，通过能量的吸收、转换及力学作用发生影响，同一振动强度可以在同一地点引起不同强度的污染。此外还可以通过空气另一途径产生影响，因此比噪声更复杂。

（2）交通振动污染捉摸不定，常常带有随机性，又带有重复性，持续的时间较长。

（3）交通振动污染危害程度常与心理和精神因素有关，是一种危害人体健康的感觉公害。个体差异甚大，常表现为烦恼和不舒适，比较难以定量化。

（4）道路交通振动的物理特性是振幅小、频率在 1—80Hz 之间，具有典型的随机振动波形。其一般为正弦振动，振幅较大，频率取决于操作性质。

（5）此外，振动影响的范围在很大程度上还取决于车辆通过的速度及隧道的埋深。速度越高，振动干扰越强，响应的影响范围越大，埋深越大，影响范围也越小。此外振动具有方向性，决定了振动监测特点。

（6）交通振动通过建筑结构的传递可引起室内附属物（如家具、窗扇等）的二次振动。

5.2.1.6 交通振动隔振降噪的意义

城市地下空间结构的发展与壮大已经成为城市发展的一支新生力量，这将必然使得人们的工作、居住环境与城市市政道路、轨道交通之间存在着不可分开的交融。正是由于这种交融，使得交通振动所带来的各种动荷载、汽笛声给与其紧邻的地下空间结构、上部结构及其相应的生活、工作环境带来了一定的不利影响。与城市道路、轨道线路越近，影响越大，影响因素越交错复杂。如地下空间中，地铁运行过程中会产生的振动，穿越地下空间隧道中汽车行驶时也会对路面产生的振动，这些振动在某一时刻同时存在，对与其相连的周边建筑物带来了振动与噪音影响并彼此放大振动影响，甚至产生共振。这不仅给地下、地上的结构安全带来隐患，也严重影响人们的舒适度环境。

　　因此，在地下空间结构设计过程中，对该部分交叠部分采取适当的隔振降噪措施，降低这种不利影响并满足或优于现行国家规范的允许要求，不仅可以延长建筑结构本身的生命周期，而且可以为大家提供一个安全、舒适、绿色的生活、工作环境，这是十分必要的。

5.2.2　广州市珠江新城核心区市政交通项目隔振降噪设计

5.2.2.1　花城广场地下空间所面对的振动与噪声问题

　　广州市珠江新城核心区市政交通项目中，在花城广场中部，有一条沿东西向贯穿珠江新城的城市主干道（花城大道）隧道在其（2）区负一层内部由东往西横穿整个结构主体，其平面位置如图 2.1 所示，纵剖面图如图 5.2.7 所示，横剖面图如图 2.4。从上图可以看到，在花城大道隧道的闭口段与主体结构连接部位，有车道、隧道与主体结构相互交错，相互影响。当车辆从隧道中通过时，车辆的振动通过隧道体传给下部的主体结构，对结构主体的安全和使用带来不利影响，同时车辆经过产生的噪声不仅以空气声的行式传给下部商场，而且会沿着钢筋混凝土结构以固体声的行式传至更远的地方，影响下部结构的使用。

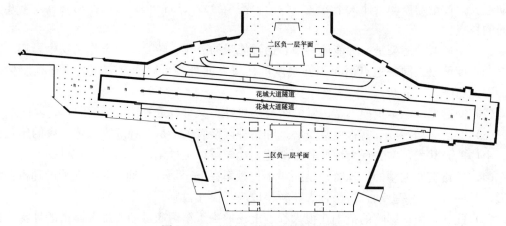

图 5.2.7　花城大道隧道平面位置图

5.2.2.2　花城大道隧道隔振降噪设计依据

　　本次隔振降噪设计的各项控制要求主要根据目前的现有的相应规范、规程并参考国外的一些经验。具体有《城市区域环境振动标准》GB 10070—88、《城市区域环境振动测量办法》GB 10071、《环境噪声污染防治法》（1996 年颁布）、《城市区域环境噪声测量方法》GB/T 14623—93、《城市轨道交通列车噪音允许值及测量方法》GB 14892、《城市桥梁设计荷载标准》CJJ 77、《建筑隔震橡胶支座》JG 118、叠层橡胶支座隔震技术规程CECS126 等。

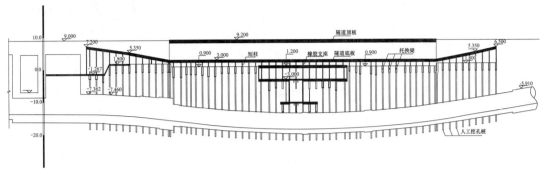

图 5.2.8　花城大道隧道纵剖面图

5.2.2.3　花城大道隧道隔振降噪设计目标

针对花城大道隧道下部地下空间所面对的上述结构振动与噪声问题，在结构设计的过程中，为满足《城市区域环境振动标准》（GB 10070—1988）与《城市区域环境噪声标准》（GB 3096—1993），减轻隧道、车道的交通动荷载对其下方结构所造成的振动影响，降低汽车空气声噪音和汽车行驶过程中与地面摩擦或冲击所产生的撞击噪音干扰，设计中在相应支座部位设置隔振橡胶支座以达到隔振减噪的技术要求。

鉴于汽车运行所引起结构楼层的水平振动，在传播过程中的衰减要快于垂直方向，而结构水平刚度较大，楼板、梁等构件竖向刚度远小于水平刚度，楼层结构内垂直方向的振动将大于水平方向的振动。在评价楼层振动影响时，以竖向振动为主。分析过程中采用有限元软件做仿真模拟分析方法进行仿真计算分析。分析中以动力加速度变化率作为防振效果的评价指标。

根据《城市区域环境振动标准》（GB 10070—1988）第 3.1.1 条规定，在城市商业中心区或城市道路交通干线两侧区域允许的铅垂向 Z 振级标准值为昼间 75dB，夜间 72dB；根据《城市区域环境噪声标准》（GB 3096—93）第 3 条以及第 4.3 条规定，在商业区允许的噪声标准为昼间 60dB，夜间 50dB；在城市中的道路交通干线两侧区域允许噪声标准为昼间 70dB，夜间 55dB。《民用建筑隔声设计规范》（GBJ118—88）中规定：对一般隔声要求的房间，其允许空气声噪声级为不大于 45dB，对楼板撞击声隔声标准为计权标准化撞击声压级不大于 65dB，《建筑隔声评价标准》（GBJ121—88）中规定：对一般民用建筑，对空气声的隔声标准为不小于 50dB，楼板计权标准化撞击声压级不大于 65dB。根据以上各标准，确定隧道隔振减噪的设计目标为：

（1）为降低振动噪声的影响，要求空气声隔声量不低于 50dB；混凝土板计权标准化撞击声压级小于 50dB；（2）为降低振动对结构的不利影响，要求振动的传递率不大于 50%。

5.2.2.4　花城大道隧道隔振降噪措施

为达到上述隔振降噪的目标，设计时采取在花城大道隧道闭口段与主体结构连接部位的柱顶位置布置隔振橡胶支座的隔振方式，具体平面布置位置与方式详图 5.2.9，隧道剖面图详图 5.2.10。

在图 2.3 所示的花城大道隧道剖面中，隧道底板厚 $h_1 = 800mm$，商场顶板厚 $h_2 = 800mm$，隧道底板与商场顶板之间的最小距离为 405mm，最大距离为 920mm。隧道与主体结构通过柱顶隔振橡胶支座连接。隔振橡胶支座总高为 350mm，其中橡胶层厚度约 194mm。根据有关资料，汽车正常行驶条件下，在隧道中产生的空气声噪音 A（计权）声级为 100dB（不包括喇叭声 110dB）。隧道与主体结构混凝土强度等级为 C35，混凝土弹性模量 $E = 3.15 \times 10^4 N/mm^2$。隧道中隔振橡胶支座具体布置位置与方式详图 5.2.10、图 5.2.11。

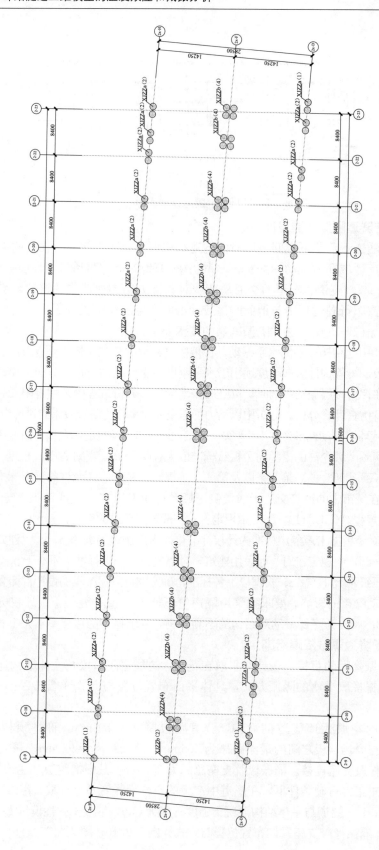

图 5.2.9　花城大道隧道隔振橡胶平面位置图

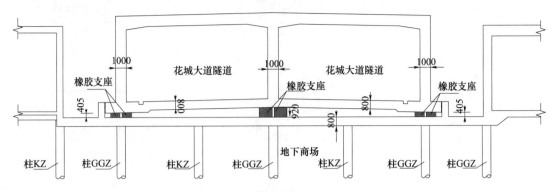

图 5.2.10　花城大道隧道横剖面图

本工程设计采用的隔振橡胶支座由多层橡胶和钢板交替叠置结合而成,根据受力与变形条件的不同,共分为 a 型、b 型与 c 型三种,即 XJZZa、XJZZb 与 XJZZc。其构造与尺寸要求分别详图 5.2.11～图 5.2.13。a 型隔振橡胶支座具有沿隧道纵向与横向变形的双向变形能力,b 型隔振橡胶支座与 c 型隔振橡胶支座只有沿隧道纵向变形的单向变形能力。隔振橡胶支座所需要的竖向承载力、竖向和水平刚度、水平变形能力、阻尼比等性能要求详表 5.2.2。隔振橡胶支座要求设计使用年限为 100 年。隔振支座现场布置如图 5.2.14。

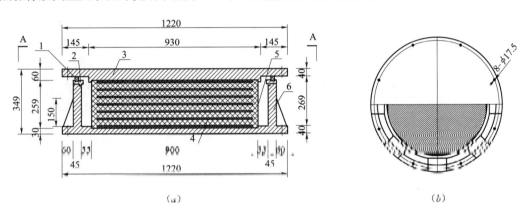

图 5.2.11　XJZZa 型隔振橡胶支座
(a) 剖视图;(b) 顶视图

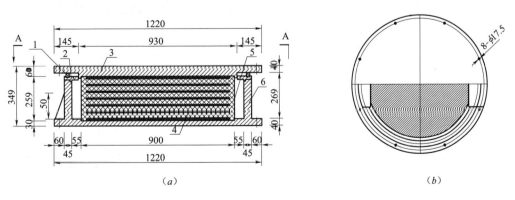

图 5.2.12　XJZZb 型隔振橡胶支座
(a) 剖视图;(b) 顶视图

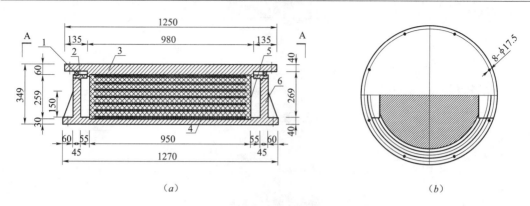

图 5.2.13　XJZZc 型隔振橡胶支座

（a）剖视图；（b）顶视图

支座编号及承载力 表 5.2.2

支座编号	竖向承载力设计值（kN）	滑移向水平承载力设计值（kN）	非滑移向水平承载力设计值（kN）	竖向刚度（kN/mm）	水平刚度（kN/mm）	竖向阻尼比
XJZZa	5500	150		1850	2.8	6～8%
XJZZb	5500	150	1100	1850	2.8	6～8%
XJZZc	6500	150	1300	2250	3.5	6～8%

图 5.2.14　隔振橡胶支座安装现场

5.2.3　花城大道隧道的隔声降噪计算分析

5.2.3.1　空气声隔声计算

（1）单层混凝土板空气声隔声量计算

根据质量定律 $R = 20 \lg mf - 47.2$，800mm 单层匀质密实混凝土板对不同频率，无规则入射空气声的隔声量详表 5.2.3。

单层 800mm 匀质密实混凝土板对不同频率空气声隔声量 表 5.2.3

板厚 (mm)	质量 (kg/m²)	倍频带中心频率（Hz）						
		125	250	500	1000	2000	4000	平均隔声量
800	2000	60.8	66.8	72.8	78.8	84.8	90.9	75.82

（2）双层混凝土板空气声隔声量计算

为提高整个结构的隔声效果（尤其是降低撞击声沿着混凝土板的传递），花城大道隧道与主体结构之间除了在隔振橡胶支座位置由接触点外，其余部位的隧道底板与结构顶板之间是分离的，形成一个空气间层。隧道底板与商场顶板之间的最小距离为 405mm，最大距离为 920mm。双层 800mm 厚匀质密实混凝土板（空气间层取为 660mm）对不同频率、无规则入射的空气声的隔声量详表 5.2.4：

双层 800mm 匀质密实混凝土板对不同频率空气声隔声量 表 5.2.4

板厚 1 (mm)	板厚 2 (mm)	倍频带中心频率（Hz）						
		125	250	500	1000	2000	4000	平均隔声量
800	800	71.2	76.0	80.8	85.6	90.4	95.3	83.2

5.2.3.2 单层混凝土板计权标准化撞击声压级计算

根据《建筑声学设计手册》所提供的关于楼板计权标准化撞击声压级的计算公式：

$$L_N = 20\lg \frac{f^{1/4}}{E^{3/8} \rho^{5/8} h^{7/4}} + 147.6$$

单层 800mm 及 1600mm 厚匀质密实混凝土板对不同频率声音计权标准化撞击声压级结果大致如表 5.2.5：

单层混凝土板计权标准化撞击声压级 表 5.2.5

板厚 (mm)	倍频带中心频率（Hz）						
	125	250	500	1000	2000	4000	平均声压级
800	40.6	42.2	43.7	45.2	46.7	48.2	44.4
1600	30.1	31.6	33.1	34.6	36.1	37.6	33.9

另外，本隧道中采用橡胶支座进行隔振设计，隔振橡胶的对振动隔振效率不低于20%，根据有关研究资料，振动物体的振动减少到原来的 10%，振动物体所辐射的声音就降低 20dB，因此隔振橡胶支座的设置同时也对楼板计权标准化撞击声压级得到很好改善。

从以上计算结果和相关规范的要求可以看出，本隧道空气声噪声传至下部结构内的 A（计权）声级约为 29.2dB，满足《民用建筑隔声设计规程》与《建筑隔声评价标准》要求。隧道底板计权标准化撞击声压级约为 48.2dB，满足《民用建筑隔声设计规程》与《建筑隔声评价标准》的要求。因此整个隧道的结构设计可以满足隔声目标要求。

5.2.3.3 花城大道隧道的隔振计算

（1）计算模型

考虑到橡胶支座纵向间距较短（$l_0 = 8.4m$），且隧道设计车速较小（$v = 40km/h$），汽车移动所产生的振动效应忽略不计，主要考虑由汽车竖向振动对结构的影响。另外为便于理解隔振橡胶支座的隔振效果，将汽车的竖向振动荷载简化为作用位置不变的周期振动荷载。

从环保的角度考虑，在花城大道隧道底板与地下空间结构顶板之间设置隔振橡胶支座，其目的是为了降低由汽车动荷载引起对地下空间主体结构的不利荷载效应，控制地下空间室内噪音在规范规定的范围。为评价橡胶支座隔振效应，设计中以花城大道隧道隔振橡胶支座顶部与底部动力加速度的变化率做为评价指标，即将 $(a_1-a_2)/a_1$ 作为减振效应评价指标，其中 a_1 为隔振橡胶支座顶端最大加速度，a_2 为隔振橡胶支座末端最大加速度。为此在计算过程中进一步简化汽车荷载，假定每个振动荷载的幅值即为轴重，并直接作用在隧道底板上。

由于隔振橡胶支座横向间距为 14.25m，接近纵向间距两倍，必须考虑隧道的横向效应，考虑多车道作用，不能将隧道简化为纵向简支梁。所以建模时采用空间模型，但只考虑竖向振动。

隔振橡胶支座底部支承为地下空间整体结构，每根柱的轴心与其支承的隔振支座群形心重合，认为只有隧道平面范围内的首层地下空间参与振动。

隧道 F 段隔振支座布置见图 5.2.15，XJZZa 的竖向刚度 K＝1.85E9N/m，竖向阻尼系数 C＝1.65E6Ns/m；XJZZb 的竖向刚度 K＝1.85E9N/m，竖向阻尼系数 C＝1.65E6Ns/m；XJZZc 的竖向刚度 K＝2.25E9N/m，竖向阻尼系数 C＝2E6Ns/m。

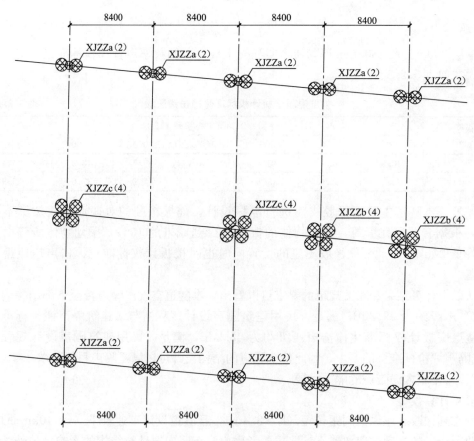

图 5.2.15　隧道 F 段隔振支座布置图（局部）

有限元模型见图 5.2.16，混凝土板、侧墙选用 SHELL43 单元，柱选用 BEAM188 单元，隔振支座选用 COMBIN14 单元，柱底为固定约束。

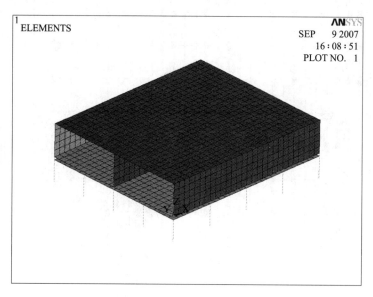

图 5.2.16　隔振计算有限元模型

板、侧墙厚度、柱直径和混凝土强度等级见图 5.2.17，混凝土密度取 2500kg/m³，钢管密度取 7850kg/m³，隧道顶板考虑覆土重量，取等效密度 5560kg/m³。

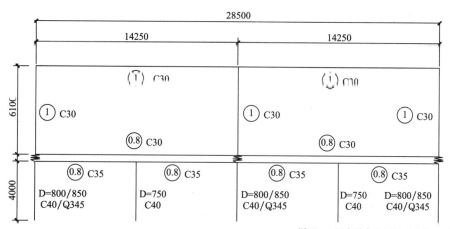

说明：1.圈内数字为板厚（单位：m）；
2.CXX为混凝土强度等级，QXXX为钢材牌号；
3.D为钢管混凝土柱内径和外径，混凝土柱直径。

图 5.2.17　各构件计算参数取值

汽车荷载按设计要求采用《城市桥梁设计荷载标准》（CJJ 77—98）城—A 级车辆荷载，轴重 F_0 分别为 60kN、140kN、140kN、200kN 和 160kN 的五轴 18m 长标准载重汽车。每个轴的振动频率取 15Hz，即单轴汽车荷载为 $F = F_0 \mid \cos 15\pi t \mid$，按六车道双向布置，其作用位置见图 5.2.18。

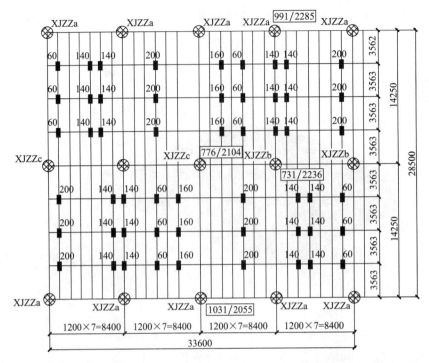

说明：1.方框内数字分别为隔振支座顶端和末端节点号；
　　　2.实心方块表示汽车轴重作用位置，旁边数字表示轴重。

图 5.2.18　汽车荷载作用位置

（2）计算分析结果

选取如图 5.2.15 所示的四个隔振支座作为研究对象，其顶端与末端节点加速度如图 5.2.19～5.2.22 所示。

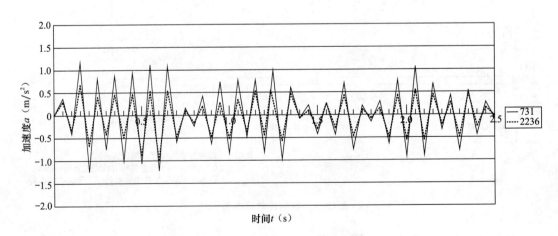

图 5.2.19　节点 731 与节点 2236 的加速度值

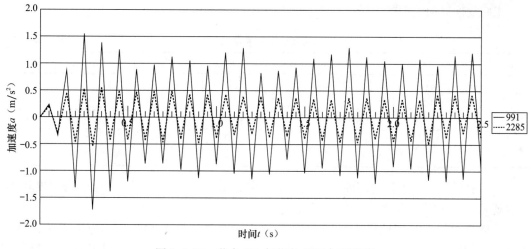

图 5.2.20 节点 991 与节点 2285 加速度值

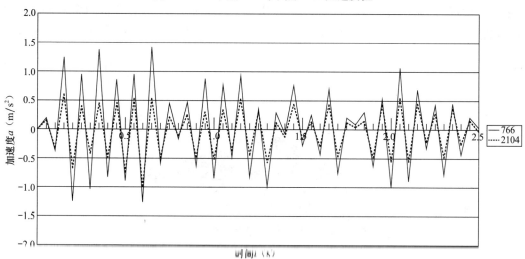

图 5.2.21 节点 766 与节点 2104 加速度值

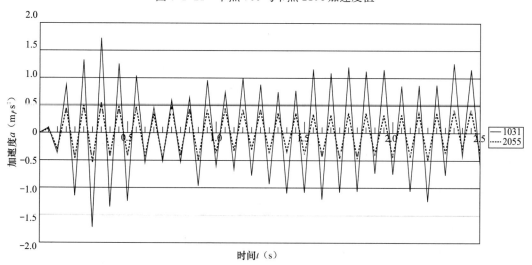

图 5.2.22 节点 1031 与节点 2055 加速度值

橡胶支座竖向隔振效应计算列于表 5.2.6。

橡胶支座竖向隔振效应　　　　　　　　　　表 5.2.6

节点号	$a_{\max}$（m/s²）	$(a_1-a_2)/a_1$（%）	节点号	$a_{\max}$（m/s²）	$(a_1-a_2)/a_1$（%）
731	1.15	45.7	991	1.67	64.2
2236	0.625		2285	0.598	
节点号	$a_{\max}$（m/s²）	$(a_1-a_2)/a_1$（%）	节点号	$a_{\max}$（m/s²）	$(a_1-a_2)/a_1$（%）
766	1.32	37.7	1031	1.67	66.0
2104	0.822		2055	0.568	

从上表可见，本工程选用的橡胶支座竖向隔振效果明显，XJZZa 由于竖向刚度较小，可达到 60%。XJZZb 和 XJZZc 的减振比例为 35%～45%。

隧道 F 段自振频率计算模型见图 5.2.23，模型各计算参数同前。为准确求得隧道竖向自振频率，施加如下约束：①橡胶支座底部结点自由度全约束；②约束所有结点水平运动自由度，即 UX、UY 和 ROTZ；③认为三片侧墙刚度足够大，约束转动自由度 ROTX 和 ROTY；④采用 Reduced Method 进行模态分析，设定所有结点 UZ 为主自由度。

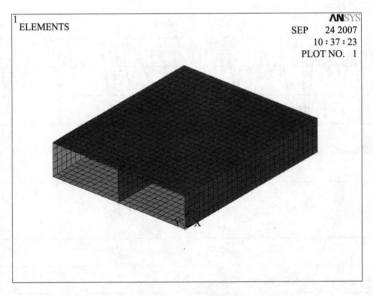

图 5.2.23　隧道 F 段自振频率计算模型

第一自振频率为 9.07Hz，第一振型见图 5.2.24。

定义 R_{va} 为隔振结构竖向加速度反应衰减比，即隔振结构竖向加速度反应与地面竖向加速度之比：

$$R_{va} = \frac{\ddot{x}_{vs}}{\ddot{x}_{gs}} = \sqrt{\frac{1+(2\zeta_v \omega/\omega_{vn})^2}{[1-(\omega/\omega_{vn})^2]^2+(2\zeta_v \omega/\omega_{vn})^2}} \tag{1}$$

式中：ω——扰动频率；

ω_{vn}——结构竖向固有频率；

ζ_v——结构竖向振动等效阻尼比。

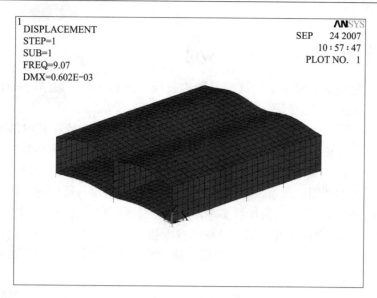

图 5.2.24 隧道 F 段第一振型

根据有关资料，汽车运行引起竖向振动的频率约为 f＝20～30Hz，而橡胶隔振结构体系的竖向固有频率为 $f_{vs}＝9.07$Hz，即 $\omega/\omega_{vn}＝2～3$，从上式（1）可知：

$$R_{av} = \frac{\bar{x}_{vs}}{\bar{x}_{gs}} = 0.1 \sim 0.3$$

5.2.4 隔振测试

为测定隧道装置隔振装置后的实际效果，隔而固（青岛）振动控制有限公司相关技术人员对花城大道隧道底部进行了实地测试，共记录 10 组数据，测得隔振后地下空间顶部相应的加速度结果如图 5.2.25。从图可知，隔振后顶板的最大加速度约为 0.0001m/s²，换算为加速度振级为 52dB，满足设计预想与现行规范要求。因此，采用隔振橡胶支座以后，整个结构体系对动力环境振动的降噪减振作用是非常明显有效的。

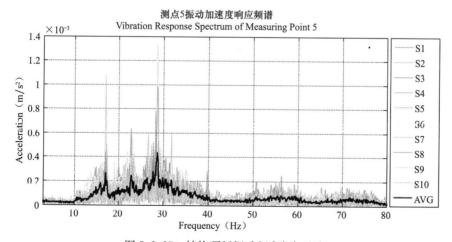

图 5.2.25 结构顶板振动频率与加速度

5.2.5　结构隔振降噪技术的推广与应用

通过花城广场地下空间的结构隔振与隔声设计和计算工作，总结出如下几点技术经验，可供面对相似振动噪声问题的同类工程作参考：

1）当隧道、道路等市政设置与普通工业与民用建筑物相连或在其内部穿过时，车辆的振动将通过连接体传给主体结构，对结构主体的安全和使用带来不利影响，同时车辆经过产生的噪声不仅以空气声的行式传递，而且会沿着结构体以固体声的行式传至更远的地方，影响下部结构的使用。故须采取可靠措施来降低这类振动与噪声的不利影响。

2）通过在连接部位设置隔振橡胶支座，可以达到隔振减噪的技术要求。

3）隔振隔声设计应首先确定隔声隔振的技术目标——对空气声隔声量、计权标准化撞击声压级、振动的传递率等提出相关要求；然后采用科学的方法来对相关隔振隔声措施的作用进行计算分析。

4）可以通过对单层混凝土结构对空气声的传递以及双层混凝土板及其间空气层对不同频率空气声的传递的隔声量进行计算，从而评价相关措施的结构隔声（空气声方面）效应；

5）可以通过"关于楼板计权标准化撞击声压级的计算公式"来计算相关措施的计权标准化撞击声压级，从而评价其结构隔声（固体传声方面）的效应；

6）可以通过对结构建立有限元模型——对不同部位注意采用不同的合适的单元模型，计算分析其中各关键点的振动加速度值，并通过对相关加速度值进行对比，从而评价相关措施的结构隔振效应。

7）2014 年 8 月 7 日，该种建筑用隔振降噪橡胶支座获得国家知识产权局发明专利申请通过。

第6章 地下空间结构若干构造问题

6.1 超长结构设缝

对于超长结构及大体积混凝土构件，水化热温度效应明显，因此工程中常需要进行设缝分段处理。工程中设缝的方法主要可分为下面两类方法。

（1）分缝法

以每段100～200m（条形隧道结构一般为30～60m）完全将地下建筑物用永久分缝分开，用建筑常规的手段作防水处理。这种方法常在地下水不丰富的地区可应用，施工方便，缺点是容易渗漏，特别是在公路下有振动荷载作用时，水会沿分缝接触面渗入。因此，也有在分缝处增加了止水钢板或橡胶止水带来防渗漏的大样做法。图6.1.1～6.1.3为万博地下空间项目中结构分缝处的典型做法大样。图中 B 为变形缝宽度，万博工程结构中一般取50mm。

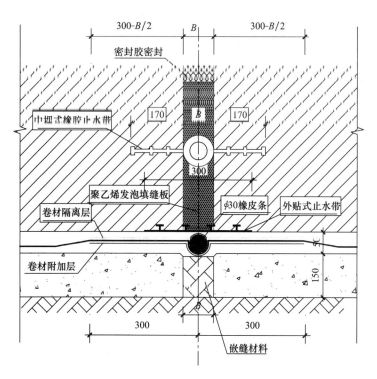

图6.1.1 结构底板变形缝大样

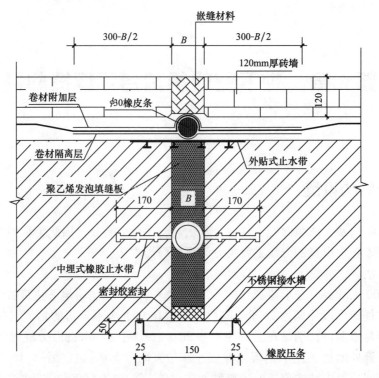

图 6.1.2　结构侧墙变形缝大样

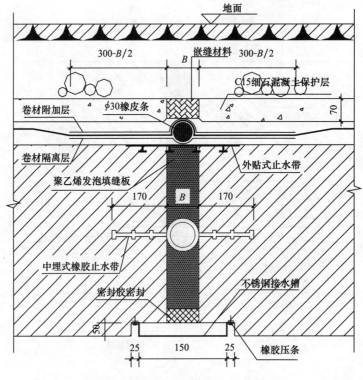

图 6.1.3　结构顶板变形缝大样

在万博项目中，考虑到在地震作用下某些分段结构之间可能存在碰撞，在分缝处还适当设置了消能阻尼器装置。采用的消能阻尼器为黏滞阻尼器（MFD)，型号为 MFD-200T-50。如图 6.1.4～6.1.7 所示为其中一典型断面情况，此全断面共用消能器 21 个，消能器预留孔单侧尺寸为 30cm×30cm×35cm。图中 B 为变形缝宽度，万博工程结构中一般取 50mm。

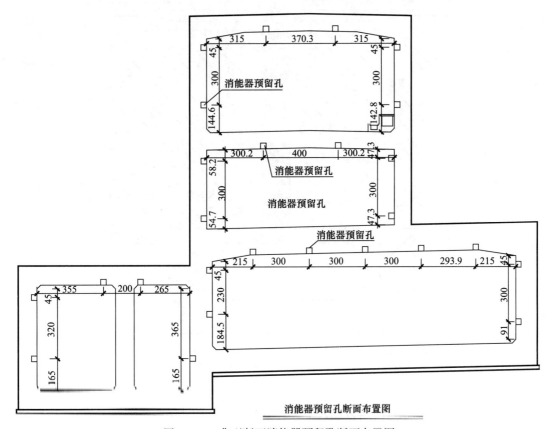

消能器预留孔断面布置图

图 6.1.4 典型断面消能器预留孔断面布置图

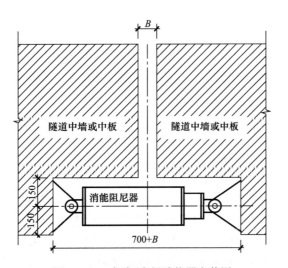

图 6.1.5 中墙/中板消能器安装图

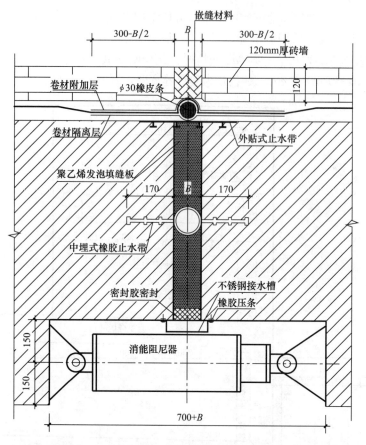

图 6.1.6　侧墙消能器安装图

（2）具有刚度的连接法

地下建筑顶板、侧壁在永久分缝处常需要不断开以抵抗外部水土和地下活载作用。此时采用钢箱作为连接器，一方面可挡水挡土，一方面钢箱是具有刚度的，可根据工程的需要，配置可抗剪、抗弯、抗扭的钢箱，也可根据变形的要求，使得钢箱可以起到释放应力的作用。

本节将结合广州市花城广场地下空间项目着重介绍一种新型工程设缝方法——地下结构后浇带钢箱（板）变形装置技术。

6.1.1　工程背景

花城广场地下空间的核心主体部分（1～4 区）南北总长达 1000m，东西总长达 600m。结构设计通过在顶板及侧墙上设置永久性变形缝，将主体结构分成若干块结构单体，分缝后结构单体的最大长度，南北向长达 420m，东西向长达 340m。其中－3 层、－2 层地下室底板不设置变形缝（－2 层地下室底板尺寸为 1000m×120m）。建筑物的无缝长度远远超出了现有规范的限值，在这种情况下，结构设计中采取了各种措施——设置变形凹槽，添加膨胀剂、纤维等掺和料，通过超长结构温度应力的有限元分析结果来指导超长纵向构件（主要是底板、侧墙）的设计，以及通过施工工艺上的各种要求来降低混凝土

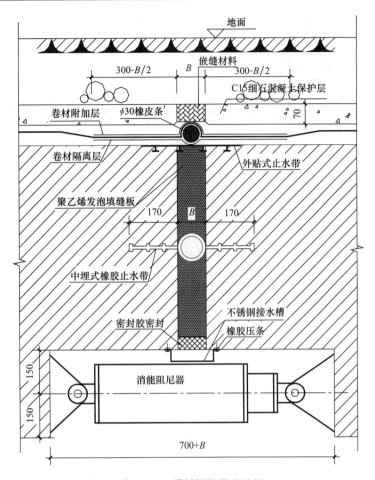

图 6.1.7 顶板消能器安装图

的水化热等等。虽然结构设计中已采取了上述各种附加措施，但合理地设置后浇带仍然是控制混凝土早期裂缝的主要措施，因此，后浇带的设置及其构造在本工程的超长结构设计中仍被视为最重要的问题之一。

常规的地下室侧墙或楼板后浇带，一般在其后浇缝两侧设止水钢板，并以钢丝网（又称为"快易收口网"）作为后浇带两侧混凝土的支挡模板，形成 600～1000mm 宽的后浇带。其不足之处在于：

（1）拆模时间长，拖延了侧墙回填土的时间，延长了施工工期；

（2）后浇带的分缝处无法形成消能带——由于其刚度过大，无法较好地吸收楼板或墙体的收缩变形所产生的能量；且须待楼板或侧墙充分变形后才可将后浇带封闭，大大延长了工期；有时为赶工期而过早将后浇带封闭，仅起到减少混凝土结构早期收缩的效果，而不能彻底解决其日后收缩变形而易产生裂纹的实质性问题；

（3）在浇筑后浇带两侧的混凝土时，以快易收口网作为支挡措施，但其刚度不高，且网上有孔，易产生变形、漏浆等问题，从而影响后浇带与两侧墙体结合处的强度，存在隐患。

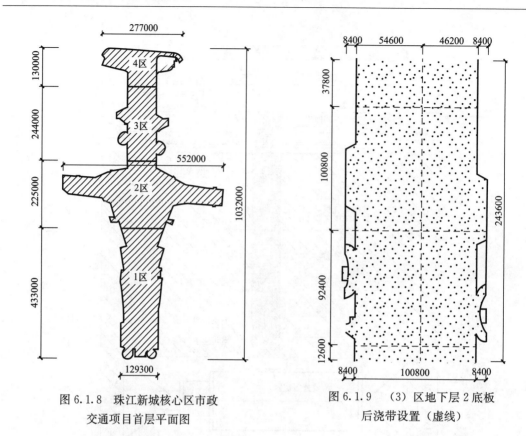

图 6.1.8 珠江新城核心区市政
交通项目首层平面图

图 6.1.9 （3）区地下层 2 底板
后浇带设置（虚线）

6.1.2 超长结构温度应力分析

取本工程一区负一层顶板结构为研究对象，使用 ABAQUS 软件对超长结构的楼板温度和收缩效应做有限元分析。

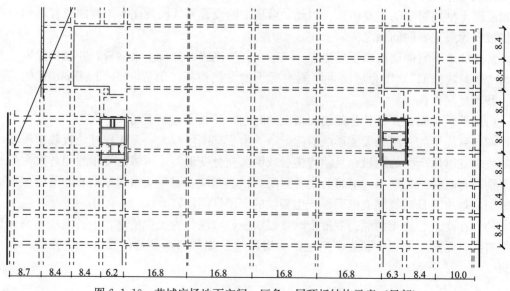

图 6.1.10 花城广场地下空间一区负一层顶板结构示意（局部）

一区负一层顶板为 420m×100m 的连续梁板结构，东西两侧为三跨 8.4m×8.4m×0.4m 楼板，中间为四跨 16.8m×8.4m×0.9m 楼板，两侧剪力墙厚 0.6m 高 6.2m。为保证大跨度楼板的连续性，防止裂缝产生，结构设计利用负一层顶板排水沟，在水沟相应的位置设置东西走向 0.5m×0.5m 温度变形凹槽，同时在凹槽处设置后浇带，并在后浇带里设置变形能力较强的弯折钢板，起到释放温度应力的作用，同时加强了后浇带所跨越的型钢梁的抗拉能力，在 0.4m 厚楼板处设型钢与凹槽连接。利用钢材的弹性模量值大、拉伸性好、强度大的特点，释放楼板的收缩应变，达到减小楼板拉压力，防止楼板开裂的目的。

为减小模型的单元数量，提高计算效率，我们利用工程的对称性，取其四分之一建立模型，对称边上加上对称约束进行分析。模型如图 6.1.11 所示。

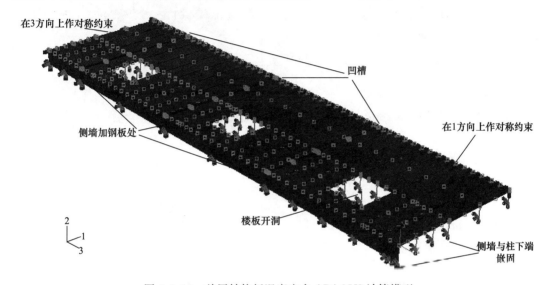

图 6.1.11　首层结构板温度应力 ABAQUS 计算模型

6.1.2.1　顶板结构概况及结构设计理念

珠江新城中心交通枢纽设计项目负一层顶板主要采用无梁楼盖体系，楼板跨度一般为 8.4m，局部达 16.8m。因此楼板的温度和收缩效应变得十分显著。同时，由于混凝土压强拉弱的特性，所以如何控制混凝土拉应力大小，防止楼板开裂成为本工程设计的一大重点。本节以（1）区负一层顶板为例，使用 ABAQUS 软件对楼板温度和收缩效应做有限元分析。

（1）区负一层顶板是跨度为 420m×100m 的连续梁板结构，东西两侧为三跨 8.4m×8.4m×0.4m 楼板，中间为四跨 16.8m×8.4m×0.9m 钢管空心楼板，两侧剪力墙厚 0.6m 高 6.2m。为保证大跨度楼板的连续性，防止温度裂缝的产生，我们利用负一层顶板的排水沟，在排水沟相应的位置沿东西走向设置一道 0.5m×0.5m 温度变形凹槽，同时在凹槽处设置后浇带，并在后浇带里设置变形能力较强的弯折钢板，起到释放温度应力的作用，同时加强了后浇带所跨越的型钢梁的抗拉能力。在 0.4m 厚楼板处设型钢与凹槽连接，利用钢材的弹性模量值大、拉伸性能好、强度大的特点，释放楼板的收缩应变，达到减小楼板拉压力，防止楼板开裂的目的。

6.1.2.2 ABAQUS 有限元计算模型建立

为减小模型的单元数量，提高计算效率，我们利用工程的对称性，取其四分之一建立模型，对称边上加上对称约束进行分析。柱采用 B31 号梁单元建模，楼板、剪力墙、梁及钢板采用 C3D4 号实体单元。总共约 9 万个单元。侧墙及柱下端嵌固。我们所建的模型为结构的 1/4 对称模型，所以模型在 1、3 方向上分别做了对称约束。具体情况见图 6.1.11。

6.1.2.3 计算参数的选取

（1）综合计算温差设定

混凝土 28d 干缩值：

$$\varepsilon_y(28) = \varepsilon_y^0 M_1 M_2 \cdots M_{10}(1 - e^{-0.01t}) = 3.24 \times 10^{-4} \times 0.5 \times (1 - e^{-0.01 \times 28}) = 3.96 \times 10^{-5}$$

混凝土 330d 干缩值：

$$\varepsilon_y(330) = \varepsilon_y^0 M_1 M_2 \cdots M_{10}(1 - e^{-0.01t}) = 3.24 \times 10^{-4} \times 0.5 \times (1 - e^{-0.01 \times 330}) = 1.56 \times 10^{-4}$$

混凝土 330d 干缩当量温差：

$$T_y(330) = \frac{1.56 \times 10^{-4}}{1 \times 10^{-5}} = 15.6\text{℃}$$

季节最大温差 16℃。

混凝土水化热散热和 28d 干缩由混凝土膨胀剂补偿，应满足：

$$D = \varepsilon_{2m} - S_d - S_t \leqslant S_k$$

式中　ε_{2m}——混凝土最大限制膨胀率设计值；

　　　S_d——混凝土 28d 干缩值；

　　　S_t——混凝土水化热散热；

　　　S_k——混凝土极限延伸率；

　　　D——最终收缩变形。

结构最大降温温差取混凝土 330d 干缩当量温差和季节最大温差，同时考虑混凝土可随时间塑性徐变和允许裂缝开展可释放应力的有利因素，取折减系数 0.3。

则　　　　　　　　　　　$\Delta T_{max} = (15.6 + 16) \times 0.3 = 9.48\text{℃}$

我们考虑施工阶段楼板承受的季节最大温差、收缩当量温差和考虑徐变引起的应力松弛，取定综合计算温差为 10℃。

（2）计算模型力学参数设定

楼板、剪力墙及柱为 C35 混凝土，弹性模量为 3.15E10Pa，泊松比为 0.2。

0.9 米厚楼板凹槽处的梁的钢板为 Q345B，弹性模量为 2.0E11Pa，泊松比为 0.3。忽略钢梁内部混凝土刚度，凹槽处混凝土的厚度为 0.4m，考虑到该处混凝土开裂将其厚度折减为 0.1m。

0.4m 厚楼板及侧墙的钢槽为 Q345B，弹性模量为 2.0E11Pa，泊松比为 0.3。凹槽处忽略混凝土的刚度。混凝土梁全长拉通。

6.1.2.4 计算结果

本节计算结果采用的单位为 N、m、Pa。

（1）楼板的位移

结果分析：由于所建的模型是实际工程的四分之一对称模型，所以在 1 方向对称边上 1 方向的位移为 0，并逐渐往边界方向过渡到最大值，最大值为 7.8mm。同理在 3 方向对

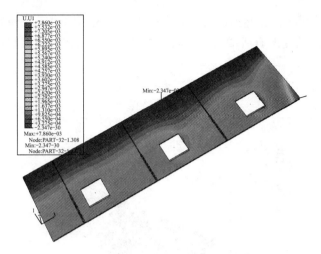

图 6.1.12　首层结构板整体坐标系 1 向位移结果

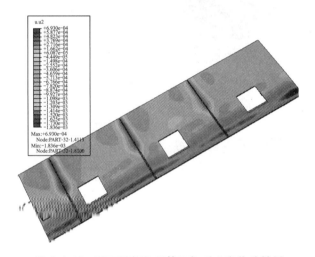

图 6.1.13　首层结构板整体坐标系 2 向位移结果

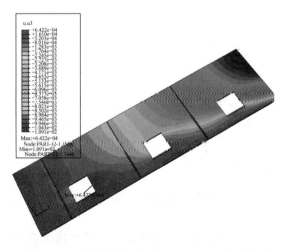

图 6.1.14　首层结构板整体坐标系 3 向位移结果

称边上 3 方向的位移为 0，并逐渐往边界方向过渡到最大值。由于凹槽处楼板的刚度明显减小，凹槽处 3 方向的变形有所增大，所以 3 方向位移云图在凹槽两侧有所变化，u_3 最大值为 10mm。

（2）楼板应力分布情况

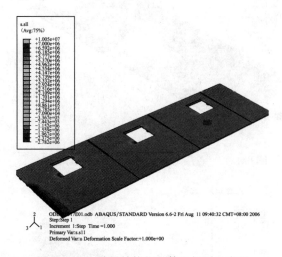

图 6.1.15　首层结构板整体坐标系 1 向正
应力 σ_{11} 分布图

上图中亮点处节点的应力值图表详图 6.1.16。

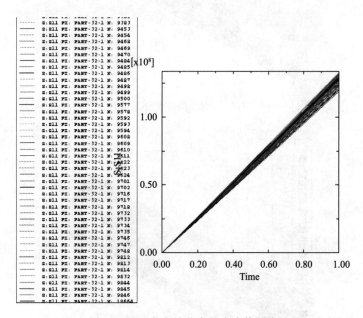

图 6.1.16　亮点处节点的应力值图表

从图 6.1.15 及图 6.1.16 可以看出，两侧剪力墙的厚度为 0.6m，与平面内刚度比较其平面外刚度相对弱很多，即对楼板 1 方向上的约束较弱。在楼板中部即板厚为 0.9m 处

的 σ_{11} 值较小，约为 1.3MPa。而靠近侧墙的楼板由于较靠近约束支座并且有大开洞，所以在洞口周边出现了较明显的应力集中，最大拉应力值达到 6.7MPa。

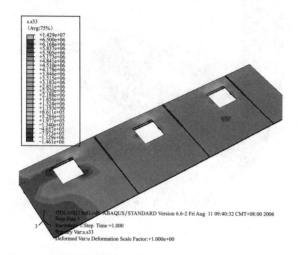

图 6.1.17　首层结构板整体坐标系 3 向正应力 σ_{33} 分布图

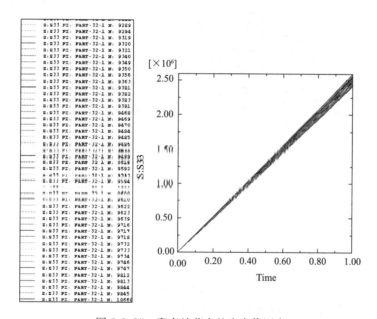

图 6.1.18　亮点处节点的应力值图表

从图 6.1.17～图 6.1.20 可知，由于侧墙在 3 方向上的刚度很强，对楼板 3 方向上的约束也很强，楼板与侧墙连接处的 3 方向的位移值均小于 1mm，加上楼板在 3 方向的跨度达到 420m，所以楼板 3 方向上的正应力 σ_{33} 明显大于 σ_{11}。

而靠近侧墙的楼板由于较靠近约束支座、有大开洞并且贯通的混凝土拉梁刚度也较大，所以该部分的拉应力较人。在洞口周边出现了较明显的应力集中，最大压应力达到 1.46MPa，拉应力值从洞口最大值 6.5MPa 过渡到侧墙处的 3MPa。故需要加强洞口边板的配筋。

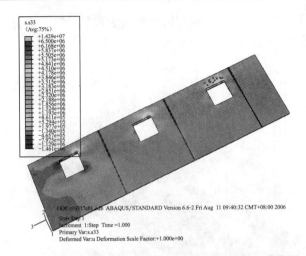

图 6.1.19　首层结构板整体坐标系 3 向正应力 σ_{33} 分布图

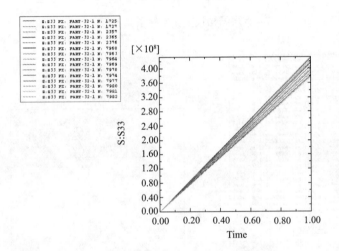

图 6.1.20　亮点处节点的应力值图表

　　在楼板中部即板厚为 0.9m 处，由于设置了凹槽，忽略钢梁内部混凝土刚度，等效输入钢板的厚度，考虑到该处混凝土开裂将其厚度折减为 0.1m，所以凹槽处的刚度明显减小。钢梁和凹槽下部的混凝土板被明显拉伸，楼板降温时的收缩应变在此处得到释放。楼板的拉应力 S_{33} 明显小于 0.4m 厚楼板的拉应力值，约为 2.5MPa。在梁内部设抗裂缝的预应力钢筋，起到抵抗温度应力的作用。

　　(3) 0.4m 厚楼板钢槽应力分布情况

　　(4) 0.9m 厚楼板凹槽处梁等效钢板应力分布情况

　　结果分析：

　　因为凹槽处混凝土的刚度很小，型钢梁及型钢槽承受了大部分的拉力，所以拉应力值较大，型钢槽最大拉应力值达到 68MPa。型钢梁最大拉应力值达到 135MPa，在 Q345B 号型钢材受拉强度设计值范围内。

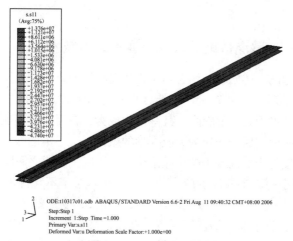

图 6.1.21 0.4m 楼板钢槽整体坐标系 1 向正应力 σ_1 分布图

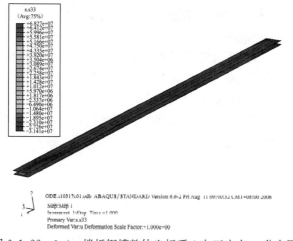

图 6.1.22 0.4m 楼板钢槽整体坐标系 3 向正应力 σ_3 分布图

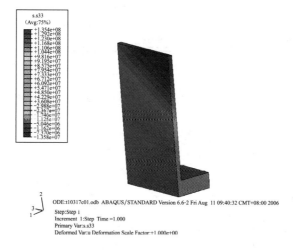

图 6.1.23 0.9m 楼板凹槽处梁等效钢板整体坐标系 3 向正应力 σ_3 分布图

6.1.3　解决方案——后浇带钢箱（板）变形装置技术

针对结构超长引起的上述问题，结合本工程的实际情况，设计人采用了一种新型的适用于地下室搂板、侧墙的后浇带装置——钢箱（板）变形装置。这种装置主要由箍筋、工字钢、曲折钢板组成，放置于后浇带中间。其基本构成为：在后浇带两侧设置两工字钢，工字钢腹板内侧之间设置曲折钢板——作为吸收变形的载体，工字钢的腹板外侧焊接一定间距的箍筋——作为变形装置与先浇混凝土的连接措施，两工字钢腹板之间即为后浇带范围。

设置伸缩缝是减小超长楼板温度应力的有效方法，对于不允许设缝的连续楼板，通常设置后浇带来降低温度应力。针对传统的后浇带工期长、变形能力差、只能解决混凝土早期水化热的收缩问题、防水性能不佳等缺点，花城广场地下空间的结构设计研制出一种新型的适用于地下室楼板、侧墙的后浇带钢箱（板）变形装置。这种装置主要由箍筋、工字钢、曲折钢板组成，这样使后浇带的梁和板的用钢量有所提高，凹槽的设置使混凝土用量大大减少了，后浇带的延性得到明显增强，从而起到变形耗能的作用。该装置的设计原理为在大面积的地下空间结构混凝土楼板和侧壁中，间隔一定距离，设置温度变形凹槽，同时在凹槽处设置后浇带，并在后浇带里设置变形能力较强的弯折钢板，起到释放温度应力的作用。后浇带处楼板采用轻微的折曲状的镀锌钢板变形装置，设计时考虑到钢板的锈蚀速度是 2mm/10 年，加厚镀锌钢板，使其设计寿命超过 50 年。这样在温度效应下，应力集中于后浇带，该处混凝土开裂后，折曲状的镀锌钢板被拉直，起到释放楼板变形，减小拉应力的耗能作用，同时又能起到止水作用。后浇带钢箱（板）变形装置在该工程中应用的典型大样详见图 6.1.24～6.1.28 所示。

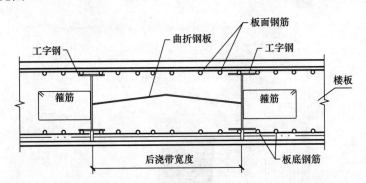

图 6.1.24　水平向后浇带中钢板变形装置剖面示意图

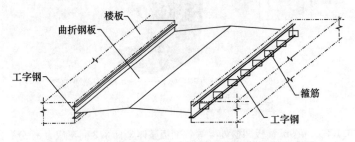

图 6.1.25　水平向后浇带中钢板变形装置轴测示意图

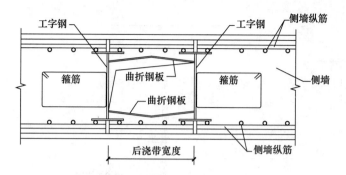

图 6.1.26　竖直向后浇带中钢箱变形装置剖面示意图

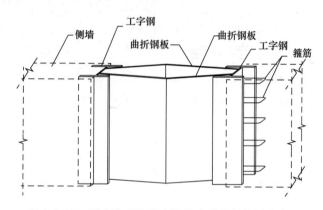

图 6.1.27　竖直向后浇带中钢箱变形装置轴测示意图

这种后浇带内的变形装置分为两种形式——对于水平向后浇带（楼板），两工字钢之间为一片曲折钢板，形成钢板式变形装置，详见图 6.1.24、6.1.25 所示；对于竖直向后浇带（侧墙），两工字钢之间为两片相对的曲折钢板，形成钢箱式变形装置，详见图 6.1.27、图 6.1.28 所示。

与一般地下室的常规后浇带相比，带钢板（钢箱）变形装置的后浇带的优点在于：

（1）后浇式变形装置是一个钢－混凝土混合构件，该变形装置充分利用钢结构可变形的特性，让曲折形钢板形成可轻微变形的消能带，可以有效吸收后浇带两侧的混凝土结构收缩变形所产生的能量，从而减小混凝土结构的内应力和应力集中；

（2）后浇式变形装置能让混凝土结构较充分地变形，大大减小了结构内的应力，甚至可作为长期的变形缝和耗能带；

（3）后浇式变形装置中设有的曲折形钢板，又起到了彻底止水的作用，施工时，后浇式变形装置可以方便地置于混凝土侧墙或楼板中，形成名副其实的分缝式消能带，同时又能很好地止水；

（4）施工方便，效率高，解决了后浇带影响施工工期的矛盾，通过合理安排施工工序，大大缩短了工期。由于后浇带有曲折形钢板封口，当用于楼板后浇带时，施工时，在后浇带封闭之前，曲折形钢板可以有效阻挡楼层之间的沙石、水等的泄漏，因此，在制作后浇带时，各楼层可以同时施工，互不干扰，大大提高了施工的进度，从而缩短了工期；

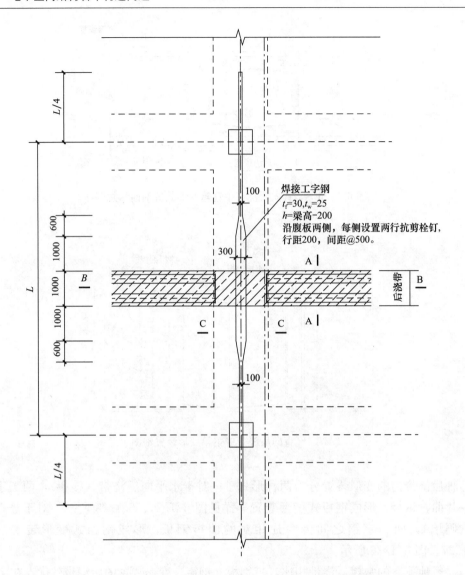

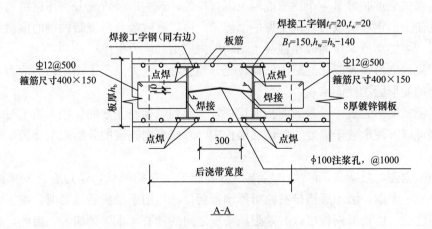

图 6.1.28　楼板后浇带钢板变形装置（一）

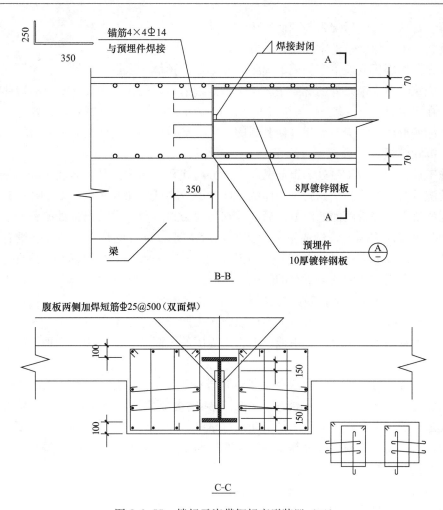

图 6.1.28 楼板后浇带钢板变形装置（二）

当用于地下室侧墙的后浇带时，在后浇带封闭之前，曲折形钢板就可以起到彻底止水的作用。此外，在拆除模板的同时就将侧墙周围的土回填，避免了施工拥挤现象，同时也缩短了工期。

6.1.4 地下结构后浇带钢箱（板）变形装置技术的推广与应用

本项技术已申请并获得国家发明专利，其专利名称为"一种后浇式变形装置及其施工方法"（专利号：200710028019）。

6.1.4.1 背景技术

常规的楼面或地下室侧墙施工是每间隔 50m 左右来分后浇缝。地下室的侧墙分后浇缝的间距有时会更小一点。通常，分缝时需要在后浇缝两侧加设止水钢板 1，并以钢丝网 2（又称为"快易收口网"）做为后浇带两侧的端面模板，形成 600～1000mm 宽的后浇带。在浇筑后浇带之前，上述钢丝网作为后浇带的结构框架，但其刚度不高，且网上有孔，当先浇筑后浇带两侧的混凝土 8 时容易产生漏浆，导致后浇带两侧靠近钢丝网 2 的混凝土的密实度不够，从而影响后浇带与两侧墙体结合处的强度，存在安全隐患。

现有技术中，后浇带的常规施工步骤为：

（1）先制作楼板或地下室侧墙的模板、扎钢筋、预埋止水钢板，做好钢丝网；

（2）浇筑除后浇带以外的混凝土，后浇带两端的钢丝网作为先浇混凝土的端部模板；

（3）在规定时间（一般 1～2 个月）后，再浇筑后浇带处的混凝土，即要等楼板或侧墙充分收缩变形后，再浇筑后浇缝使其封闭，完成浇筑后的后浇缝则成为结构的一部分；

（4）拆除模板。

在施工过程中，后浇带处的钢筋又分为不分离式和分离式两种：后浇带处的钢筋 3 可以是与后浇带两侧的钢筋至始就是一体的，即为不分离式（参见图 6.1.8、图 6.1.9）；还可以是在浇筑完后浇带两侧的混凝土后、并在后浇带封闭前，将后浇带处的钢筋后焊接上去，此为分离式。实际上，做成不分离式时，后浇带的受力也是有限的，并没有实质意义。并且，当做成分离式时，工序复杂，耗费大量时间和人力，增加成本，而且造成了后浇带对两侧混凝土结构的约束更小的缺陷。

综上，现有技术中对后浇带进行分缝的不足之处在于：

（1）拆模时间通长要一个月以上，严重影响工期；

（2）地下室侧墙有后浇缝，不能马上将其周围的土回填，造成施工场地严重拥挤，延长了施工工期；

（3）后浇带的分缝处无法形成薄弱带（消能带），由于其刚度过大，无法较好地吸收楼板或墙体的收缩变形所产生的能量，则要等到楼板或侧墙充分变形后才可将后浇带封闭，大大延长了工期；有时甚至为赶工期而过早将后浇带封闭，仅起到减少混凝土结构早期收缩的效果，而不能彻底解决其日后收缩变形而易产生裂纹的实质性问题。

6.1.4.2　发明内容

本发明的目的是提供一种后浇式变形装置，该变形装置结构简单，可在后浇带形成一个良好的消能带，且施工方便，大大缩短工期。

本发明的技术方案可以用以下的技术措施来实现，一种后浇式变形装置，其特征在于包括二工字钢和至少一个曲折形钢板，二工字钢的腹板相平行，且二者的"工"字端面相对齐，所述的曲折形钢板位于二工字钢之间，其二直边分别固定在二工字钢的腹板上。

由于混凝土结构的抗拉（收缩）能力差，相反，其抗压能力强，而本发明方案中设有的曲折形钢板可轻微变形，进而可以有效吸收后浇带两侧的混凝土结构的收缩变形所产生的能量。当所述的后浇式变形装置仅设有一个曲折形钢板时，特别适合于楼板的后浇带制作。

曲折形钢板沿其中心线弯折，由互成角度的两个面所组成。夹角的大小由结构的实际温度变形量来确定；该变形装置，还可以是包括二工字钢和二曲折形钢板，构成箱式结构：二曲折形钢板折角的开口相对，且二曲折形钢板的直边均与其两侧的二工字钢的腹板相固定；所述的二曲折形钢板、二工字钢的腹板分别构成箱式结构的四个侧面。上述包括了二曲折形钢板的箱式的后浇式变形装置特别适合于地下室侧墙后浇带的制作。

另外，所述的二工字钢的腹板外侧设有多个箍筋，箍筋垂直固定于腹板外壁，并沿工字钢的长度方向间隔布置；箍筋的其中一条边与工字钢的腹板外壁固定，且箍筋的矩形框所在的平面与工字钢的端面平行。由于工字钢上固定有间隔排列的箍筋，使工字钢与浇筑后的侧墙/楼板中的混凝土的连接更加牢固。

该变形装置为分段式结构：在沿平行于工字钢端面的方向断开为至少两段，相邻两段之间留有间隔，并且在断开处的相邻工字钢端面上分别固定有封口钢板。此结构适用于楼板后浇带的制作，特别适用于如下情况：当后浇带与框架梁相交叉干涉时，让后浇带在与梁干涉处断开，即被框架梁分成两段。封口钢板的设计使后浇带变形装置内的空间与梁彻底隔离，方便施工。

封口钢板上固定有用来与框架梁内的钢筋相连的锚筋，锚筋的一端固定在封口钢板上，另一端向外伸出。锚筋为"L"形，其折边向外伸出，此设计能让锚筋更好地与梁固定。

该后浇式变形装置的施工方法，其具体包括如下步骤：

（1）制作模板，扎钢筋，同时，制作后浇式变形装置：将工字钢与曲折形钢板固定好后，预埋后浇式变形装置，使工字钢的翼缘与模板平行，然后将后浇式变形装置的工字钢与扎好的钢筋相固定；

（2）浇筑除后浇带以外的混凝土；

（3）一周至两周（7～14d）后，待后浇带两侧的混凝土达到一定强度后，浇筑后浇带的混凝土；

（4）一周至两周（7～14d）后便可拆除模板。

上述的步骤（1）中，固定工字钢与曲折形钢板时，同时在工字钢的腹板外壁上固定间隔布置的箍筋。工字钢与曲折形钢板之间、工字钢与箍筋之间、工字钢与钢筋之间，均为焊接固定。

本发明利用钢—混结构的原理，在楼板或地下室分缝处设置后浇式变形装置，施工时，将后浇带变形装置先在工厂加工完成，然后在分缝处将其放置在楼板或地下室侧墙内，便形成一道可变形的后浇带。在浇筑完后浇带两侧的混凝土后，仅需要在一周左右就可以浇筑后浇带，大大缩短了工期。

6.1.4.3 与现有技术相比，本发明的优点

（1）该后浇式变形装置是一个钢—混凝土混合结构，该变形装置充分利用钢结构可变形的特性，让曲折形钢板形成可轻微变形的消能带，可以有效吸收后浇带两侧的混凝土结构收缩变形所产生的能量，从而大大减小混凝土结构的内应力和应力集中区；

（2）该后浇式变形装置能让混凝土结构较充分地变形，大大减小了结构内的应力，甚至可作为长期的变形缝和耗能带；

（3）后浇式变形装置中设有的曲折形钢板，又起到了彻底止水的作用，施工时，后浇式变形装置可以方便地置于混凝土侧墙或楼板中，形成名副其实的分缝式消能带，同时又能很好的止水；

（4）施工方便，效率高，解决了后浇带影响施工工期的矛盾，通过合理安排施工工序，大大缩短了工期。由于后浇带有曲折形钢板封口，当本发明用于楼板后浇带时，施工时，在后浇带封闭之前，曲折形钢板可以有效阻挡楼层之间的沙石、水等的泄漏，因此，在制作后浇带时，各楼层可以同时施工，互不干扰，大大提高了施工的进度，从而缩短了工期；当本发明所述的变形装置用于地下室侧墙的后浇带时，在后浇带封闭之前，曲折形钢板就可以起到彻底止水的作用，即有效阻止侧墙外的水流入地下室内。此外，在拆除模板的同时就将侧墙周围的土回填，避免了施工拥挤现象，同时也缩短了工期。

6.1.4.4　推广应用示例

【实施例1】

本发明的实施例1如实施例图1～4所示，本实施例中所述的后浇式变形装置是专门适用于地下室侧墙的后浇式变形装置，该后浇式变形装置的施工方法，其具体包括如下步骤：

（1）制作地下室侧墙的模板7a、7b，二模板7a、7b分别位于侧墙两侧，扎钢筋3，钢筋3是纵横交错布置的；同时，制作箱式结构的后浇式变形装置：将工字钢4a、4b与曲折形钢板5a、5b焊接固定，使二工字钢4a、4b的腹板41相平行，且二者的"工"字端面相对齐，二曲折形钢板5a、5b位于二工字钢4a、4b之间，曲折形钢板5a、5b沿其中心线弯折，分别由互成角度的两个面所组成。二曲折形钢板5a、5b折角的开口相对，且二曲折形钢板5a、5b的直边均与其两侧的二工字钢4a、4b的腹板41相焊接固定；二曲折形钢板5a、5b、二工字钢4a、4b的腹板41分别构成箱式结构的四个侧面；并在工字钢4a、4b的腹板41外壁上焊接固定间隔布置的多个箍筋6，箍筋6为一矩形框，由一根钢筋弯折后首尾相接而成，箍筋6的其中一条边与工字钢4a、4b的腹板41外壁固定，且箍筋6的矩形框所在的平面与工字钢4a、4b的端面平行，并沿工字钢4a、4b的长度方向间隔布置；

然后将后浇式变形装置预埋于模板7a、7b内，使工字钢4a、4b的翼缘42与侧墙的模板7a、7b相平行，再将后浇式变形装置的工字钢4a、4b与扎好的钢筋3相焊接固定实施例（图3所示的立体结构示意图中，简画了侧墙内的钢筋3）。

此外，在工字钢4a、4b的翼缘42与模板7a、7b之间还布置有止水木方14；

（2）浇筑除后浇带以外的混凝土8；

（3）一周至两周（7～14d）后，待后浇带两侧的混凝土达到一定强度后，浇筑后浇带的混凝土；

（4）一周至两周（7～14d）后拆除模板7a、7b，并将侧墙外围的回填土进行回填。

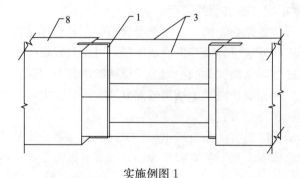

实施例图1

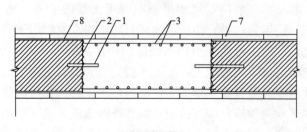

实施例图2

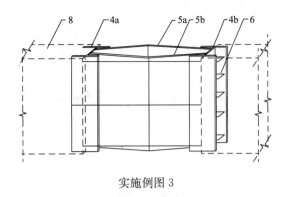

实施例图 3

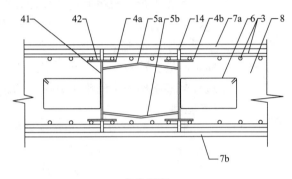

实施例图 4

【实施例 2】

本发明的实施例 2 如实施例图 5、实施例图 6 所示，本实施例中所述的后浇式变形装置是专门适用于楼板的后浇式变形装置，该后浇式变形装置的施工方法与实施例 1 所不同的是，后浇式变形装置仅包括一个曲折形钢板 5。

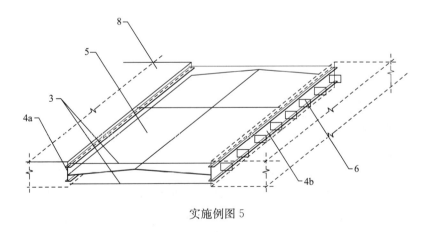

实施例图 5

相应地，在步骤（1）中，制作楼板的模板 7，模板 7 位于楼板下方，制作后浇式变形装置时，将工字钢 4a、4b 与曲折形钢板 5 固定，曲折形钢板 5 的二直边与其两侧的二工字钢 4a、4b 的腹板 41 相焊接固定，且曲折形钢板 5 的折角开口朝下；将后浇式变形装置

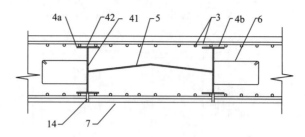

实施例图 6

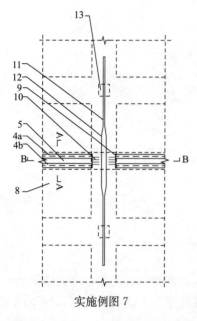

实施例图 7

预埋于模板 7 内，使工字钢 4a、4b 的翼缘 42 与楼板的模板 7 相平行，再将后浇式变形装置的工字钢 4a、4b 与扎好的钢筋 3 相焊接固定（实施例图 5 所示的立体结构示意图中，简画了楼板内的钢筋 3）。步骤（4）中，一周至两周（7～14d）后拆除模板 7。制作后浇带的其他过程与实施例 1 中的施工方法相同。

【实施例 3】

本发明的实施例 3 如实施例图 7～10 所示，本实施例中所述的后浇式变形装置是专门适用于楼板的后浇式变形装置，与上一个实施例所不同的是，后浇带变形装置为分段式结构：变形装置在沿平行于工字钢 4a、4b 端面的方向断开为两段，相邻两段之间留有间隔，并且在断开处的相邻二工字钢 4a、4b 端面上固定有封口钢板 9。本实施例特别适用于如下情况：当后浇带与框架梁 11 相交叉干涉时，让后浇带在与框架梁 11 干涉处断开，即被框架梁 11 分成两段。封口钢板 9 上固定有"L"形锚筋 10，锚筋 10 的一端固定在封口钢板 9 上，其设有折边的另一端向外伸出，并与框架梁 11 内的钢筋固定。

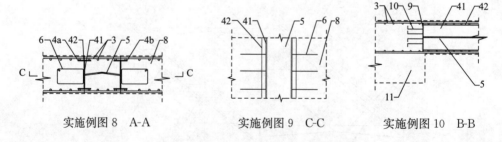

实施例图 8　A-A　　　　实施例图 9　C-C　　　　实施例图 10　B-B

上述的后浇式变形装置的施工方法，与实施例 2 所不同的是，在步骤（1）中，在制作后浇式变形装置时，做成两段，在断开处的相邻二工字钢 4a、4b 端面上焊接固定封口钢板 9，并在封口钢板 9 的外壁上焊接有"L"形锚筋 10，将上述两段变形装置预置在框架梁 11 的两侧，将锚筋 10 上设有折边地伸出一端与框架梁 11 内的钢筋固定。其他与实施例 1 中的施工方法相同。制作后浇带的其他过程与实施例 2 中的施工方法相同。

此外，在对与后浇带相干涉的框架梁 11 施工时，也要进行相应处理：在与后浇带相干涉的区域，在框架梁 11 内加设一段型钢 12，如工字钢，即做成型钢梁，拆模后靠型钢代替混凝土承重，加强了框架梁 11 的抗变形能力。在框架梁 11 的两侧分别通过封口钢板 9 将后浇式变形装置封闭，封口钢板 9 作为预埋件，大大加强了框架梁在后浇带的抗温度变形能力。框架梁 11 内的型钢在遇到立柱 13 时，其截面将相应变窄，直至该型钢 12 地伸出端端部。型钢 12 截面变窄的目的是为了适应立柱 13 的截面比框架梁 11 小的要求，让型钢 12 能顺利穿过立柱 13，从而加强框架梁 11 与立柱 13 的连接，同时也能保证立柱内的竖向钢筋能上下贯通。

6.2 平板结构

楼盖形式常用的有梁板组成的肋形楼盖和无梁平板楼盖。平板结构最大优点是它所占有的结构空间高度在所有体系中是最小的，而且施工方便。常见的平板结构按照柱帽形式可分为明柱帽平板结构和暗柱帽平板结构，此外预应力平板结构、密肋板结构以及空心板结构也在实际工程中有一定的运用。其中，预应力平板已多年应用，效果不错，但其缺点是在人防工程、楼梯和电梯井因混凝土结构筒体等竖向支承构件对平面约束时，预应力的不均匀分配，产生不少次裂缝，特别是在不规则结构里，应力集中现象常出现，带来了无谓的渗漏问题，有时侧墙也因预应力过多产生了裂缝。

（1）明柱帽

柱帽也称柱托板，在板柱-剪力墙结构采用无梁板构造时，可根据承载力和变形要求采用无柱帽板或有柱帽（柱托）板形式。柱帽提高板的承载能力、刚度和抗冲切能力。

当结构顶板为填土路基，可设置明柱帽，亦可按照建筑造型在柱顶板底设置明柱帽。

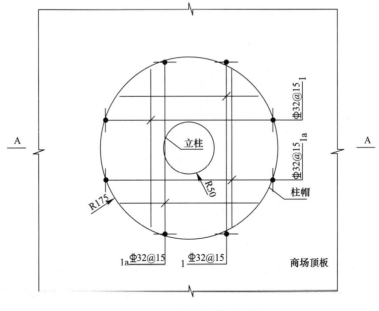

图 6.2.1　柱帽钢筋平面图

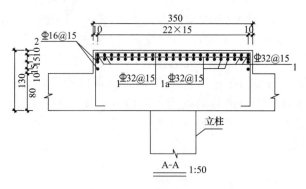

图 6.2.2　柱帽钢筋剖面图

（2）暗柱帽

当板的上下面受设计条件控制不能上凸或下凸时，需在结构板中通过设置增强钢筋的方法设置暗柱帽，以提高板的承载能力、刚度和抗冲切能力。

在广州珠江新城花城广场项目中，我们采用了一种新型柱帽结构—无梁楼盖内置环式型钢剪力键板柱节点技术，解决了大跨度结构大负载的问题。具体计算及做法见本节工程实例。

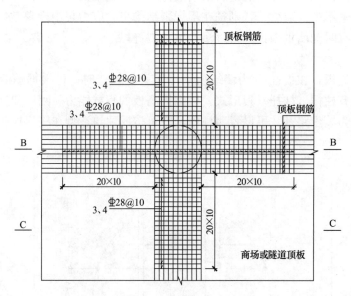

图 6.2.3　柱顶加强钢筋平面图

（3）空心板

将板的横截面做成空心的板称为空心板。空心板较同跨径的实心板重量轻，运输安装方便，建筑高度又较同跨径的 T 梁小。空心板中间挖空形式多种多样。与传统技术相比较，可节省混凝土量，降低综合造价。

空心板经济美观，也可结合预应力使用，但其缺点是漏水时难查出漏点，补强难以彻底。在广州市珠江新城核心区市政交通项目中我们采用了一种新型空心钢管混凝土楼板结构，详细计算及做法见 7.4 节。

工程实例：无梁楼盖内置环式型钢剪力键板柱节点技术

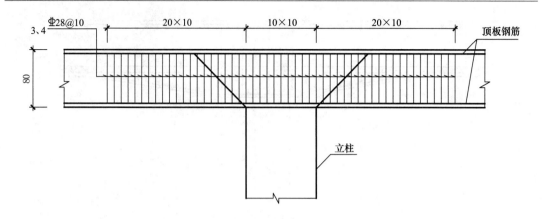

B-B（立柱与商场顶板相交节点）
1:50

图 6.2.4　立柱与商场顶板相交节点钢筋剖面图

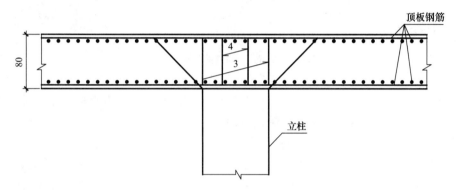

C-C（立柱与商场顶板相交节点）
1:50

图 6.2.4　立柱与商场顶板相交节点钢筋剖面图

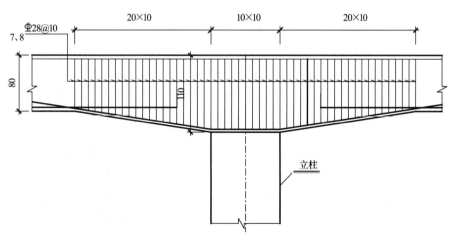

B-B（立柱与隧道顶板相交节点）
1:50

图 6.2.6　立柱与隧道顶板相交节点钢筋剖面图

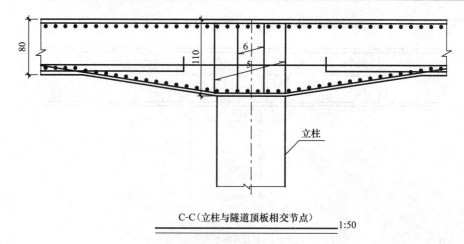

图 6.2.7 立柱与隧道顶板相交节点钢筋剖面图

6.2.1 工程背景

（1）花城广场地下空间结构顶板所面对的工程问题

大量的工程实践证明，在竖向荷载较大情况下（如覆土较厚的地下室顶板等），无梁楼盖结构体系具有较好的性价比，是一种较理想的结构形式。其中平板无梁楼盖（无柱帽无梁楼盖）因其平整美观、施工方便等优点而广受青睐。

花城广场地下空间的大部分柱网尺寸为 8.4m×8.4m，地面部分为市民广场，结构顶板以上设有覆土绿化、人造水面等。负一层顶板承受覆土厚度普遍为 1.2～1.5m，局部景观山坡高度达 5.2m，覆土恒载范围在 23.6～93.6kN/m²，大大超出普通楼面附加恒载 1.5kN/m² 的 16～62 倍左右。在活荷载方面，地面要考虑消防车荷载与景观种植荷载，活荷载主要为 10kN/m² 与 16kN/m²。对兼顾人防（常 6 级）要求的部分，还要考虑相应的人防荷载约为 30kN/m²。因此整个楼盖结构所受的荷载特别大。通过对普通肋梁结构、无梁楼盖结构以及预应力楼盖体系进行比较分析，同时根据建筑空间的要求，最终选择无柱帽无梁楼盖结构作为本工程顶板的主要受、传力体系。

在无梁楼盖的计算分析过程中，由于顶板的荷载大，板跨跨度较长，因此在板-柱连接部位剪力非常巨大。根据计算结果，无柱帽无梁楼盖典型板-柱连接节点部位冲切力标准值约为：$PD=3500kN$，$PL=1500kN$，$PR=2500kN$。但是，作为普通平板无梁楼盖，因缺少外凸柱帽（明柱帽），而且受建筑、设备的顶板构件尺寸大小的限制（不超过 800mm），板-柱连接部位的抗冲切承载力大为降低，从而使其在本工程中的应用受到较大限制。因此如何满足板-柱的抗冲切承载力的要求成为本工程中无梁楼盖设计的关键。

（2）上述问题的结构解决方案——无梁楼盖内置环式型钢剪力键板柱节点技术

针对节点冲切承载力的问题，花城广场地下空间的负一层顶板（中心区域除外）结构设计中采用了无梁楼盖板内置环式型钢剪力键的新型钢筋混凝土板柱节点。

1）节点构造及布置

这种节点的基本构造如图 6.2.8～6.2.10 所示：为加强型钢与混凝土的咬合作用，在键臂腹板上沿一定间距加焊了短筋，并在键臂端部设置端板；为增强剪力键与柱的连接，同时提高节点的抗震延性，在剪力键中心设置了角钢插件伸入柱内，伸入长度宜稍大于柱顶箍筋加密区高度；键臂型钢的高度取值以保证其保护层厚度（70～100mm）为前提。

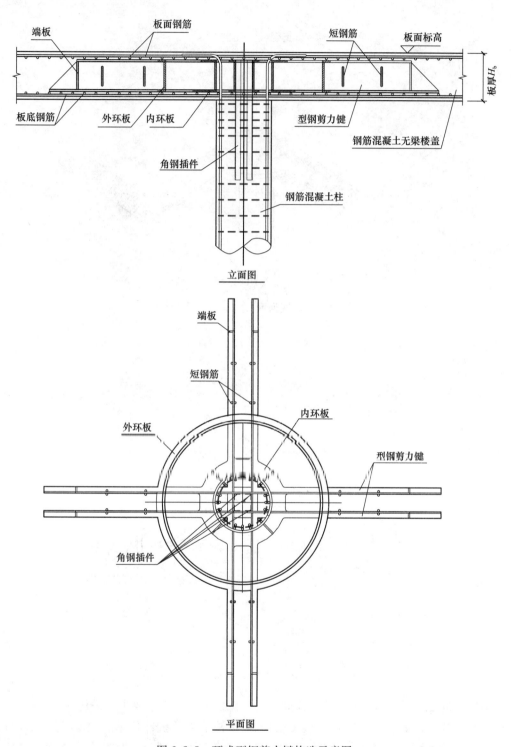

图 6.2.8　环式型钢剪力键构造示意图

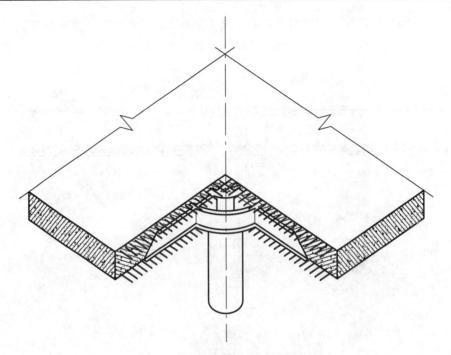

图 6.2.9　环式型钢剪力键轴测示意图 1

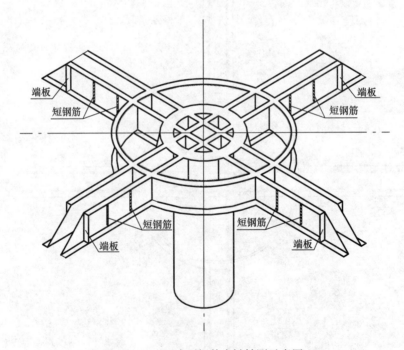

图 6.2.10　环式型钢剪力键轴测示意图 2

根据《混凝土结构设计规范》GB 50010—2002 第 7.7.3 条要求，采用在板-柱连接部位设置有效的型钢剪力键，提高平板无梁楼盖板-柱节点的抗冲切承载力。同时在设计过程中对传统的型钢剪力键节点提出了加强及改善措施，从而进一步提高了平板无梁楼盖板-柱节点的抗冲切承载力。型钢剪力键在顶板结构中的典型布置如图 6.2.11 所示。该节点设计在兼顾多方因素并提高节点抗冲切承载力的设计上取得了良好的效果。

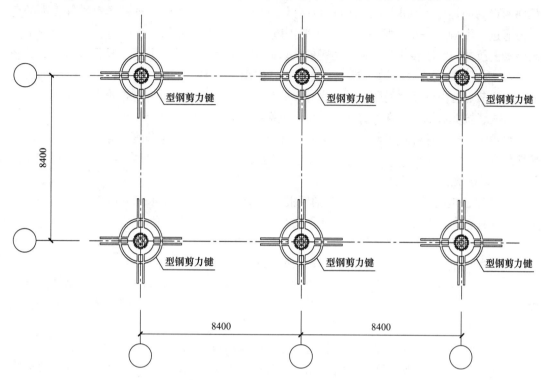

图 6.2.11　环式型钢剪力键平板无梁楼盖的典型结构平面布置图

2）该新型节点的抗冲切原理

对于通常的平板无梁楼盖的抗冲切问题，《混凝土结构设计规范》GB 50010—2002 第 7.7.3 条给出了两种方法——配置箍筋或弯起钢筋。但上述两种方法均受到配筋量限制以及钢筋混凝土节点抗冲切承载力上限 $F_1 \leqslant 1.05 f_t \eta u_m h_0$ 的限制，《混凝土结构设计规范》GB 50010—2002 中也提议：当有可靠依据时，也可配置其他有效形式的抗冲切钢筋（如工字钢、槽钢、抗剪锚栓和扁钢 U 形箍等，但没有具体的计算要求。而美国钢筋混凝土房屋建筑规范（ACI92，以下简称 ACI）中则提到了另一种方法——通过在节点内设置型钢剪力键来提高节点的抗冲切承载力。然而，ACI 规范对该法也提出了承载力上限的限制：

$$V \leqslant 0.6\phi \sqrt{f_c'}\, u_m h_0 \,.$$

为了突破上述各种承载力上限的瓶颈，首先需理解其意义——均出于确保钢（钢筋）与混凝土协同受力、共同承担剪应力的考虑，因而需控制节点区内砼所分担的剪应力（实则为混凝土的拉应力）不能太大——从而有了上述各种承载力上限的规定。但换一角度，若作为附加抗剪措施的剪力键本身已能承担足够多（甚至是全部）的剪力，且确实存在足够可靠的途径让节点区内混凝土的剪应力传递至剪力键中，从而将混凝土的负担减小至可接受的范围内，那么，理论上，节点的抗冲切承载力是可以不受上述上限的制约的。

为了实现以上目的，必须满足两个条件：①型钢剪力键足够刚强、②在混凝土与剪力键之间有可靠的传力途径。剪力键是否足够刚强，可通过加大型钢的截面（尤其是键臂腹板的厚度）来实现，因此型钢剪力键的关键还在于如何提供可靠的传力途径。

为了把节点区内混凝土的剪力传递至型钢剪力键中，我们把常规的井字形型剪力键的相邻两键臂间加设了圆形环板及腹板，该做法的目的是：将环板从属范围内混凝土中的剪应力通过"混凝土→钢环板→钢腹板→剪力键键臂→柱"的路径传递到柱上，从而把节点区混凝土抗冲切问题转化为型钢剪力键的抗剪问题。若节点范围再扩大（柱网较大或荷载较大时），则可考虑再增加一道环板——外环板（如图6.2.10所示）。另外，为了提高剪力键的型钢与节点区内混凝土的联系，可在键臂的腹板、环板的腹板等部位，设置一定密度的抗剪栓钉或者抗剪短钢筋，在键臂端部还可设置端板；为了加强节点与柱的连接，可在节点中心设置角钢插件，插件顶部与型钢剪力键焊接，下方插入柱内一定长度（建议≥柱顶箍筋加密区长度）；为节省钢材，键臂的端部因受力（主要是剪力）较小，可做成30°~60°的切角。

3）该新型节点技术优点

无梁楼盖板内置环式型钢剪力键的钢混凝土板柱节点，其技术优点在于：

① 型钢剪力键的设置可显著的提高板-柱节点的抗冲切承载力；

② 加设环板的剪力键，其传力途径更充分，更可靠，更直接，可较大幅度的减小节点区内混凝土的剪应力，从而提高节点冲切承载力；

③ 加设双环板的剪力键，可扩大板-柱节点的外冲切锥体的范围，从而减小节点区外围混凝土所承担的剪应力，从而提高节点冲切承载力，适用于节点范围较大（柱网较大或荷载较大）的情况；

④ 加设双环板的剪力键，可显著提高无梁楼盖的抗弯刚度，减小板跨中挠度；

⑤ 加设双环板的剪力键，其内、外环板的间距应适当取值，过小则外环板的效应发挥不充分，过大则有可能在两环板间出现砼被剪坏的情况。建议取净距 $\Delta \approx h_0$。

6.2.2 无梁楼盖内置环式型钢剪力键板柱节点的计算分析

（1）ABAQUS分析建模

按照结构设计的条件，负一层顶板混凝土强度等级采用C30，负一层柱混凝土强度等级采用C40，型钢采用Q345B钢，板-柱节点的混凝土采用损伤模型实体单元模拟，型钢采用壳单元模拟。另外，为了考虑最不利的混凝土损伤状况，在计算过程中使混凝土损伤加快加大，在模型中忽略了钢筋的影响（注：关于裂缝的验算，已在PKPM整体计算中取节点最大弯矩按所配面筋计算满足），从而剪力键的所受应力比实际情况有所增大，所以只要现有模型计算结果满足规范要求，加钢筋的情况将自动满足。由于在计算结果中比较有参考价值的参数分别是位移，型钢应力，混凝土损伤情况。边跨无配剪力键的情况，因此计算过程中也不考虑边跨的情况。

钢材模型：钢材的弹塑性分参数见图6.2.12

	Young's Modulus	Poisson's Ratio		Yield Stress	Plastic Strain
1	200000	0.3	1	345	0
			2	470	0.025

图6.2.12 钢材按塑性本构参数（单位 N、mm）

混凝土模型：采用弹塑性损伤模型，可考虑材料拉压强度的差异，刚度强度的退化和拉压循环的刚度恢复。例如 C40 混凝土采用的参数如下定义：

```
* Material，Name＝C40
* Elastic
32500,    0.2
* Density
2.5e-9
* Damping，alpha＝0.0
* CONCRETE DAMAGED PLASTICITY
25
* Concrete compression hardening
18.760,     0
26.800,     0.000764814
16.9097,    0.00265856
10.4699,    0.00444614
7.37884,    0.00613068
5.65007,    0.0077733
4.56241,    0.0093962
3.81983,    0.0110085
3.28234,    0.0126144
2.87602,    0.0142164
* CONCRETE COMPRESSION DAMAGE
0       ,   0
0.01    ,   0.000764814
0.369042,   0.00265856
0.600301,   0.00444614
0.72467,    0.00613068
0.823245,   0.0077733
0.877128,   0.0093962
* Concrete tension stiffening
2.868,      0
2.390,      0.0000309422
1.26367,    0.000170079
0.815537,   0.000288349
0.615229,   0.000398993
0.501733,   0.000506966
0.42808,    0.000613712
0.376039,   0.000719794
0.337082,   0.000825474
0.306681,   0.00093089
```

0.101338,　0.00417611

* Concrete tension damage

0　　　　,　0

0.01　　,　0.0000309422

0.471266,　0.000170079

0.658771,　0.000288349

0.742582,　0.000398993

0.836523,　0.000506966

计算方法采用 Explicit（显式）计算；加载方式在自重下变形后，其他荷载按线性加载（从 0 加载到设计荷载）。

（2）单环板型钢剪力键计算分析

1）截面尺寸

混凝土部分：板-柱节点受荷面积为 8400mm×8400mm，顶板厚 700mm；柱为圆钢管柱，在板的正中间，直径为 850mm，钢管厚取 20mm。

型钢部分：剪力键高度为 500mm，型钢上下混凝土层厚均为 100mm；上环板径向宽度 200mm，下环板径向宽度 350mm；工字型钢从柱边伸出 1200mm，宽×高为 300mm×500mm；横向板厚度均取 25mm，竖向板（或加劲肋）均取 15mm。

2）荷载取值

荷载均为竖向荷载。恒载（不包括自重）为 32kN/m²，活载为 20kN/m²，按 1.35 恒＋0.98 活算得应加的楼板上的均布荷载为 62.8kN/m²，柱所受的集中力为 20000kN，转化成实体模型柱上均布荷载为 20000/（3.14×0.85×0.85×0.25）＝35263kN/m²。

3）计算模型

ABAQUS 整体模型如图 6.2.13：

（a）　　　　　　　　　　　　　　　　（b）

图 6.2.13　单环板型钢剪力键整体模型

（a）混凝土实体模型图；（b）型钢剪力键壳模型图

由对称关系取出 1/4 模型计算，四周加对称边界，计算模型如图 6.2.14：

4）位移计算结果

最大位移数值达 13.57mm，挠度为 13.57/8400＝1/619＜1/200，满足规范要求。

5）应力计算结果（MISES 负值为压，正值为拉）：

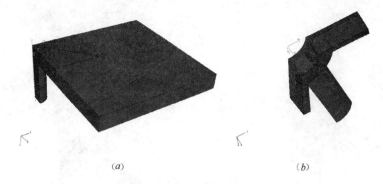

图 6.2.14　1/4 单环板型钢剪力键整体模型

（a）1/4 混凝土实体模型图；（b）1/4 型钢剪力键壳模型图

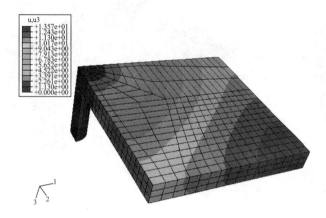

图 6.2.15　混凝土位移计算结果

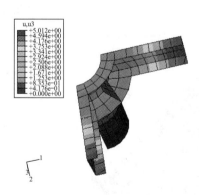

图 6.2.16　型钢剪力键位移计算结果

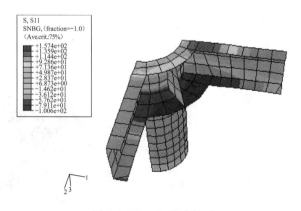

图 6.2.17　S_{11} 应力结果

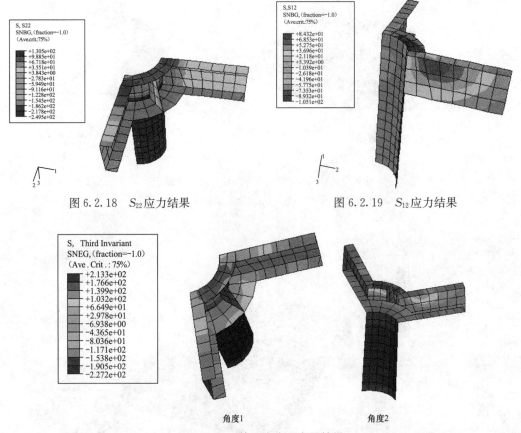

图 6.2.18　S_{22} 应力结果　　　　　　图 6.2.19　S_{12} 应力结果

图 6.2.20　第 3 应力不变量结果

由以上各图结果可知，拉压应力中，1 方向最大应力 σ_{11} 为 157.4N/mm²，2 方向最大应力 σ_{22} 为 130.5N/mm²，均小于 Q345 钢抗拉压强度设计值 295N/mm²，而剪应力 τ_{12} 最大值为 105.1N/mm²，小于 Q345 钢抗剪强度设计值 170N/mm²；最大屈服压应力（负值）发生在板下面钢混凝土柱壁，其数值达 227.2N/mm²＜295N/mm²；最大屈服拉应力（正值）发生在型钢上翼缘环板，数值达 212.2N/mm²＜295N/mm²；均处于弹性范围，满足规范要求。

6）混凝土损伤结果

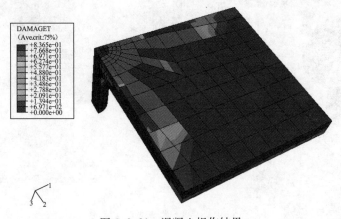

图 6.2.21　混凝土损伤结果

由上图可见，板面放射性的红色区域，其形状如同型钢形状的扩散，混凝土受拉刚度已退化了近百分之九十，此区域内的混凝土受拉已退出了工作，由型钢承受大部分作用力。

7）分析结论

综上所述，混凝土板内由工字型，竖板和环板组成的型钢剪力键，下环板承受了下面柱的冲切力，相当于将底部支座向外扩移，从而减少了竖向位移；从混凝土损伤情况来看，型钢附近混凝土退出工作，型钢承受更大的作用力；从整体上起到了抗冲切和整体抗弯的作用。

（3）双环板型钢剪力键计算分析

1）截面尺寸

混凝土部分：板-柱节点受荷面积为8400mm×8400mm，顶板厚800mm，柱为圆钢管柱，在板的正中间，直径为850mm，钢管厚取20mm。

型钢部分：剪力键高度为600mm，型钢上下混凝土层厚均为100mm；内环板上径向宽度为200mm，内环板下径向宽度为300mm，外环板上、下径向宽度均为100mm；"〔"字型钢在节点外形成"井"字形（模型只取1/4），下翼缘宽80mm，从柱边伸出1550mm，相近两型钢之间的净距为220mm；钢板厚度均取25mm。

2）荷载取值

荷载为竖向荷载。作用在直径为1200mm的橡胶支座面上，其位置是圆边偏离中心对称轴线100mm（参见下面模型图表面圆形区域），大小为4000kN/m²。

3）计算模型

由对称关系取出1/4模型计算，四周加对称边界，ABAQUS计算模型图如下：

图6.2.22　1/4混凝土实体模型图　　　　图6.2.23　1/4型钢剪力键壳模型图

4）位移计算结果

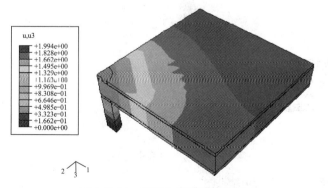
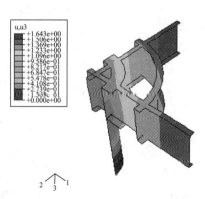

图6.2.24　混凝土位移计算结果　　　　图6.2.25　型钢剪力键位移计算结果

最大位移数值才 1.99mm，挠度为 1.99/8400＝1/4200＜1/200，满足规范要求。

5）应力计算结果（MISES 负值为压，正值为拉）：

全部型钢应力图：

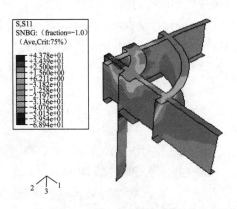

图 6.2.26　S_{11} 应力结果

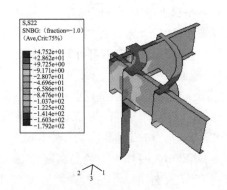

图 6.2.27　S_{22} 应力结果

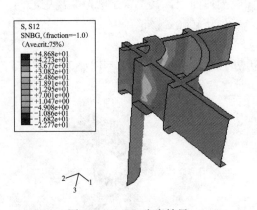

图 6.2.28　S_{12} 应力结果

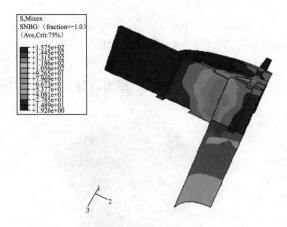

图 6.2.29　Mises 应力结果

剪力键应力图：

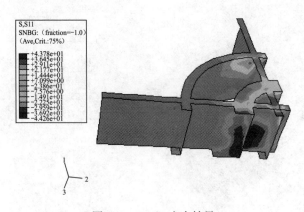

图 6.2.30　S_{11} 应力结果

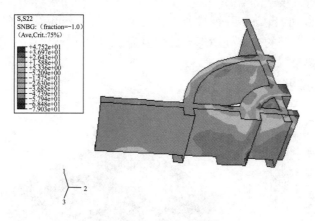

图 6.2.31　S$_{22}$ 应力结果

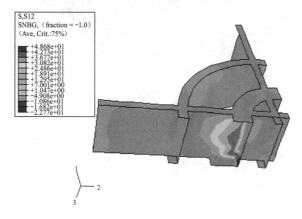

图 6.2.32　S$_{12}$ 应力结果

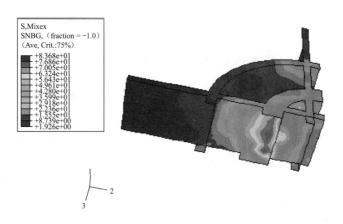

图 6.2.33　Mises 应力结果

　　由剪力键应力图可知，拉压应力中，1 方向最大应力 σ_{11} 为 44.26N/mm^2，2 方向最大应力 σ_{22} 为 79.03N/mm^2，均小于 Q345B 钢抗拉压强度设计值 295N/mm^2，而剪应力 τ_{12} 最

大值为 $49.6N/mm^2$，小于 Q345B 钢抗剪强度设计值 $170N/mm^2$，τ_{12} 和最大屈服应力同发生在内环板与"["型钢的交接处附近，其数值为 $93.682N/mm^2 < 295N/mm^2$；均处于弹性范围，满足规范要求。

6）混凝土损伤结果

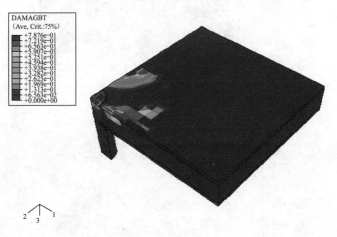

图 6.2.34　混凝土损伤结果

由上图可见，板面接近"["型钢处混凝土受拉刚度已退化，此区域的混凝土受拉大部分退出了工作，由型钢承受大部分作用力。

7）分析结论

综上所述，板内由"]"字型，竖板和环板组成的型钢剪力键，下环板承受了下面柱的冲切力，相当于将底部支座向外扩移，从而减少了竖向位移；从混凝土损伤情况看，型钢附近混凝土退出工作，型钢承受更大的作用力；从整体上起到了抗冲切和整体抗弯的作用。

6.2.3　无梁楼盖内置环式型钢剪力键板柱节点技术的推广与应用

在竖向荷载较大的场合（如覆土较厚的地下室顶板），无梁楼盖是一种较理想的结构形式，其中的平板无梁楼盖因其美观、施工方便等优点而广受青睐。

无梁楼盖的计算分析中，板-柱节点的计算（尤其是冲切承载力验算）是关键之一。而平板无梁楼盖因缺少外凸柱帽（明柱帽），导致其板-柱节点的冲切承载力较低，从而使其应用受到较大的限制。为了解决平板无梁楼盖的抗冲切问题，《混凝土结构设计规范》GB 50010—2002 提出了两种方法——配置弯起钢筋或配置箍筋。但上述两种方法均受到配筋量限制以及钢筋混凝土节点抗冲切承载力上限的限制。而 ACI92 规范中则提到了另一种方法——通过在节点内设置型钢剪力键来提高节点的抗中切承载力。然而，ACI 规范对该法也提出了承载力上限的限制。

为了突破上述各种承载力上限的瓶颈，首先需理解其意义——均出于确保钢（钢筋）与混凝土协同受力、共同承担剪应力的考虑，因而需控制节点区内混凝土所分担的剪应力（实则为混凝土的拉应力）不能太大——从而有了上述各种承载力上限的规定。但换一角度，若作为附加抗剪措施的剪力键本身已能承担足够多（甚至是全部）的剪力，且确实存在足够可靠的途径让节点区内混凝土的剪应力传递至剪力键中，从而将混凝土的负担减小至可接受的范围内，那么，理论上，节点的抗冲切承载力是可以不受上述上限的制约的。

为了实现以上目的，必须满足两个条件：（1）型钢剪力键足够刚强、（2）在混凝土与剪力键之间有可靠的传力途径。这两点正是本文的要点。剪力键是否足够刚强，可通过加大型钢的截面（尤其是键臂腹板的厚度）来实现，故关键在于如何提供可靠的传力途径。

花城广场地下空间的结构设计在应用型钢剪力键提高平板无梁楼盖板-柱节点抗冲切承载力的过程中，对传统的型钢剪力键节点提出了加强及改善措施，从而进一步提高了节点的抗冲切承载力。为了把节点区内混凝土的剪力传递至型钢剪力键中，在常规的井字形型剪力键的相邻两键臂间加设了圆形环板及腹板，将环板的从属范围内混凝土中的剪应力通过"混凝土→钢环板→钢腹板→剪力键键臂→柱"的路径传递到柱上，从而把节点区混凝土的抗冲切问题转化为型钢剪力键的抗剪问题。若节点范围再扩大（柱网较大或荷载较大时），则可考虑再增加一道环板——外环板。另外，为了提高剪力键的型钢与节点区内混凝土的联系，可在键臂的腹板、环板的腹板等部位，设置一定密度的抗剪栓钉或者抗剪短钢筋，在键臂端部还可设置端板；为了加强节点与柱的连接，可在节点中心设置角钢插件，插件顶部与型钢剪力键焊接，下方插入柱内一定长度（建议≥柱顶箍筋加密区长度）；为节省钢材，键臂的端部因受力（主要是剪力）较小，可做成30°～60°的切角。

环板及其腹板在型钢剪力键节点的受力中起了重要作用：增强型钢剪力键的各键臂间的整体性、稳定性；为节点区内混凝土的剪力传递提供可靠的途径；对节点区内的混凝土起到套箍作用，改善了节点内混凝土的受力性状，使节点的承载力不单纯等于混凝土与型钢的简单叠加，而了对节点刚度自身的刚度贡献，以及其套箍腹板对节点混凝土的约束作用，使得节点的抗弯刚度得到显著的提高。

当然，上述所谓"不受限制"的抗冲切承载力仅仅是"理论上"的。实际上，受到型钢允许截面的限制以及规范对型钢保护层厚度、节点含钢率等方面的要求（详见《型钢混凝土组合结构技术规程》JGJ 138—2001，以及节点延性（节点材料不宜长期处于高应力状态）的要求，设置了型钢剪力键的板-柱节点，其抗冲切承载力仍然应该控制在一定范围内的，具体可参考《型钢混凝土组合结构技术规程》JGJ 138—2001 中的相关规定。

可见，这一新型的板柱节点技术具有一定的优势，值得在面对类似工程问题的平板无梁楼盖的设计中推广应用。本项技术已申请并获得国家发明专利，其专利名称为"一种无梁楼盖连接钢筋混凝土柱的环式钢牛腿节点"（专利号：200710028062）。

（1）背景技术

无梁楼盖的主要特点是楼盖板直接支承在柱上，不设主梁和次梁，故具有①在维持同样净空高度时较有梁楼盖有更小的建筑高度，可有效增加层高，更为经济；②平整的天棚，空间感很好，采光、通风及卫生条件都比有梁楼盖好；③模板简单，可节省模板用量和简化施工等优点而常在建筑设计中被采用，特别是常被应用于承重大和楼层高度要求高的工程。但无梁楼盖的结构特点同时也造成了其结构上的弱点，即无梁楼盖完全依靠柱子支承及承重，受力均集中在楼盖位于柱子及其周边的区域，该区域称为板柱节点区，类似于点支承，使得无梁楼盖一是在板柱节点区受剪力较大，容易被柱冲切破坏，成为楼盖板的薄弱环节；二是楼盖板在各柱子之间的跨中区域受弯矩较大，因此楼盖的挠度也会较大。

为了改善楼盖板的受力条件，加强柱对楼盖板的支承作用，一般在每层楼盖与柱的连接的节点处，即每楼层柱的上部设置柱帽（参见图6.2.35（1）），又称柱托，作为楼盖板的支座，增大楼盖板与柱的支承面，避免楼板被柱冲切破坏，同时它也能减少板跨度而减少板的弯矩，并可以增加房屋的刚度。还可以进一步在无梁楼盖与柱的节点处加设十字式或井字式型钢剪力键（参见图6.2.35（2）），以提高楼盖在节点处的抗剪力。另外，配板筋时，将整个楼盖板在纵横两个方向划分柱上板带A和跨中板带B两种区域（参见图6.2.35（3）），柱上板带按梁的配筋设置配筋，使其成为无梁楼盖的暗梁。对于无梁楼盖与钢筋混凝土柱的节点而言，参见图6.2.35（4）、6.2.35（5）所示，楼盖1的板面筋11，穿插在混凝土柱2的柱纵筋21和箍筋22的间隙中，两者交织在一起，在板柱节点区的上下板面筋11中间，设置钢牛腿3，钢牛腿3与相接触的柱纵筋21及板面筋11焊接构成刚性节点架构后，再外包混凝土，因此，它仍存在以下不足之处：

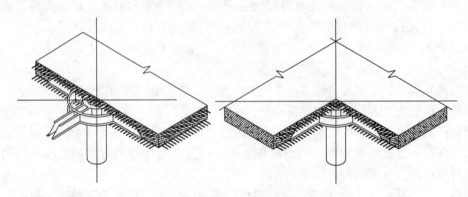

图6.2.35（1） 剖面图

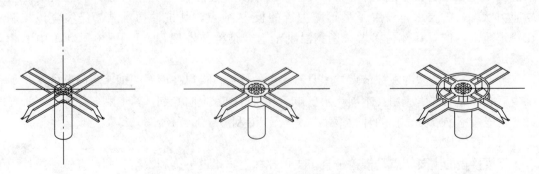

图6.2.35（2） 型钢示意图

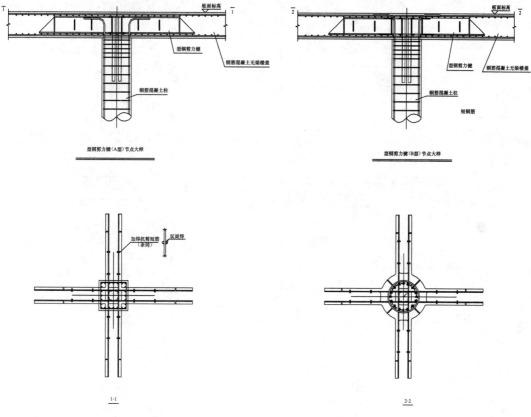

图 6.2.35（3） 型钢节点大样图

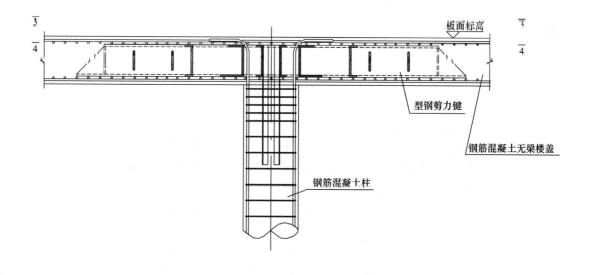

型钢剪力键（C型）节点大样

1:20

图 6.2.35（4） 型钢节点大样图（一）

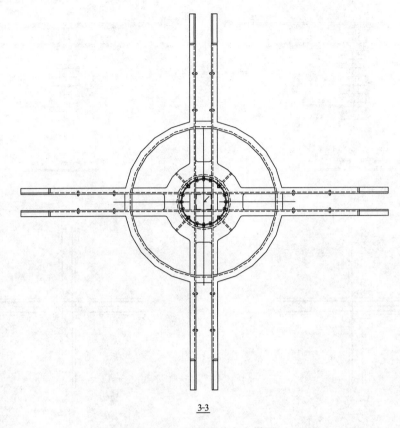

3-3

图 6.2.35（4） 型钢节点大样图（二）

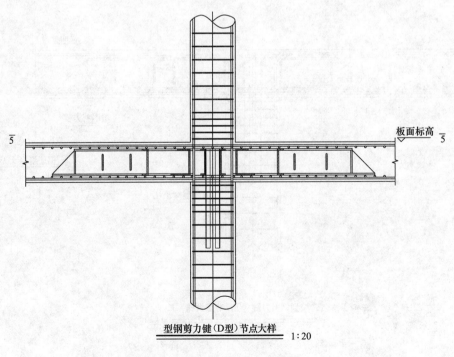

型钢剪力键（D型）节点大样 1:20

图 6.2.35（5） 型钢节点大样图（一）

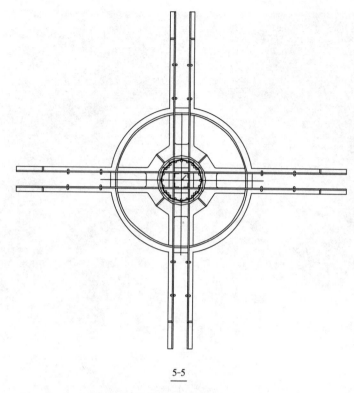

5-5

图 6.2.35（5）　型钢节点大样图（二）

　　1）缺少网状梁支承的无梁楼盖板柱节点的抗剪性能仍然较有梁楼盖的梁柱节点的抗剪性能弱；

　　2）无梁楼盖的板柱节点抗弯能力也较有梁楼盖的梁柱节点更弱，虽然设置了钢牛腿，又称型钢剪力键，会对其抗剪和抗冲切性能有所提高，但对楼盖的抗弯性能的提高和跨中刚度的改善作用不大；

　　3）由于楼盖的挠度较有梁楼盖大，导致楼盖与柱的连接也会随着建筑使用时间的增长而向下竖向位移；

　　4）由于上述缺陷，导致无梁楼盖无法抗拒地震而产生的巨大的柱的冲切力以及弯矩，使无梁楼盖与柱的节点连接结构较有梁楼盖板柱节点脆弱，安全性能较差；

　　5）由于上述无梁楼盖的结构缺陷，使无梁楼盖的建筑受到较多的限制，如最高楼层的限制、最大楼盖面积的限制，等等；

　　6）为提高无梁楼盖的强度往往需要加厚楼盖板厚度，这导致一方面费料费工，使建筑成本明显增加，而且，还会增大楼盖的整体重量，加重地基的负荷，进一步增大建筑的建设成本。

　　（2）发明内容

　　本发明的目的是提供一种无梁楼盖连接钢筋混凝土柱的环式钢牛腿节点，以提高无梁楼盖与钢筋混凝土柱的连接牢固度，同时提高节点的抗弯、抗剪能力和刚度，从而增强无梁楼盖的板柱节点的承载力。

　　本发明的技术方案可以通过以下的技术措施来实现，一种用于无梁楼盖与钢管混凝土

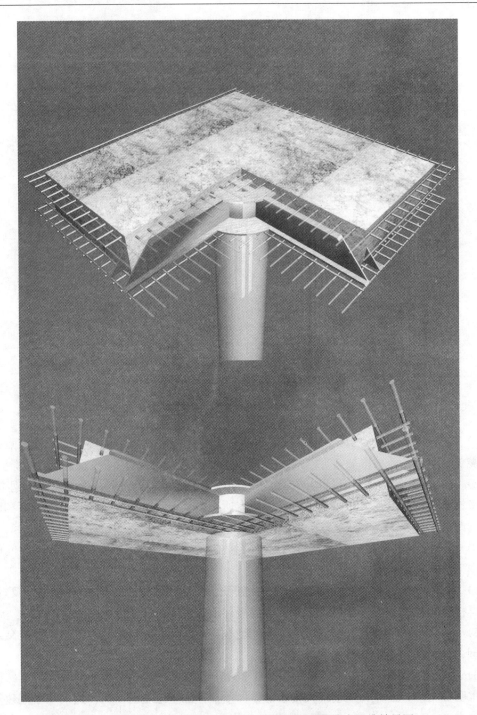

图 6.2.35（6）　无梁楼盖内置环式型钢剪力键板柱节点三维效果图

柱连接的环式钢牛腿节点，包括板柱节点处的钢筋混凝土柱和无梁楼盖，以及节点处设置的钢牛腿，其特征在于在楼盖板的厚度范围内，每两个相邻的钢牛腿之间，设置至少一个钢环件固定连接在两边的钢牛腿上，与钢牛腿相合形成至少一圈环绕钢筋混凝土柱的钢环，其中至少有一圈钢环紧箍柱子。这样的节点结构由于带有由钢环飘出正交放射式的钢牛腿，而内圈钢环套箍着节点处的钢筋混凝土柱，并与钢牛腿共同作用，形成一个圆形放射状的悬臂结构的隐形刚性柱帽，增加了板柱的可靠连接，提高了节点抗弯和抗剪能力；当不止一圈钢环时，还能有效地减少跨中板带的挠度。

本发明可以作如下改进，所述的钢环件采用型钢制成，即由竖向环板、上环板和下环板构成，上、下环板的内环缘分别固定在竖向环板的上下两端，使上、下环板从竖向环板向外水平伸出，形成径向截面为"〔"形的钢环件。经过有限元分析可知，在节点中，所述上环板受拉应力，所述下环板受压应力，即钢环的上、下环板受弯应力很大，因此使钢环成为节点区的主要抗弯构件；另外，下环板还承受了柱的冲切力，由于钢环壁紧箍柱子，所以下环板就相当于将板柱节点的底部支座向外扩大了，即环板径向宽度有多少，节点柱头的横截面积就增大了多少，从而比单独使用钢牛腿的板柱节点更进一步地增大了抗剪能力，可有效地减少楼盖的竖向位移。

本发明所述的设置至少一个钢环件固定连接在相邻两个钢牛腿上，以便与钢牛腿相合形成至少一圈环绕钢筋混凝土柱的钢环，可以根据建筑设计需要设置一圈或者一圈以上的钢环，一般采用 $1\sim3$ 圈的钢环，每相邻两圈钢环之间的距离一般控制不大于板的有效厚度 h_0，由数圈钢环所形成的圆形放射状的悬臂结构的隐形刚性柱帽越大，其抗挠度性能就越高。

本发明还可以作如下改进：所述的同一钢环上的上、下环板的径向宽度可以是相同的，也可以是不相同的。当同一钢环壁上的上、下环板径向宽度不同时，一般是下环板的宽度大于上环板的宽度，这是为了尽可能大地增大节点柱头的横截面积，提高节点抗剪和抗冲切的能力，因此，一般是位于内环的钢环采用下环板径向宽度大于上环板的径向宽度的结构。

为了进一步提高型钢钢环的刚性，在钢环的径向截面的"〔"形槽内设置加强勒板，所述加强勒板的三个边分别焊接在钢环的上下环板的内表面和竖向环板的外表面上，使该勒板面分别垂直于所焊接的钢环表面，从而加强钢环的整体强度及刚性，进一步增加节点的抗弯能力、抗剪能力。

本发明所述的钢牛腿可以是穿心钢牛腿，也可以是不穿心钢牛腿，以穿心钢牛腿为佳。钢牛腿可以是十字式结构，也可以是井字式结构。

本发明可以作以下进一步的改进：在所述的钢牛腿位于钢筋混凝土柱中部的十字或者井字相交处焊接竖向延伸的加强型钢，该加强型钢截面形状为"L"形，长杆式加强型钢沿轴向插入到钢筋混凝土柱的中心部分，被混凝土包裹固定，使得无梁楼盖板与柱的连接得到大大地加强。

本发明所述的钢牛腿可以包括两个或两个以上的钢牛腿，且以夹角相邻的二个钢牛腿间的夹角可以是大于 $0°$ 的 $0°\sim90°$ 之间的任意角度，常见的夹角是 $90°$；所述的钢环的轮廓线包括竖向环板和上、下环板的内环缘和外环缘，最好是以钢筋混凝土柱的中心轴为圆点而形成的相应直径的圆形。

为加强环式牛腿节点与外包混凝土的结合力，可以在所述的钢牛腿的腹板侧壁上以及钢环的竖向环板表面上焊接外凸的粗钢筋，粗钢筋顺柱的轴向设置，并均匀分布在钢牛腿腹板和钢环的竖向环板表面上。

本发明与现有技术相比，本发明的优点是：

1）本发明在楼盖板的厚度范围内采用钢环固定连接在钢牛腿上，与钢牛腿相合形成至少一圈环绕钢筋混凝土柱的钢环壁，内圈的钢环套箍着节点处的钢筋混凝土柱，与钢牛腿共同作用，形成一个圆形放射状的悬臂结构的隐形刚性柱帽，既增加了板柱的可靠连接，又提高了节点抗弯和抗剪能力，当不止一圈钢环壁时，还能有效地减少跨中板带的挠度。

2）所述的钢环采用型钢制成时，由于内圈的钢环壁紧箍柱子，其下环板可有效地增大柱在节点处的横截面积，就相当于将板柱节点的底部支座向外扩大了，其下环板成为承受柱的冲切力的主要构件，因此，本发明比单独使用钢牛腿的无梁楼盖板柱节点更进一步地增大了抗剪能力，并能有效地减少楼盖的竖向位移。

3）本发明在穿心钢牛腿的十字或者井字相交处设置轴向加强型钢插入到钢筋混凝土柱的中心，使得无梁楼盖板与柱的连接得到大大地加强。

4）综上所述，本发明使得无梁楼盖与钢筋混凝土柱的板柱节点具有与梁柱结构类似的抗弯抗剪能力和整体刚度，具有极强的抗震性，节点的承载力大大加强了，从而有利于使无梁楼盖得到更广泛地的应用，甚至可以打破采用无梁楼盖的高层建筑为了防御地震所造成的破坏，只能建至 18 层的限制。

5）由于前述的优点，刚性和强度大大加强的无梁楼盖的厚度也可以明显减少，以往厚度须达 1.2m 的无梁楼盖，可以减少到 0.9m 的厚度，不但省料省工，使建筑成本明显降低，而且，还会能减少楼盖的整体重量，减轻地基的负重，从而进一步降低建筑的建设成本。

6）本发明的环式钢牛腿节点结构隐藏在楼盖板内，不会影响板下方设备管道的布置，也更美观。

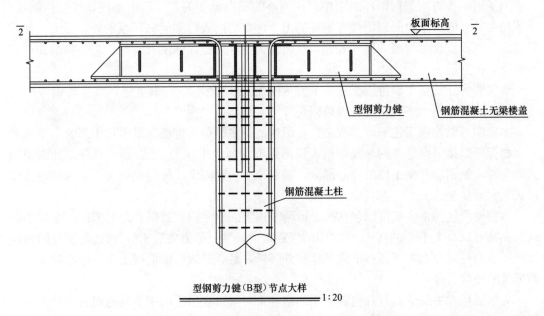

图 6.2.36　典型的型钢剪力键板柱节点应用示例（单环板型钢剪力键）（一）

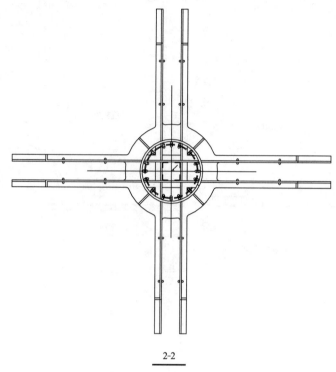

2-2

图 6.2.36 典型的型钢剪力键板柱节点应用示例
（单环板型钢剪力键）（二）

在柱顶节点采用"井"字型钢作加强在工程上常有应用，此外在广州名盛广场高层项目中也采用了另一种"井"字型钢加强柱顶节点的结构形式。

工程竖向构件为钢管柱（墙）而梁为热轧或焊接 H 型钢，梁柱节点种类繁多。设计上采用带*P板的钢牛腿形式的梁柱通用节点，底面以上采用梁与节点高强螺栓与焊接混合连接，地下室部分梁与节点采用焊接连接。带上下环板及节点加劲肋的环板节点能较好地

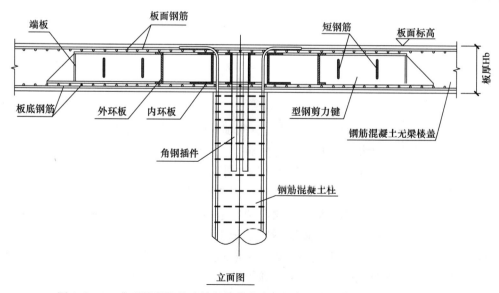

立面图

图 6.2.37 典型的型钢剪力键板柱节点应用示例（双环板型钢剪力键）（一）

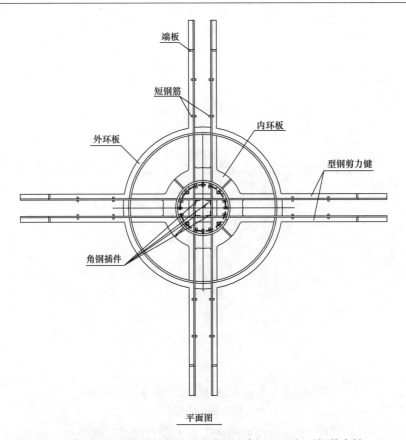

图 6.2.37　典型的型钢剪力键板柱节点应用示例（双环板型钢剪力键）（二）

将梁端弯矩和剪力传递到钢管柱，不会在钢管壁形成应力集中，又能解决内环板难以解决的混凝土浇筑质量的问题，施工方便且受力性能好。

6.3　结构防水防裂

6.3.1　结构防水

地下隧道结构的防水以结构自防水为主，附加外防水为铺。为增加结构抗裂和防水性能，隧道结构通常采用防水混凝土，其抗渗等级应达到 P8 级。

以万博项目为例，其隧道结构外防水采用"外防外贴法"，防水材料采用 PVC 防水卷材。外防水施工应严格按《地下工程防水设计规范》GB 50108—2008 相关要求进行。防水卷材层的基面应平整牢固、清洁干燥，两幅卷材短边和长边的搭接宽度均不小于100mm。卷材接缝必须粘贴封严，宽度不应小于 100mm。在变形缝和隧道结构转角处均加设卷材附加层。防水卷材在施工前应做产品质量检验，保证产品达到《地下工程防水设计规范》GB 50108—2008 中的防水材料标准。

隧道变形缝采用中埋式橡胶止水带和可卸式钢板止水带两层防水设计，施工缝设在底板顶面以上 0.5m 及顶板底面以下 0.3m 处，施工缝采用橡胶止水带和镀锌钢板两层防水设计。图 6.3.1～6.3.3 为三种典型截面防水大样。

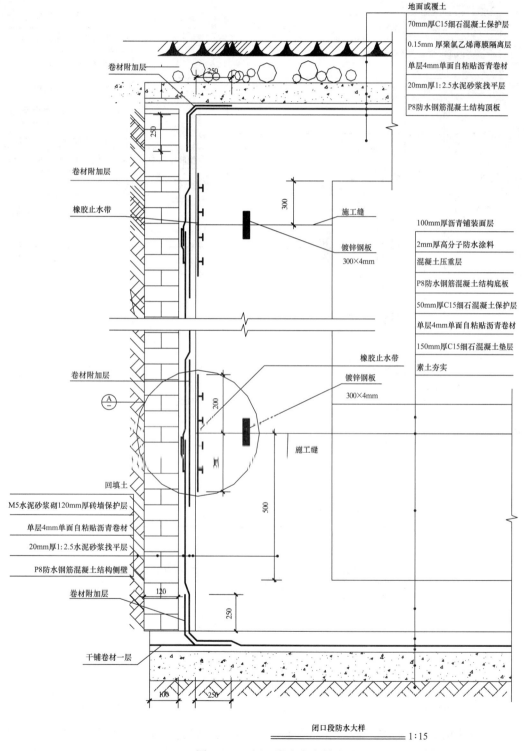

图 6.3.1 闭口段防水大样

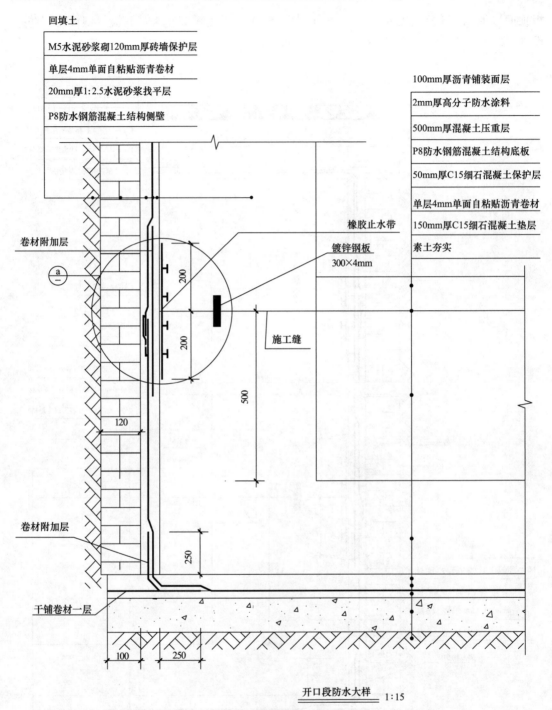

回填土

M5水泥砂浆砌120mm厚砖墙保护层

单层4mm单面自粘贴沥青卷材

20mm厚1:2.5水泥砂浆找平层

P8防水钢筋混凝土结构侧壁

100mm厚沥青铺装面层

2mm厚高分子防水涂料

500mm厚混凝土压重层

P8防水钢筋混凝土结构底板

50mm厚C15细石混凝土保护层

单层4mm单面自粘贴沥青卷材

橡胶止水带

150mm厚C15细石混凝土垫层

镀锌钢板
300×4mm

素土夯实

卷材附加层

施工缝

卷材附加层

干铺卷材一层

开口段防水大样　1:15

图 6.3.2　开口段防水大样

6.3.2　结构防裂

地下结构混凝土保护层应满足《混凝土结构耐久性设计规范》GB/T 50476—2008 相关要求。地下工程钢筋混凝土结构的裂缝宽度应按最大 0.20mm 控制。

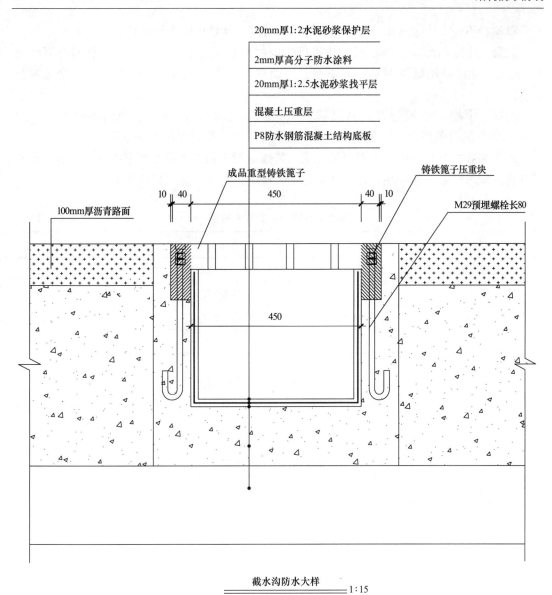

20mm厚1:2水泥砂浆保护层

2mm厚高分子防水涂料

20mm厚1:2.5水泥砂浆找平层

混凝土压重层

P8防水钢筋混凝土结构底板

成品重型铸铁箅子

铸铁箅子压重块

100mm厚沥青路面

M29预埋螺栓长80

10 40 450 40 10

450

截水沟防水大样 ——————1:15

图6.3.3 截水沟防水大样

6.3.2.1 混凝土配比

地下建筑的混凝土配比，应考虑地下环境腐蚀性和耐久性以及早期抗拉强度等，应坚持水泥用量不低于 $300kg/m^3$，过多地采用减少水化热和收缩而增加其他胶凝材料的办法不可取，我们在一个工程实例中，同条件下对比配置 $200kg/m^3$ 水泥的工程分段和配置 $300kg/m^3$ 水泥的工程分段，前者出现裂缝上百条，后者几乎无裂缝开展，最后不得不取消专门为该工程而做的混凝土配比而采用常规混凝土配比。

在万博项目中，我们的要求是混凝土配比应控制混凝土的最大水灰比（建议不大于0.42）；水泥用量不小于 $280kg/m^3$；粉煤灰掺入量不小于 $60kg/m^3$；最大氯离子含量不应超过胶凝材料总量的 0.1%；各类材料的总碱量（Na_2O 当量）不得大于 $3kg/m^3$。混凝土粗骨料粒径不应大于 25mm。选用低热的矿渣水泥，并禁止使用新出炉水泥。

混凝土中掺加高性能膨胀剂，其掺量为胶凝材料重量的 8%，膨胀率控制在万分之 2.5 左右。建议采用能控制早期、中期、后期三个抗裂源的缺陷的 CMA 型三膨胀源抗裂剂。

混凝土中掺入的粉煤灰，其品质应符合《用于水泥和混凝土中的粉煤灰》GBT 1596—2005 的有关规定，粉煤灰的级别不应低于 Ⅱ 级，烧失量不大于 5%。

顶板和底板混凝土中掺入聚丙烯纤维，其掺量暂定每立方混凝土掺量为 0.9kg。要求其具有抗酸碱性强、弱导热、化学性能稳定等特性。其主要技术指标如下：

聚丙烯纤维的主要技术指标　　　　　　　　　　表 6.3.1

材料	聚丙烯	纤维类型	束状单丝
比重（g/cm³）	0.91	抗拉强度（MPa）	≥360
耐碱性能	≥95%	熔点（℃）	≥150
纤维长度（mm）	9～15	纤维直径（μm）	25～35
安全性	无毒材料	吸水性	无

侧墙（上下施工缝之间部分）混凝土采用添加外掺纤维素纤维进行防裂，暂定每立方混凝土掺量为 0.9kg。要求采用亲水性好、抗酸碱性强、比重大于水的纯纤维素纤维。其主要技术指标如下：

纤维素纤维的主要技术指标　　　　　　　　　　表 6.3.2

材料	纯纤维素纤维	纤维类型	植物纤维	纤维素纤维（含量）	≥99%
比重（g/cm³）	约 1.10	比表面积（cm²/g）	≥24000	标称直径（μm）	15～20
平均长度（mm）	2.1	弹性模量（GPa）	8.5	抗拉强度（MPa）	≥800
抗酸碱性	极高	环保性	绿色材料	亲水性	好

注：外掺纤维产品宜提供国家建筑工程质量监督检验中心的检验报告，并按相关规范要求进行抽样检验。

6.3.2.2 表面抗裂钢筋

在满足计算要求配足受力筋和抗温度筋后，还宜在混凝土构件表面增加 Φ6@100～Φ8 @100 的双面钢筋网，特别是超厚侧壁厚板等位置，根据以往工程经验配置此类表面钢筋能有效地减少了混凝土开裂状况的出现，避免在混凝土早期干缩时和表面温度急升时首批裂缝的大量产生。

例如，万博项目中我们的做法是在超厚构件混凝土迎水面的保护层内设置一层 $\phi6@$ $100×100$mm 的钢筋网。在地下隧道混凝土侧墙内侧（靠近车行道侧）设置一层 $\phi0.45@$ $15×15$mm 的钢丝挂网。根据现场施工结果，均达到了满意的抗裂效果。

6.3.2.3 超厚墙施工

底板超厚可分次浇捣完成，但侧壁特别容易裂，超厚墙体如 800～1500mm 者，宜采用分次浇筑的方法，或者在中间夹防水钢板。

施工过程中应严格控制混凝土的温度场分布，采取降低混凝土水化热的有力措施：

冷却拌和水、石等措施以降低混凝土入仓温度（建议采用冰水混凝土，混凝土入仓温度小于 28 度）；浇筑温度不宜超过 25℃；混凝土表面和内部温差控制在 25℃范围内。

炎热天气浇筑混凝土应尽量控制混凝土出机温度，降低原材料、搅拌运输车罐体、泵送管道的保温冷却等必要的措施；混凝土施工尽量避开高温阶段，将浇筑时间放在夜间。

浇注时分层时若在同层则应设置剪力企口，分层之间施工缝应凿毛、冲洗，并注意接缝钢筋的可靠连接。

现场振捣按部位责任到人，防止漏振、少振现象。底板、顶板浇筑速度可适当加快，而侧墙浇注速度不易过快。一般控制在 $25m^3/h$，分层振捣，每层厚约 50cm。混凝土浇筑时的倾落高度控制在 2m 以内，均匀出料，均匀放料，不能堆积成堆，以免发生离析现象。振捣完成，通过检查后，再浇注上一层混凝土。

侧墙模板采用钢模时，侧墙养护应设置专用的自动喷水系统。在浇注砼后 72 时内连续不断地向模板上喷水冷却钢模。

适时拆除侧墙模板，加强混凝土保湿养护措施。在最大温度梯度出现 72h 后拆侧模，拆模时间不得早于浇筑混凝土后 5d，侧墙模板拆除时混凝土表面温度与环境温度之差不超过 10℃。拆模后，应刷养护剂养护，且边拆模边涂刷，不得延误涂刷时间和漏刷。

加强对混凝土表面养护，可用麻袋覆盖浇水润湿混凝土板。养护时间不小于 28d。

底板-侧墙-顶板的浇筑隔时间，应控制在 5～7d 内，以减少相邻混凝土块的温差和约束力。

6.4 混合基础

在高层建筑设计中，往往由于结构布置形式及场地区域性差异等因素，我们在基础选型时会采取多种基础形式相结合的方式，在地下空间基础设计时同样存在这种采用混合基础的情况，例如桩基础与弹性基础相结合的基础型式，以及在基础底附加抗拔锚杆达到结构抗浮的效果。

在万博项目中，主环隧道和综合管沟的基础主要采用弹性地基基础。根据地质资料，隧道基础大部分位于中风化和微风化岩层上，少部分位于在黏土层。设计要求负二层隧道和综合管沟的地基承载能力不小于 350kPa。为协调隧道受力变形，结构底板下铺 20cm 厚 C15 混凝土垫层。若不能满足地基承力的部分基础，我们建议采用换填碎石等地基处理方法来增强地基承载力，换填深度根据实际地质情况及地基承载力检测值确定，直至满足设计要求。当结构抗滑移计算不满足要求时，则通过设置灌注桩基础来提供可靠的结构抗滑能力，在地下水位较高的路段则通过采用设置抗拔锚杆的方式来提供有效的结构抗拔能力。

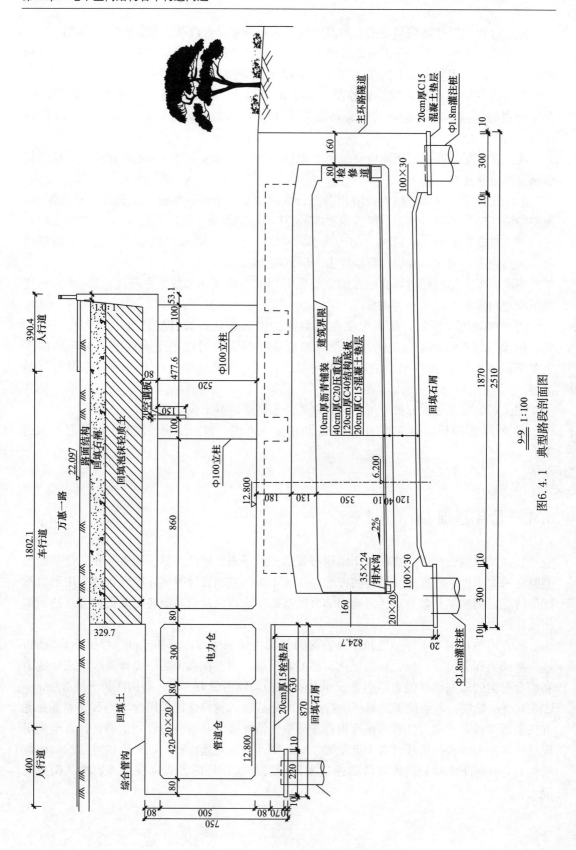

图6.4.1　典型路段剖面图

第7章 几种结构形式在地下空间结构设计中的应用

7.1 地下隧道顶板设计中 U 型梁的设计

7.1.1 研究目的

U 型梁作为广东省建筑设计研究院的结构创新技术已成功应用于房屋建筑上部结构中，现首次应用地下隧道顶板中，本书将针对隧道顶板的特点采用大型非线性有限元分析软件对 U 型梁进行计算分析，模拟 U 型梁在竖向荷载和地震作用下的受力和变形情况，为结构设计提供可靠依据。

7.1.2 计算模型

以广州万博中央商务区地下空间外环隧道 14-14 截面设计为例，采用 ABAQUS 软件进行计算分析。混凝土采用损伤模型实体单元模拟，型钢采用壳单元模拟，按照 14-14 截面的 MIDAS 计算结果对节点模型加载，由于荷载对加载端的应力应变在一定范围内有较大的影响，计算结果中主要查看的是节点区的型钢应力，混凝土损伤情况。

ABAQUS 模型的混凝土强度等级、模型尺寸、钢筋等均按结构施工图建立，其中，混凝土强度等级采用梁和楼板 C40、墙和柱为 C40，型钢采用 Q345 钢。

材料模型具体内容如下：

1）钢材模型

采用等向强化二折线模型，其中强化段 $E' = 0.01E$，采用 Mises 屈服准则，等向强化。

2）混凝土模型

采用弹塑性损伤模型，计算方法采用 Explicit（显式）计算；荷载按线性加载（从 0 加载到设计荷载）。

7.1.2.1 结构尺寸

此节点的尺寸信息如图 7.1.1 所示。

7.1.2.2 模型尺寸和材料

U 型梁跨度为 25.2m，每 6m 设置一条 U 型梁，U 型梁跨中设两根型钢次梁托上层的墙和柱，ABAQUS 整体模型如下各图所示。其中柱、墙的混凝土强度为 C40，混凝土梁的混凝土强度为 C40；型钢采用 Q345 钢。梁上托的柱内设直径为 900mm 在，厚度为

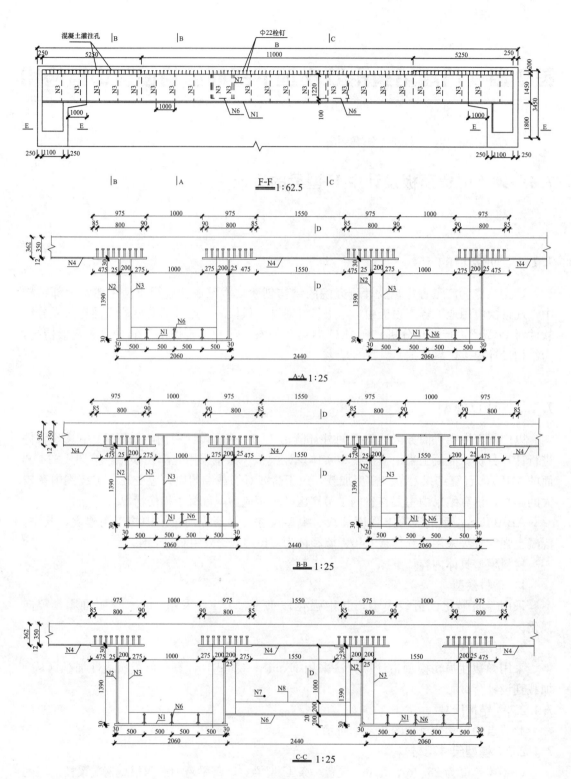

图 7.1.1　结构施工图（一）

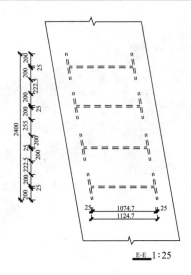

图 7.1.1 结构施工图（二）

30mm 的钢管。梁上托的剪力墙内置两片厚为 14mm 的钢板模拟墙的配筋。混凝土部分模型如图 7.1.2 所示，型钢部分模型如图 7.1.3 所示，型钢局部构造如图 7.1.4 所示。

图 7.1.2 混凝土部分模型图

图 7.1.3 型钢部分模型图

7.1.2.3 模型边界条件及荷载取值

约束情况：节点在墙底部嵌固，约束端约束 X、Y、Z 三个方向的位移及转角。楼板上施加面荷载，同时在 RP2、RP3、RP4 三个点上施加压力和弯矩。按环路隧道 14-14 截面的模型计算结果进行加载，并考虑地震作用（按 1.2 恒＋0.6 活＋1.3 设防烈度地震进行内力组合）。实体模型约束及加载情况如图 7.1.5 所示。

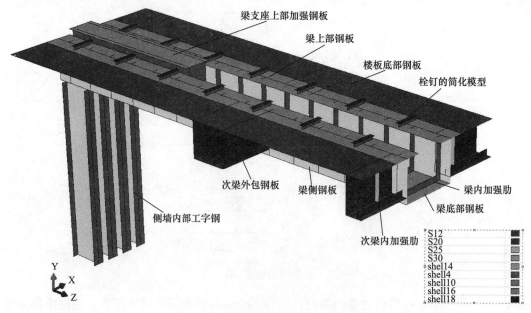

图 7.1.4　型钢局部放大图

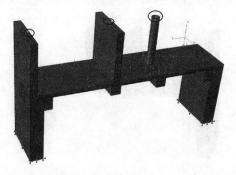

图 7.1.5　实体模型约束及加载图

7.1.3　计算结果

（1）模型位移结果

整体模型的竖向位移结果如图 7.1.6 所示。

除 U 型梁上板上立柱出现 22.89mm 的竖向位移外，其他部位的位移较小。U 型梁跨中的竖向位移为 8.5mm，挠度为 1/2964，远小于《混凝土结构设计规范》的限值。

（2）混凝土损伤结果

整体上混凝土受压刚度退化较小，只在梁跨中、柱底局部出现 43% 的受压刚度退化，其位置如图 7.1.7 所示。

混凝土局部出现了受拉损伤，主要出现在以下位置：

1）跨中梁面上层柱底

2）跨中梁底部

其位置如图 7.1.8 所示。

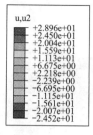
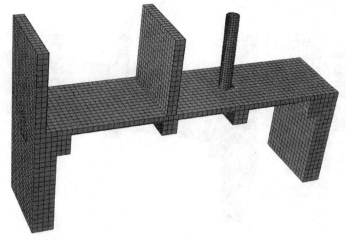

图 7.1.6 竖向位移图（mm）

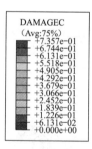
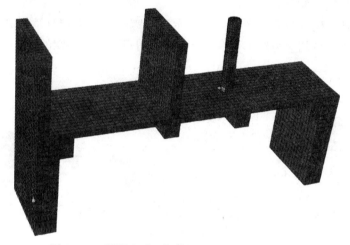

图 7.1.7 混凝土受压损伤图

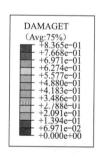
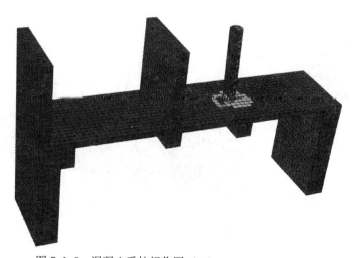

图 7.1.8 混凝土受拉损伤图（一）

图 7.1.8　混凝土受拉损伤图（二）

（3）型钢部分应力结果

整体型钢的应力如图 7.1.9 所示，除跨中梁面上层柱底处局部出现 375MPa 的应力外，其他部位的应力均小于 80MPa。远远小于 Q345 型钢的设计应力值。

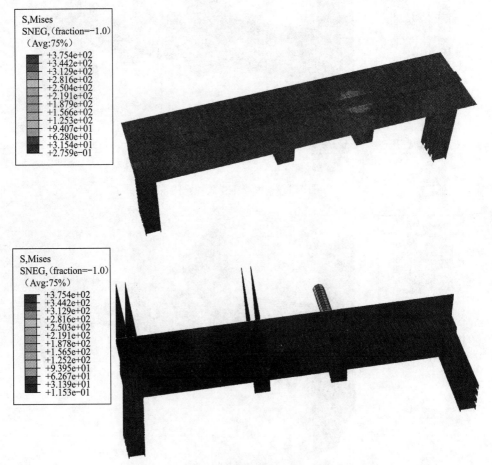

图 7.1.9　型钢部分 MISES 应力图

（4）施工过程中型钢受力结果

在 U 型梁施工过程，型钢会承受混凝土重量从而变形，因此模拟施工过程中模型的受力情况也是十分必要的，模拟结果如下：

最大竖向位出现在 U 型梁两侧的混凝土楼板的底部，为 47.3mm，挠度为 1/533。

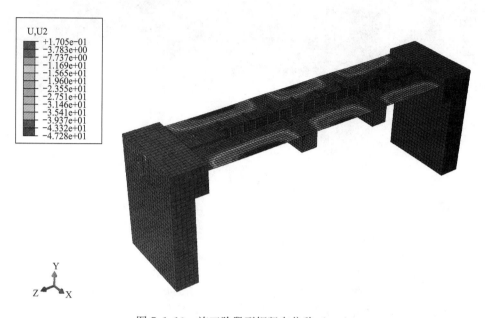

图 7.1.10　施工阶段型钢竖向位移（mm）

型钢的 MISES 应力最大应力为 147.8MPa，远小于型钢 Q345 的屈服应力。

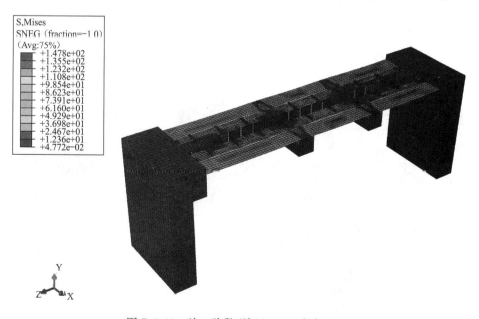

图 7.1.11　施工阶段型钢 MISES 应力（一）

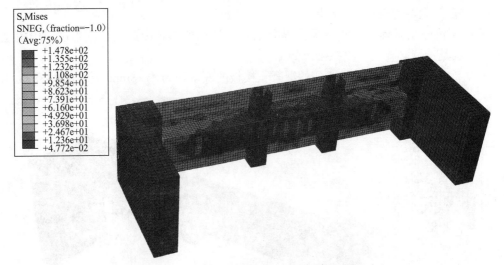

图 7.1.11　施工阶段型钢 MISES 应力（二）

7.1.4　小结

本节按照节点施工图和 MIDAS 计算模型，建立 ABAQUS 有限元分析模型，在"1.2 恒＋0.6 活±1.3 中震"不利工况下，U 型梁跨中的竖向位移为 8.5mm，挠度为 1/2964，满足《混凝土结构设计规范》3.4.3 条受弯构件挠度限值的要求。

U 型梁的钢材，最大 MISES 应力为 $375N/mm^2$，出现在混凝土跨中梁面上层柱底，其他部位的型钢应力不超过 $100N/mm^2$。远远小于 Q345 型钢的应力设计值。

U 型梁的混凝土受压损伤轻微，在梁跨中、柱底局部出现 43% 的受压刚度退化。

混凝土局部出现了受拉损伤，主要出现在以下位置：

跨中梁面上层柱底及周边区域出现明显的损伤：

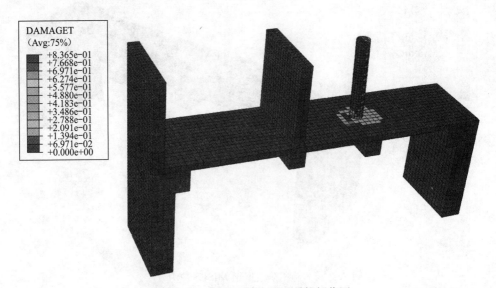

图 7.1.12　混凝土跨中梁面受拉损伤图

　　跨中梁底部表层，特别是托柱和托墙部位的底部，局部出现损伤，混凝土的拉应力超过混凝土的拉应力设计值。刚度退化达 60%，该局部的钢材不超过 $80\text{N}/\text{mm}^2$。远远小于 Q345 型钢的设计应力值。可在型钢与构件表面之间设置钢筋来改善混凝土开裂问题。

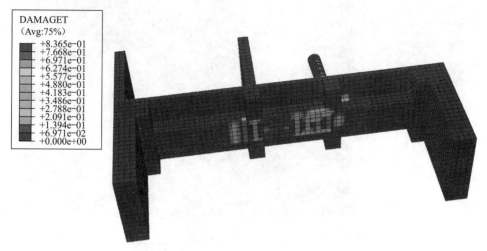

图 7.1.13　混凝土跨中梁底受拉损伤图

　　U 型梁上托柱的变形较大，柱底与 U 型梁交接的部分混凝土受拉损伤较明显，钢材应力也较大，达到型钢的屈服值，是结构的薄弱部位，建议对该部分进行加强。

　　U 型梁托墙部位的次梁的没有出再明显受拉损伤，次梁的型钢的应力也较小，远远小于型钢的屈服强度。

　　U 型梁与侧墙衔接部位混凝土没有出现损伤，型钢的应力也较小。

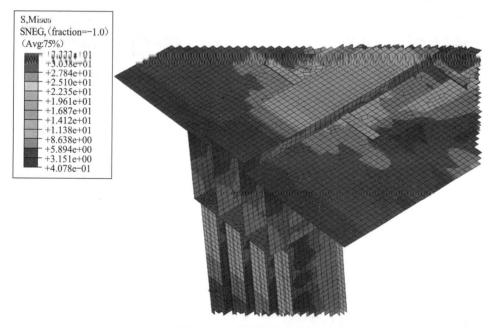

图 7.1.14　衔接部位应力图

钢板和混凝土结合得较好，栓钉没有出现较大的应力。

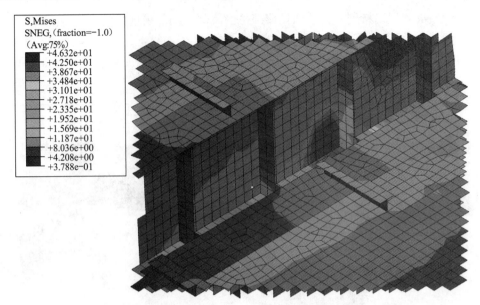

图 7.1.15　栓钉应力图

对于混凝土未凝固前的模拟施工阶段的模拟，型钢承受未凝固混凝土的重量，型钢的变形和应力均小于规范的限值。型钢的 MISES 应力最大应力为 147.8MPa，远小于型钢 Q345 的屈服应力。

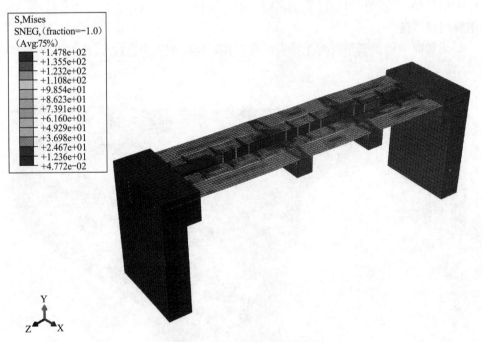

图 7.1.16　施工阶段型钢应力图

万博广场地下隧道顶板的 U 型梁进行弹塑性有限元分析计算，计算结果表明 U 型梁满足中震不屈服的抗震要求。通过分析可见：

U 型梁适用于大跨度、大荷载的隧道顶板设计，如顶板上托一到二层公用建筑物（商场、设备机房等）的情况下，U 型梁的跨度可达到 30～35m，但在 U 型梁上托柱容易出现局部应力集中情况，可采用型钢加强等措施来解决。

隧道顶板 U 型梁设计与厚板设计方案相比的优点：

1. 传力路线明确，上层的柱将作用力传到 U 型梁，再从 U 型梁传到两侧墙，楼板起到导荷载作用并不是主受力构件，这样传力路线更明确。

2. U 型梁设计可避免，厚板计算中板上种柱的问题，不会形成柱对楼板冲切的薄弱区。

3. U 型梁设计施工方便，折曲型钢可作用施工模板，大大节省了施工时间。

7.2 板上托柱的设计

7.2.1 研究目的

地下空间结构中隧道顶板多为板式结构，经常出现板上托柱的情况，本文以万博广场地下空间结构外环隧道 8-8 号截面为例，进行板上种柱的计算分析，主要是分析柱对顶板的冲切影响。

7.2.2 计算模型

本节计算分析采用广厦 GSSAP 软件，并采用理正工具箱软件进行复核。隧道横截面如图 7.2.1 所示，广厦计算模型如图 7.2.2 所示。

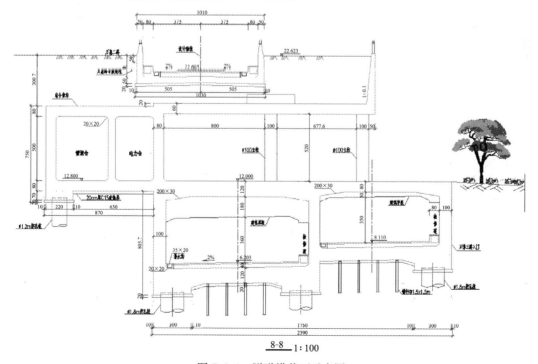

图 7.2.1 隧道横截面示意图

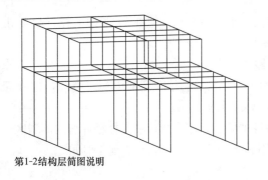

第1-2结构层简图说明

图 7.2.2　GSSAP 结构模型

墙、柱尺寸混凝土标号为 C40，梁、板混凝土标号为 C40。顶板上施工 80kN/m² 恒载，其余楼板恒载 4kN/m²、活载 5kN/m²。

地震设防烈度为 7（0.1g）度，地震分组为 1，场地类别为 2 类，采用多遇地震作用计算。

隧道底部嵌固，隧道两侧侧墙采用侧土约束，基床反力系数取 10000kN/m³。

7.2.3　计算结果

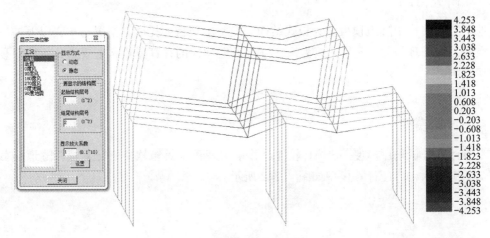

图 7.2.3　恒载作用下的变形

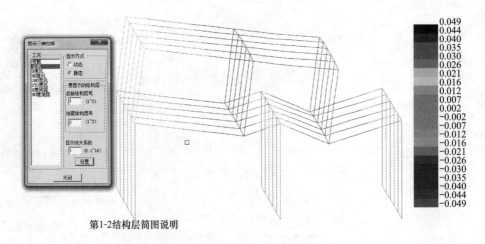

第1-2结构层简图说明

图 7.2.4　活载作用下的变形

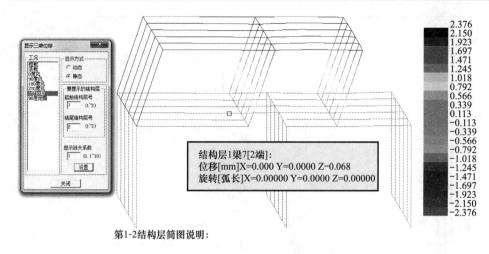

第1-2结构层简图说明：

图 7.2.5　X 向地震作用下的变形

可见首层顶楼的挠度主要由竖向恒载产生，恒载产生的楼板竖向位移为 2.21mm，挠度为 12000/2.22＝5405，满足规范要求。

首层楼板与柱端冲切，采用筏板基础进行模拟计算，首层的墙作桩模拟，首层楼板用筏板模拟。规范要求冲切比大于 1。

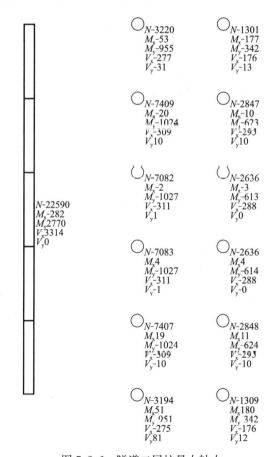

图 7.2.6　隧道二层柱最大轴力

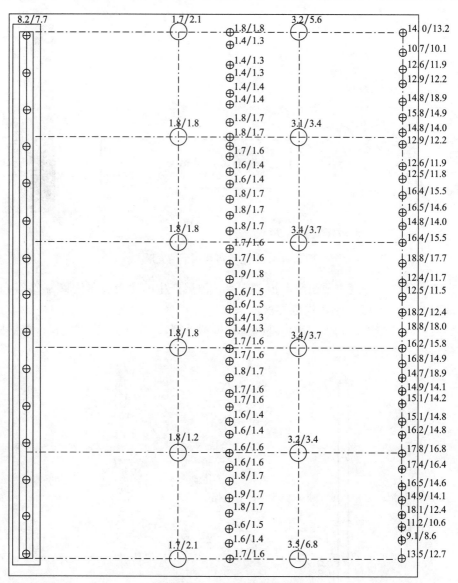

图 7.2.7　筏板冲切计算结果

左排柱的柱底力与冲切比，X 向为 1.3，Y 向为 1.2，满足规范要求。

右排柱的柱底力与冲切比，X 向为 3.1，Y 向为 3.4，满足规范要求。

采用理正工具箱对板的冲切进行校核：

计算中柱最大轴力取 7416kN（考虑不考虑地震作用组合），分别取 800mm（二层顶板）、1200mm（首层顶板）两种板厚进行计算。

7.2.3.1　800mm 板（二层顶板）：

执行规范：《混凝土结构设计规范》GB 50010—2010，本文简称《混凝土规范》

1. 已知条件：

混凝土：C40，$f_t = 1.71 \text{N/mm}^2$

箍筋：HRB400，$f_{yv} = 360 \text{N/mm}^2$

轴向压力：$N = 7409.00 \text{kN}$

均布荷载：$q=80.00\text{kN/m}$

考虑地震作用组合的轴向压力：$Ne=7409.00\text{kN}$

考虑地震作用组合的均布荷载：$q_e=0.00\text{kN}$

圆形作用面：$d_c=1000\text{mm}$

板厚：$h=800\text{mm}$

纵筋合力点到板近边距离：$as=50\text{mm}$

柱位置影响系数：$\alpha_s=40$（《混凝土规范》第 6.5.1 条）

2. 计算过程：

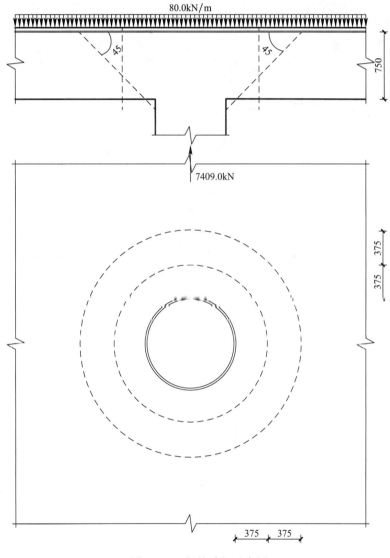

图 7.2.8　板柱冲切示意图

（1）计算参数的选取

1）界面有效高度　　　　$h_0=\text{h}-as=800-50=750\text{mm}$

2）圆形作用面取　　　　$\beta_s=2.0$

3）作用面积形状的影响系数 $\eta_1 = 0.4 + 1.2/\beta_s = 0.4 + 1.2/2.0 = 1.00$

临界截面周长与板截面有效高度之比的影响系数

$$\eta_2 = 0.5 + \alpha s h_0/(4um) = 0.5 + 40 \times 750/(4.0 \times 5498) = 1.86$$

影响系数 $\eta = \min\{\eta_1, \eta_2\} = 1.00$（《混凝土规范》第 6.5.1 条）

（2）验算受冲切承载力

集中反力设计值 $F_1 = N - q \times \pi \times (d_c/2 + h_0)2 = 7409.0 - 80.0 \times 3.14 \times 0.250 = 7016.30\text{kN}$

1）根据《混凝土规范》式 6.5.3-1，受冲切截面验算：

$$1.2 f_t \eta \mu_m h_0 = 1.2 \times 1.71 \times 1.00 \times 5498 \times 750$$
$$= 8461.10\text{kN} > F_1 = 7016.30\text{kN}$$

故受冲切截面满足。

2）根据《混凝土规范》式 6.5.3-2，与呈 45° 冲切破坏椎体斜截面相交的全部箍筋截面面积：

$$A_{svu} = \frac{F_l - (0.5 f_t + 0.25 \sigma_{pc,m}) \eta \mu_m h_0}{0.8 f_{yv}}$$
$$= (7016301 - (0.5 \times 1.71 + 0.25 \times 0.00) \times 1.00 \times 5498 \times 750)/(0.8 \times 360)$$
$$= 12121\text{mm}^2$$

每侧箍筋的计算面积为 $A_{svu}/4 = 3030\text{mm}^2$

（3）验算考虑地震作用组合下的受冲切承载力

考虑地震作用组合的集中反力设计值

$$F_{le} = Ne - q_e \times \pi \times (d_c/2 + h_0)2 = 7409.0 - 0.0 \times 3.14 \times 0.250 = 7409.00\text{kN}$$

1）根据《混凝土规范》式 6.5.3-1，受冲切截面验算：

$$\frac{1.2 f_t \eta \mu_m h_0}{\gamma_{RE}} = (1.2 \times 1.71 \times 1.00 \times 5498 \times 750)/0.85$$
$$= 9954.23\text{kN} > F_{le} = 7409.00\text{kN}$$

故受冲切截面满足。

2）根据《混凝土规范》式 6.5.3-2，与呈 45° 冲切破坏椎体斜截面相交的全部箍筋截面面积：

$$A_{svu} = \frac{F_{le} \gamma_{RE} - (0.5 f_t + 0.25 \sigma_{pc,m}) \eta \mu_m h_0}{0.8 f_{yv}}$$
$$= (7409000 \times 0.85 - (0.5 \times 1.71 + 0.25 \times 0.00)$$
$$\times 1.00 \times 5498 \times 750)/(0.8 \times 360)$$
$$= 9626\text{mm}^2$$

每侧箍筋的计算面积为 $A_{svu}/4 = 2406\text{mm}^2$

（4）配筋结果

综合以上计算结果，取每侧箍筋的计算面积为 $A_{svu}/4 = 3030\text{mm}^2$

每侧实配箍筋（两肢）为：31E8@27(3116mm²)，共计 12466mm²

7.2.3.2 1200mm 板（首层顶板）：

执行规范：《混凝土结构设计规范》GB 50010—2010，本文简称《混凝土规范》

1. 已知条件：

混凝土：C40，$f_t = 1.71\text{N/mm}^2$

箍筋：HRB400，$f_{yv} = 360\text{N/mm}^2$

轴向压力：$N = 7409.00\text{kN}$

均布荷载：$q = 0.00\text{kN/m}$

考虑地震作用组合的轴向压力：$Ne = 7409.00\text{kN}$

考虑地震作用组合的均布荷载：$q_e = 0.00\text{kN}$

圆形作用面：$d_c = 1000\text{mm}$

板厚：$h = 1200\text{mm}$

纵筋合力点到板近边距离：$as = 50\text{mm}$

柱位置影响系数：$\alpha_s = 40$（《混凝土结构设计规范》第6.5.1条）

2. 计算过程：

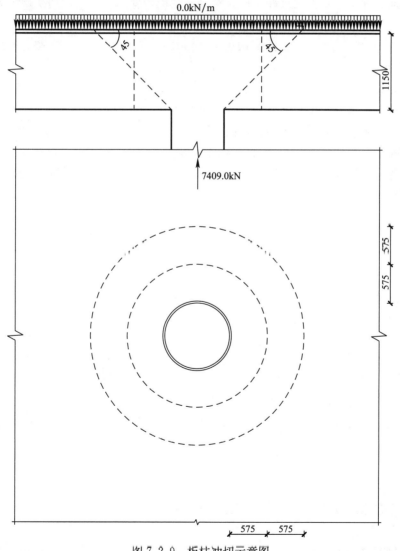

图 7.2.9　板柱冲切示意图

（1）计算参数的选取

1）界面有效高度 $h_0 = h - as = 1200 - 50 = 1150mm$

2）板厚 $2000mm < h = 1200mm < 800mm$，插值计算得 $\beta_h = 0.97$（《混凝土规范》第 6.5.1 条）

3）圆形作用面取 $\beta_s = 2.0$

4）作用面积形状的影响系数 $\eta_1 = 0.4 + 1.2/\beta_s = 0.4 + 1.2/2.0 = 1.00$

临界截面周长与板截面有效高度之比的影响系数

$$\eta_2 = 0.5 + \alpha s h0/(4um) = 0.5 + 40 \times 1150/(4.0 \times 6754) = 2.20$$

影响系数 $\eta = \min\{\eta_1, \eta_2\} = 1.00$（《混凝土规范》第 6.5.1 条）

（2）验算受冲切承载力

集中反力设计值 $F_1 = N - q \times \pi \times (d_c/2 + h_0)2 = 7409.0 - 0.0 \times 3.14 \times 0.250 = 7409.00kN$

根据已知条件，无需配置抗冲切钢筋就满足承载力要求，其受冲切承载力为：

$0.7\beta_h f_t + 0.25\sigma_{pc,m}\eta u_m h_0$

$= (0.7 \times 0.97 \times 1.71 + 0.25 \times 0.00) \times 1.00 \times 6754 \times 1150 = 8987.88kN > F_1$

$= 7409.00kN$

故受冲切截面满足。

（3）验算考虑地震作用组合下的受冲切承载力

考虑地震作用组合的集中反力设计值

$F_{le} = Ne - q_e \times \pi \times (d_c/2 + h_0)2 = 7409.0 - 0.0 \times 3.14 \times 0.250 = 7409.00kN$

根据已知条件，无需配置抗冲切钢筋就满足承载力要求，其受冲切承载力为：

$$\frac{(0.7\beta_h f_t + 0.25\sigma_{pc,m})\eta u_m h_0}{\gamma_{RE}}$$

$$= ((0.7 \times 0.97 \times 1.71 + 0.25 \times 0.00) \times 1.00 \times 6754 \times 1150)/0.85$$

$$= 10573.97kN > F_{le} = 7409.00kN$$

故受冲切截面满足。

由以上两种板厚情况的计算结果可得出结论：由于本模型的顶板覆土 4m，恒载较大所以二层柱对首层顶板的冲切较大，楼板厚度改为 1200mm，可满足规范要求。

7.2.4　小结

上述实例计算分析可见板上种柱，柱对楼板冲切作用满足规范要求，1200mm 楼板无需配置抗冲切钢筋就满足承载力要求，800 厚楼板每侧需配箍筋的计算面积为 $A_{svu}/4 = 3030mm^2$。

7.3　V 形折曲顶板及拱形顶板的设计

万博广场地下隧道存在 25m 大跨度顶板的情况，而且顶板上有 8m 高的覆土，侧墙厚

1.2m，高 6m，针对这种大跨度大荷载的顶板我们采用了 V 形折曲顶板和拱形顶板等多个方案进行比较。本节的计算分析采用 Midas Gen 软件。

7.3.1 计算模型

方案一：常规的拱形顶板设计，25m 大跨度，起拱高度为 5m，顶板厚度为 1m。

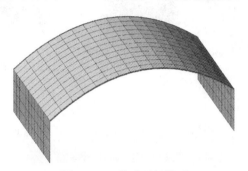

图 7.3.1 拱形顶板模型

方案二：25m 大跨度，V 形折曲顶板方案，折起拱高度为 2.25m，顶板厚度为 1m。

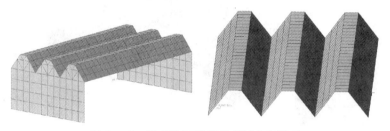

图 7.3.2 无底板 V 形折曲顶板方案模型

方案三：25m 大跨度，加底板 V 形折曲顶板方案，折起拱高度为 2.25m，折板厚度为 0.7m，底板厚为 0.6m。

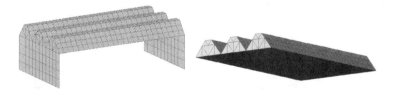

图 7.3.3 有底板 V 形折曲顶板方案模型

对三个模型的顶板均施加 $160kN/m^2$ 竖向荷载，底部均采用嵌固约束。

7.3.2 计算结果

在以下结果中，模型从左到右依次为：V 形折曲顶板方案、拱形板方案、加底板 V 形折曲顶板方案。在自重和 $160kN/m^2$ 的竖向荷载作用下的计算结果如下。在以下结果若不特别说明，结果单位为 kN、m。

1. X 向位移（延跨度方向）

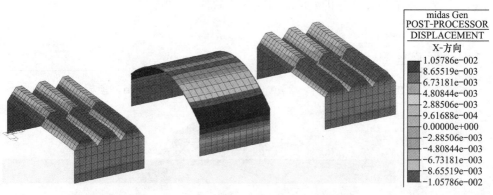

图 7.3.4　X 向位移

拱形板 X 向位移最大达到 10mm。两种折板方案的最大 X 向位移较接近为 4mm。

2. 竖向位移

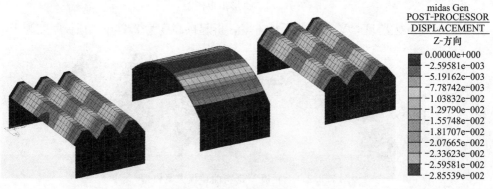

图 7.3.5　竖向位移

拱形板 X 向位移最大达到 28mm，挠度为 1/875。两种折板方案的最大 X 向位移较接近为 25mm，挠度为 1/1000。满足《混凝土结构设计规范》的要求。

3. 应力

最大压应力出现在拱模型的侧墙底部，为 27.9MPa。

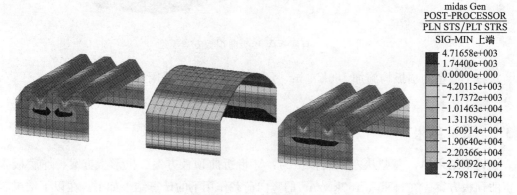

图 7.3.6　最大压应力

最大拉应力出现在无底板的 V 形折板的底部和拱模型的侧墙底部，为 23.6MPa。

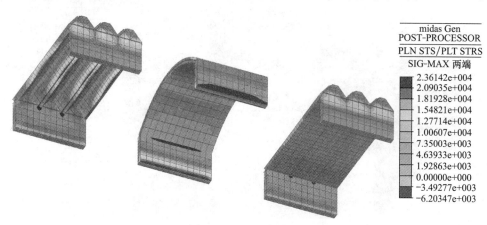

图 7.3.7 最大拉应力

对于顶板：X 向的最大拉应力出现在无底板的 V 形折板的底部，为 21.6MPa，X 向的最大压应力出现在有底板的 V 形折板的顶部，为 19MPa。有底板的 V 形折板最大拉应力为 9.5MPa。

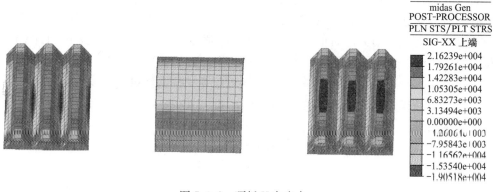

图 7.3.8 顶板 X 向应力

剪应力最大值出现在拱模型的侧墙底部，为 15MPa。有底板的 V 形折板最大剪应力为 9MPa，出现在顶板的跨中。

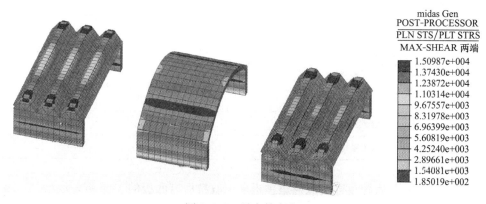

图 7.3.9 最大剪应力

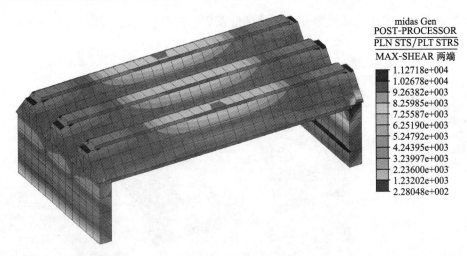

图 7.3.10　有底板的 V 形折板模型最大剪应力

7.3.3　小结

通过上述计算分析可见，拱形顶板模型的水平和竖向变形都是最大的，而且其侧墙的拉压应力和剪应力也较其他两个模型大。V 形折板模型的水平和竖向变形较改良后有底板的 V 形折板模型的变形大，而且 V 形折板模型的顶板底部受拉最严重达到 21.6MPa，该部位混凝土容易受拉开裂，改良后有底板的 V 形折板模型的折板和底板最大拉应力只为 12.5MPa，大大小于改良前的顶板拉应力，通过配置受拉钢筋可满足设计要求。改良后有底板的 V 形折板模型的折板顶部最大压应力为 18.4MPa 略大于改良前的 14.7MPa，但远小于 C40 混凝土的受压设计强度。

三组模型计算结果　　　　　　　　　　　　　　　　　　　　表 7.3.1

模　　型		拱　形　板	V 形折板	有底板的 V 形折板
竖向位移（mm）		28	25	25
水平位移（mm）		10	4	4
顶板折起高度（m）		5	2.25	2.25
侧墙应力	最大拉应力	23.6	15.6	13.0
	最大压应力	27.9	18.5	18.1
	最大剪应力	15.0	10.8	9.8
顶板应力	最大拉应力	16.3	21.6	12.5
	最大压应力	14.7	21.8	−18.4
	最大剪应力	9.7	10.3	9.3

综上所述，建议大跨度大荷载隧道顶板采用改良后有底板的 V 形折板设计。

7.4　无梁楼盖的设计

7.4.1　技术背景

地下空间结构楼板常采用无梁楼盖结构，特别是近年来空心板无梁楼盖因其设计美观、净空高被广泛应用地下空间楼板（顶板）。以下以广州市珠江新城核心区市政交通项目地下空间顶楼为例介绍钢管-空心无梁楼板的设计与计算方法。

广州市珠江新城核心区市政交通项目是总建筑面积约 36.7 万 m^2，主体建筑为全埋式地下室，其地面主要为市民广场，部分为绿化、景观用地；地下一层主要为商场及下沉式广场，部分为公交车站及大巴停车场。

由于地面覆土较厚，且部分道路为消防车通道，所以地下室顶板需要承受较大的恒载和活载。而地下一层的使用功能对建筑净高和柱距有着严格的要求。最终地下一层柱网确定为 16.8m×8.4m，地下室顶板的厚度限制在 900mm 以内。

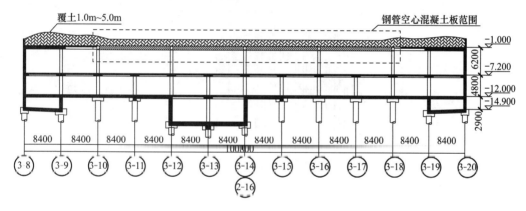

图 7.4.1　结构剖面图

7.4.2　钢管空心混凝土板方案

目前对上述此类承载大，跨度大、截面受限的地下室顶板和桥梁等结构一般采用空心楼板。普通的空心楼板中，空心圆管只用于空心板成型，仅仅是为了减轻自重，节省材料，并不参与受力，不能提高空心板的承载力和刚度，其管壁易压坏。

为发挥空心板的优点，弥补其不足，对普通空心板结构进行一些创新和改进。将钢管作为空心板的成型模板，浇筑混凝上后不拆除，这样钢管在空心板受力过程中参与承受板内弯矩和剪力，有效地提高了整个空心板结构的承载能力和刚度。当钢管的端部与钢梁或钢预埋件需要有良好的连接时，可以作为固端连接。

本钢管空心混凝土板的设计有别于一般的单向板设计。其主梁沿楼板短跨方向布置，而次梁沿楼板长跨方向，如图 7.4.2。钢管与主梁焊接，这是利用钢管对楼板的抗弯刚度

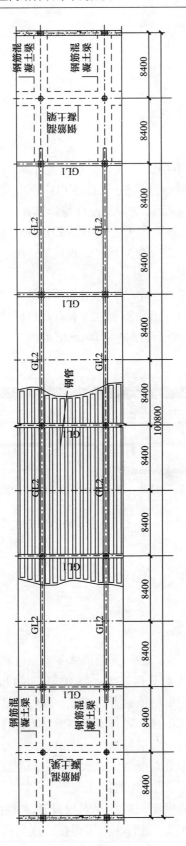

图 7.4.2　结构平面图

的贡献，减小主梁的跨度，从而减小其弯矩和挠度，最终达到减小主梁的高度的目的。次梁与钢管平行只起到加强柱点刚度与协助施工的作用。

7.4.3 弹塑性有限元结果

为了验证钢管空心混凝土板的可行性，发现并解决其中存在的问题，采用国际先进的有限元分析软件 ABAQUS 对钢管空心混凝土楼板进行弹塑性分析。取一个柱点进行分析。混凝土楼板面积为 16.8m×8.4m，厚 0.9m，钢管柱直径为 0.75m，模型如图 7.4.3 所示：

楼板短跨方向每隔 1m 设置直径为 0.6m 厚 8mm 的钢管，作为空心板成型的模板与主梁焊接。主梁为箱形型钢，次梁为工字钢。加 35mm 厚上、下肋板。楼板顶部配筋为 25@100mm，等效为 5mm 的钢板，楼板底部配筋为 25@150mm，等效为 3mm 的钢板。钢管柱钢板厚 22mm。模型如图 7.4.4 所示：

图 7.4.3 空心钢管混凝土楼板模型

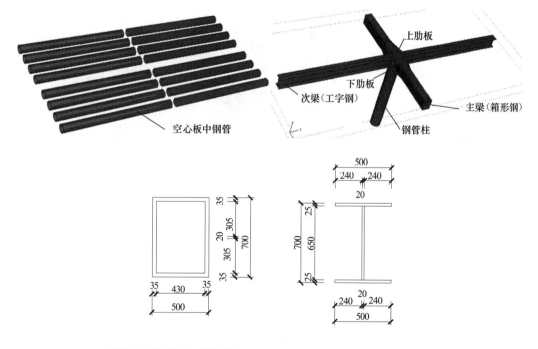

钢管空心板短跨方向钢骨大样　　钢管空心板长跨方向钢骨大样

图 7.4.4 空心钢管混凝土楼板钢材部分模型

型钢强度为 Q345，用弹塑性壳单元 S4R 模拟。混凝土强度为 C35，采用混凝土弹塑性损伤材料（Concrete Damaged Plasticity）实体单元 C3D4 模拟，混凝土塑性损伤（拉裂和压碎）受单轴抗压和抗拉强度控制，混凝土塑性损伤材料参数设定见表 7.4.1。

混凝土塑性损伤参数　　　　　　　　表 7.4.1

受压屈服应力（kPa）	受压损伤比率	塑性应变
16380.0	0.0	0.0
23400.0	0.01	0.00078
5749.74	0.79630	0.00747
2991.69	0.93706	0.01370
受拉屈服应力（kPa）	受拉损伤比率	塑性应变
2640.0	0.0	0.0
2200.0	0.01	0.00003
397.04	0.9211	0.00069
109.18	0.9988	0.00399

采用 Explicit（显式）求解器计算。荷载均为竖向荷载。恒载（不包括自重）为 31kN/m²，活载为 10kN/m²，按 1.35×恒载＋0.98×活载得到应加的楼板上的均布荷载为 52kN/m²。因为实际工程中钢管空心混凝土楼板位于的楼板中部，所以忽略边跨效应，对垂直于 1 方向上的所有边界做 U1＝UR2＝UR3＝0 的对称约束，对垂直于 3 方向上的所有边界做 U3＝UR1＝UR2＝0 的对称约束，柱底做嵌固约束。

由于模型的对称性以下只显示 1/4 模型的计算结果：

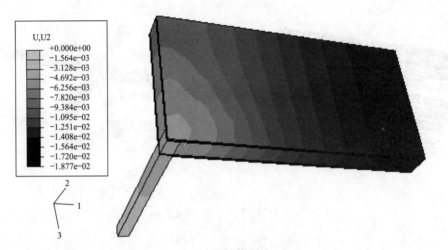

图 7.4.5　楼板整体位移（m）

最大位移数值达 18.77mm，挠度为 0.01877/16.8＝1/895＜1/200，满足规范要求。

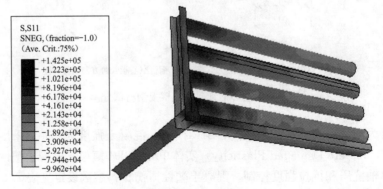

图 7.4.6　楼板型钢部分应力（kPa）（一）

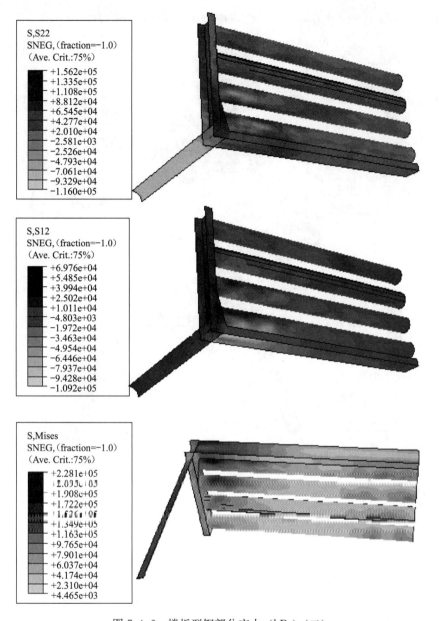

图 7.4.6　楼板型钢部分应力（kPa）（二）

　　由上图可知，拉压应力中，壳单元长向（钢管的轴向）最大应力 S_{11} 为 142.5MPa，壳单元短向（钢管的切向）最大应力 S_{22} 为 156.2MPa，均小于 Q345 钢抗拉压强度设计值 295MPa，而剪应力 S_{12} 最大值为 109MPa，小于 Q345 钢抗剪强度设计值 170MPa；mises 屈服压应力最大值发生在次梁的工字钢的腹板靠近钢管柱壁及靠近柱的钢管壁，228MPa＜295MPa 处于弹性范围，满足规范要求。图 7.4.7 数值为混凝土刚度损伤的比率，如 9.998e-1 是指该处混凝土刚度的 99.88％已经损失。

　　混凝土的压应力最大值约为 13MPa，未达轴心抗压强度标准值 23.4MPa，所以没出现混凝土压碎的情况。混凝土板局部出现了受拉屈服，柱顶附近的板面及跨中的板底部，出现了不同情度的受拉开裂损伤，损伤最严重部分混凝土受拉刚度已退化了近百分之几十，此区域的混凝土受拉开裂退出了工作，由型钢承受大部分拉力。

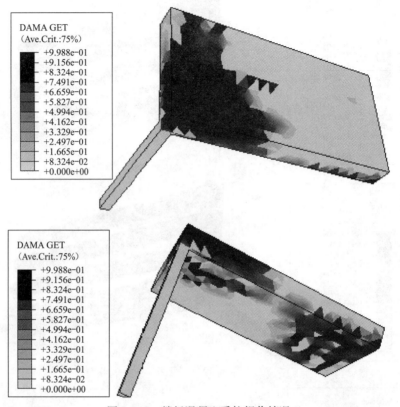

图 7.4.7　楼板混凝土受拉损伤情况

7.4.4　分析

钢管在空心板受力体系中起到关键的作用。既是空心板的抗弯、抗剪主受力型钢，也是空心孔的有力的支撑。将钢管厚度改为 6mm，受拉开裂的情况十分严重，孔壁及板面出现压碎的情况。钢管局部出现了塑性损伤破坏，见下图 7.4.8，图中数值为型钢塑性应变值。

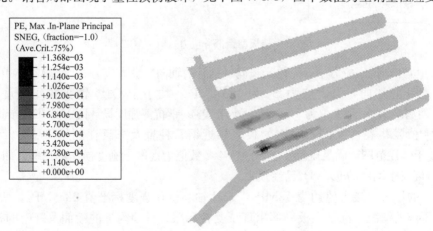

图 7.4.8　钢管（6mm 厚）塑性应变

如采用 10mm 厚的钢管，受拉开裂只出现在混凝土板的局部表面，没有出现压碎的情况。钢管局部也没出现了塑性屈服区。可见钢管的刚度大小对空心板的承载能力及孔的抗压能力起到重要作用。

7.4.5 工程应用

通过 ABAQUS 的三维弹塑性计算以及 ANSYS、MIDAS 的复核计算，将空心钢管混凝土板技术应用广州市珠江新城核心区市政交通项目首层柱网为 16.8m×8.4m 的区域。

为了确保实际应用中钢管空心混凝土板的工作状态能符合计算分析当中的各项假定，特别对钢管空心混凝土板作出如下几项构造要求：

① 通过沿管壁纵向焊接钢筋等方式使管壁与板内混凝土紧密结合，增加混凝土对钢管的握裹，保证了混凝土与钢管间的变形协调和应力传递。

② 钢管的端部与型钢主梁或侧壁钢预埋件可靠连接，采用熔透焊及柱脚型式的加劲肋板连接钢管与型钢主梁，以确保可以将此单向板支座作为固端考虑。

③ 钢管柱柱顶环形钢牛腿采用加厚梭形翼缘，以保证型钢主梁的连续性，且避免翼缘位置的应力集中。

另外，由钢管形成的内孔能承受较大的挤压力，这样在钢管之间的混凝土中，可以放置预应力钢绞线，并可结合承受荷载类型采用不同的预应力布索型式，从而进一步提高空心楼板的承载力和抗裂能力。

最终钢管空心板的平面如图 7.4.9 所示，剖面如图 7.4.10 所示。

实际工程应用中还发现，钢管空心混凝土板除了在受力性能上的优点之外，还可以充分利用钢管安装简单、施工迅速的特点，将钢管的安装与混凝土楼板的模板施工相结合。利用钢管与型钢梁作为混凝土楼板的施工平台，由钢管吊承的钢筋桁架模板作为楼板的模板体系，不但可以省却常规的脚手架搭设工序，而且可以减少支模工作量，从而达到简化施工工序，缩短工期，节省施工成本等目的。模板体系详图如图 7.4.11 所示。

7.4.6 小结

空心钢管混凝土板的钢管与楼板混凝土协同工作，共同参与楼盖的受力，解决了楼板内孔的内破坏问题，使楼板的结构成为一个钢管-混凝土板混合结构。其主要优点有：

① 承载力大，可套用型钢构件的配筋。

② 刚度好，孔内抗弯、抗剪变形能力强，整体性好。

③ 将钢管的安装与混凝土楼板的模板施工相结合，简化施工工序，缩短工期。

随着承载力大，跨度大的楼盖结构不断增多，这种结构体系将会有更大的发挥空间，创造更多的经济效益。

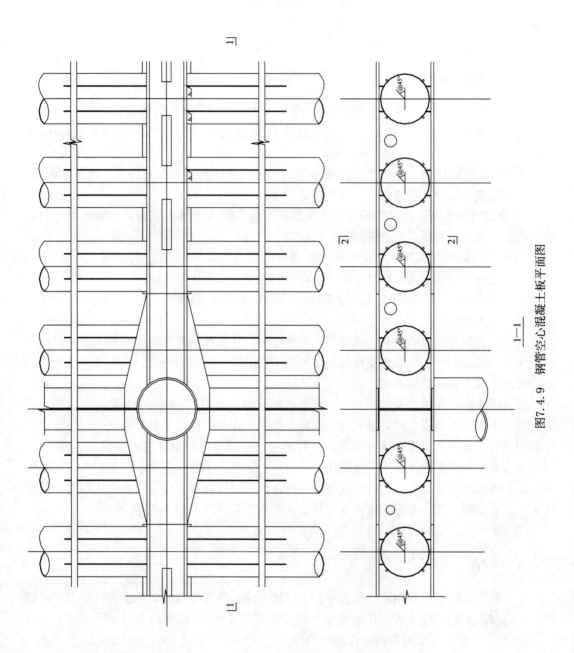

图7.4.9　钢管空心混凝土板平面图

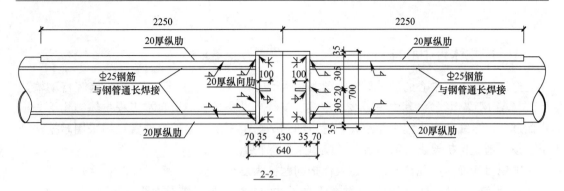

图 7.4.10 钢管空心混凝土板剖面详图

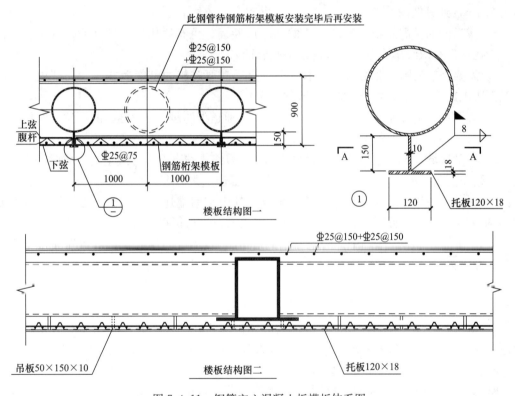

图 7.4.11 钢管空心混凝土板模板体系图

7.5 有地铁跨越的地下空间转换结构的设计

大型地下空间结构常规是人流集中、多类型交通方式交汇的地方，所以常常一条或多条地铁线路穿越，以下将以广州体育中心地下空间的情况为例，介绍超大、超长、多类型跨越多条地铁隧道穿越地下空间结构的设计与计算分析。

7.5.1　广州体育中心项目

途经广州体育中心的地铁线路有地铁一号线、三号线（主线、支线）、旅客自动输送系统（APM 集运线）。其中三号线（主线、支线）及集运线隧道自本工程主体结构下方横贯而过，一号线与本工程东侧距离较近，如图 7.5.1 所示；上述地铁隧道均采用暗挖法施工。按照地铁保护要求，需对各相关隧道采取保护措施。

本项目所面对的地铁隧道跨越及保护问题极为复杂：

a）地铁线路的穿越范围广（散布于全场地的各个区域，涉及面积总和达 24000m²）；

b）覆盖多条地铁线路（涉及需要考虑跨越保护的隧道、通道结构达 11 条）；

c）标高变化大（场地下方多条地铁线路纵横交错、上下穿插，隧道面绝对标高从最高的 2.4m，到最低的 -15.9m）；

d）隧道断面情况复杂（有矿山法的马蹄形断面、也有盾构法圆形断面；有单孔、双孔、三孔；还有双线单孔形成的大跨度单孔断面）；

e）需要跨越的跨度非常大（考虑保护距离后需要跨越的跨度达 27m，局部更大区域甚至无法采用简单的跨越，比如西区跨越区域）；

f）局部距离非常近（西区与中区之间的连接通道处跨越 APM 隧道的部位，结构底板底与隧道顶板面之间的最小净距仅 2.8m）；

g）局部区域出现双层隧道（在西区下方，3 号线支线下穿 3 号线主线，故此处出现支线、主线交汇重叠的双层隧道区域，对跨越保护提出更严格要求）；

h）另外，主体结构东侧临近地铁 1 号线，其中东南端还紧挨地铁 1 号线体育中心站的 D 通道出入口，后期改造中尚需要考虑与该出入口进行衔接；

i）另外，主体结构南侧中部尚须考虑拟建 10 号线体育西站的车站预留场地及未来建设施工等问题。

上述错综复杂的地铁隧道跨越、保护问题，对相关结构设计提出了严峻苛刻的要求。针对这一大难题，本项目结构设计中采取了以下多项特殊措施：

1）根据各区域主体结构、地铁隧道的具体情况，并结合两者之间的相对关系，针对性地采取了多种类型的跨越结构形式（如图 7.5.1 所示）：

厚筏板跨越，自重抗浮（A 型）；

厚板托换跨越（负一层），锚杆及自重复合抗浮（B 型）；

超近距离箱型结构拱式跨越（C 型）；

厚板托换跨越（负二层），锚杆抗浮（D 型）；

厚板托换跨越（负二层），锚杆及自重复合抗浮（E 型）。

2）对于中-西区连接通道跨越 APM 隧道的部位，其跨越跨度大（达 27m）、主体结构与地铁隧道间竖向净距极小（仅 2.8m）、隧道结构敏感（为盾构法施工的管片式圆形隧道，对其周边围压的变化特别敏感）。为此，结构设计上充分利用该通道的建筑外形特点形成创新的跨越措施（如图 7.5.13～7.5.16 所示）：

（a）首先，利用狭长通道形成箱型结构整体参与受力（图 7.5.15）。为了形成真正的"箱型结构"，有意将通道两侧的侧墙加厚、将顶板加厚、将中间柱网调密、柱截面加大且

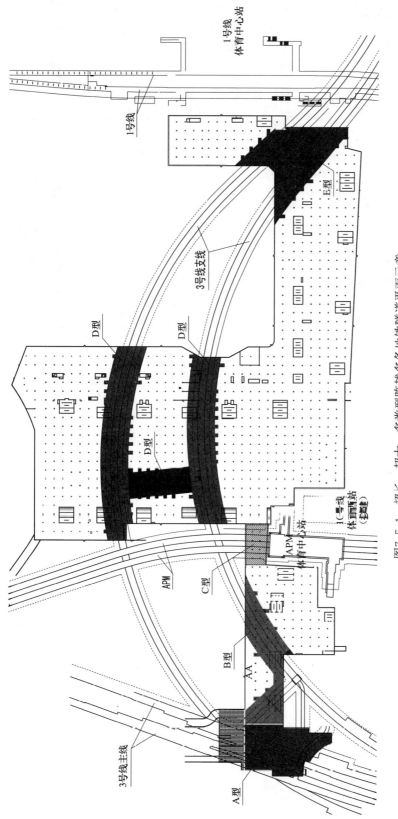

图7.5.1 超长、超大、多类型跨越多条地铁隧道平面示意

注："A型"——厚筏板跨越，自重抗浮；
"B型"——厚板托换跨越（负一层），锚杆及自重复合抗浮；
"C型"——超近距离箱型结构拱式跨越；
"D型"——厚板托换跨越（负二层），锚杆抗浮；
"E型"——厚板托换跨越（负二层），锚杆及自重复合抗浮。

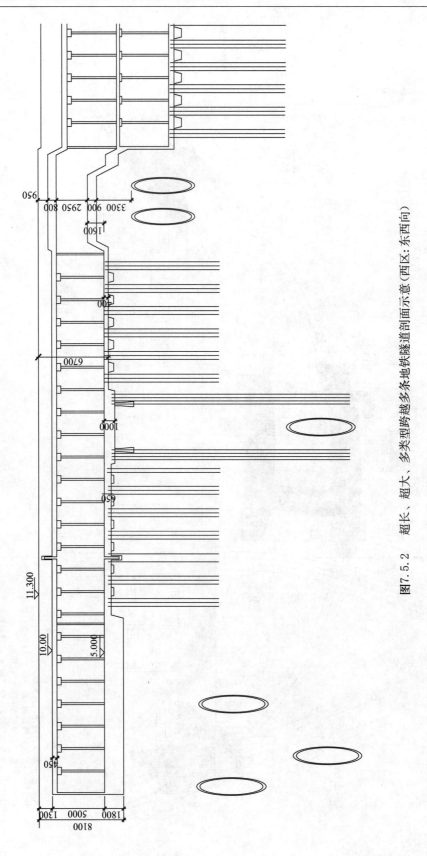

图7.5.2 超长、超大、多类型跨越多条地铁隧道剖面示意（西区：东西向）

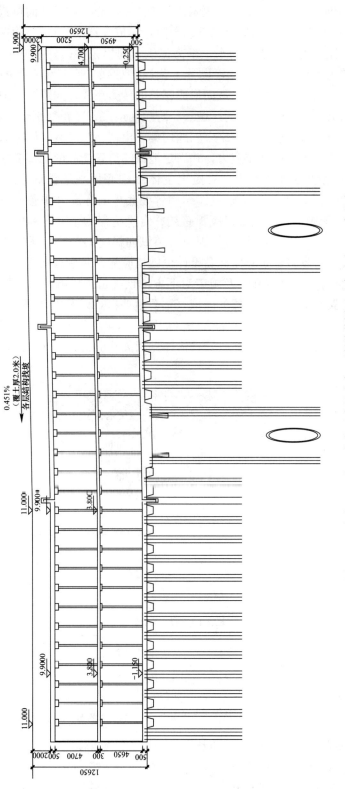

图7.5.3 超长、超大、多类型跨越多条地铁隧道剖面示意（中区：南北向）

全高加密箍筋；

（b）更重要的创新在于，利用通道两侧的台阶高差，起拱形成横向拱式跨越受力（图7.5.14、7.5.16）。因通道两侧正好有向下的台阶，形成天然的"拱"，而两端的顶板、底板（楼板）的水平刚度也为"拱"的水平推力提供了前提条件；只需为这一拱式"桥梁"再提供一个竖向传力路径即可，为此，设计上利用并加强了原基坑支护的支护桩及搅拌桩，形成拱两端下方的竖向加强体，从而形成完整的传力路线，如图7.5.16所示。

3）西区为跨越保护形势最严峻的区域——跨越面最广、净距特别小、隧道断面众多、出现双层隧道、需拆除施工竖井，等诸多问题均集中出现在该区域（如图7.5.6）。为控制主体结构基底对隧道产生的附加压应力，并满足地铁隧道各断面的抗浮要求，同时尽量降低主体结构施工对地铁隧道的影响，故提出主体结构底板与地铁隧道间净距最小值要求——5.5m，并以此为原则相应调整主体结构各处底板面标高（并通过协调沟通相应调整建筑设计）。在此原则下，形成了以筏板跨越并自重抗浮为主的多种样式的跨越结构形式（如图7.5.7～7.5.11所示）；同时，因应隧道纵向标高的变化，形成了顺隧道方向变标高、变厚度的筏板跨越（建筑竖向标高设计也做相应配合调整），如图7.5.12所示。

4）为尽量降低各区域基坑开挖及施工对下方地铁隧道的影响，同时提高基坑支护结构的安全度，对于跨越形势较为严峻的区域（主要是西区，以及中-西连接通道处），要求其施工采用分块开挖、分段跳仓施工的方法（如图7.5.4所示）；另外，相应地将相关区域的基坑支护由竖向斜撑改为中心岛法，具体详见相关基坑支护设计方案。

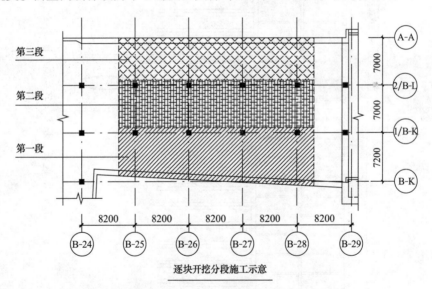

图 7.5.4　分块开挖施工示意图

注：该处集运系统隧道上方区域，应按图示由南至北逐块开挖土方，并相应分段进行主体结构施工，要求待前一段的主体结构底板浇筑完成并达到设计强度值之70％以上后，方可进行下一段的土方开挖。土方开挖及结构施工过程中，需采取可靠措施，确保集运系统隧道上方的卸载、加载尽量均匀、对称。

5）根据地质资料显示，西区结构的基底持力层（地铁隧道上方、主体结构底板下方之间的土层）为松散状细砂层；且据了解，该处区域的地铁隧道在原施工过程中曾发生塌方事故。因此，须对该区域的基底土层进行适当的加固，以提高其稳定性，从而为主体结构提供可靠的地基土层，也为地铁隧道提供可靠的上覆土层。经研究，设计上采用密排搭接水泥土搅拌短桩对基底一定厚度范围内的砂层进行加固。搅拌桩桩径 0.6m，采用梅花型格构式布置，桩间搭接 150mm，如图 7.5.5 所示；加固厚度拟定 1.5～3.0m，视地铁隧道及其初衬锚杆的具体位置而调整。

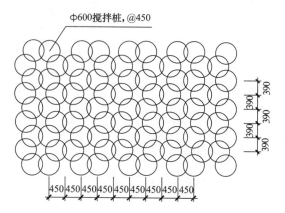

Φ600搅拌桩,@450

图 7.5.5　土层加固水泥土搅拌短桩平面布置示意图
（注：加固措施仅为初步方案，须对该方案的具体实施细节及其加固效果作进一步的
深入研究及分析后方可执行）

6）对于某些特殊区域，地铁隧道保护的关键点不在于跨越，而在于抗浮。为满足主体结构自身的抗浮，对各典型剖面的结构整体抗浮进行验算；抗浮不满足的区域，采取附加抗浮措施：

（a）密集短锚抗浮——收条件限制而无法设置较长的岩石锚杆时，则可在底板下方满布密集的短锚杆，控制锚杆长度不侵入下方地铁隧道保护范围，充分利用底板下方土体自重帮助结构抗浮。

（b）调整局部地面标高从而增加顶板上方覆土厚度（需业主征得如规划、园林等部门同意后方可实施）。

7）为了检验上述地铁保护措施的效果，在整个施工期间及其前后一段时期，对相关区域的地铁隧道进行了严密、持续的第三方监测（隧道结构的应力、变形），并定期将监测结果数据报送各方，实现地铁保护区域的信息化施工。

本项目现已完工并部分投入使用，施工过程中地铁隧道保护方面均未出现险情，施工及使用阶段的地铁隧道监测结果也显示地铁隧道结构处于安全、正常状态。相关地铁隧道跨越保护措施取得良好效果。

7.5.2　广州花城广场项目

7.5.2.1　工程背景

广州花城广场地处珠江新城 CBD 的核心区，该区域的规划交通四通八达，故其下方已建或待建的轨道交通线路较多：地铁 3 号线（已建、已运营）位于花城广场西端，其中"珠江新城站"与地下空间负一层相连通；地铁 5 号线（已建、当时未运营）珠江新城站至猎德站区间自地下空间主体结构下自东往西横贯而过（详见图 7.5.18 所示）；地下旅客

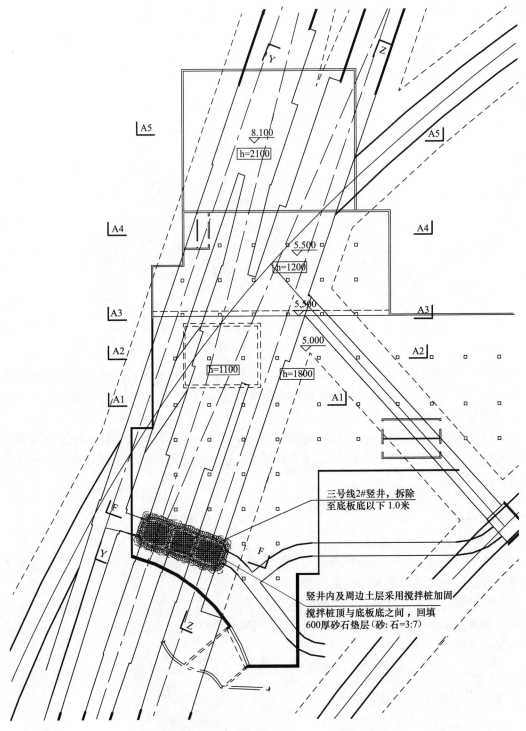

图 7.5.6　西区跨越地铁隧道（A 型）平面示意
（该处是整个项目中跨越情况最为复杂的区域）

自动输送系统（APM），自南往北穿越整个花城广场地下空间，并与地下空间主体结构合建——位于负三层。

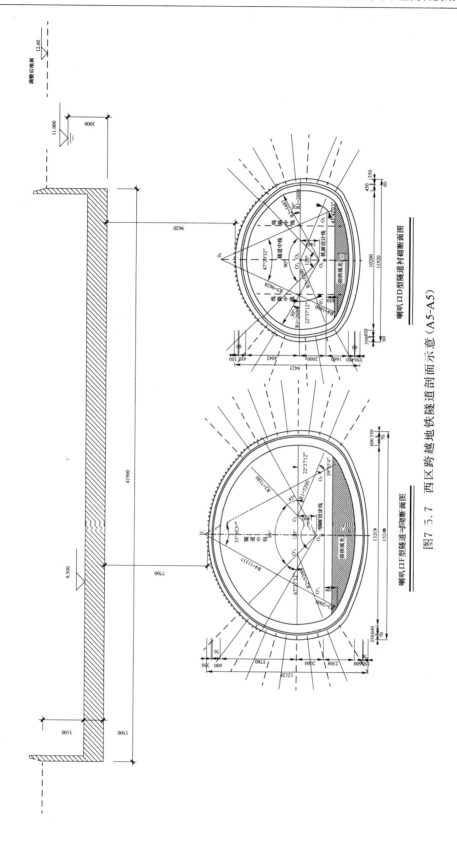

图7.5.7 西区跨越地铁隧道剖面示意（A5-A5）

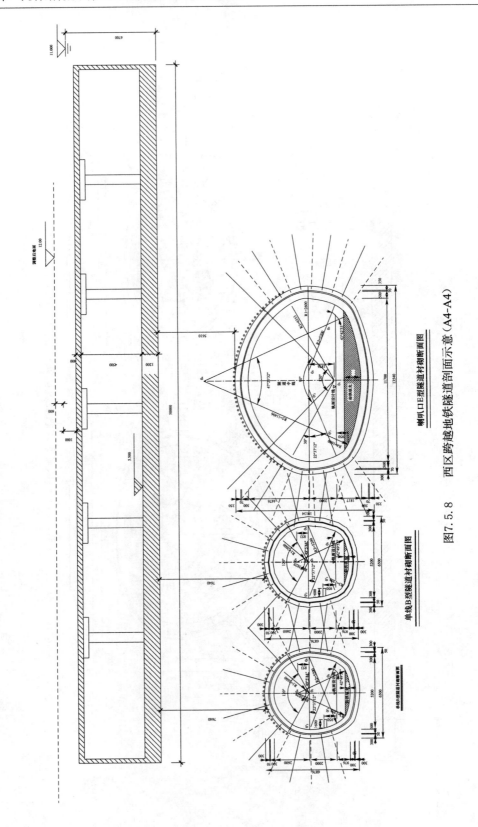

图7.5.8　西区跨越地铁隧道剖面示意（A4-A4）

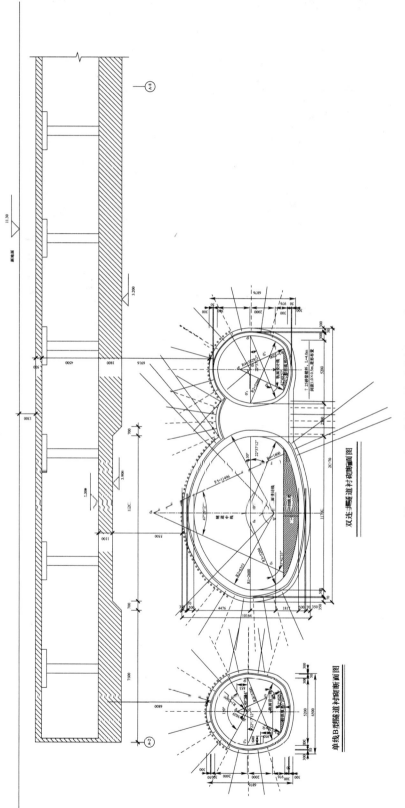

图7.5.9 西区跨越地铁隧道剖面示意（A2-A2）

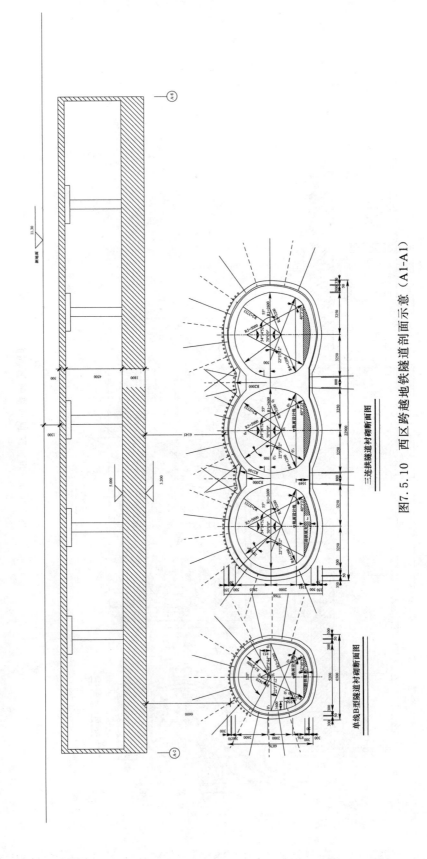

图7.5.10　西区跨越地铁隧道剖面示意（A1-A1）

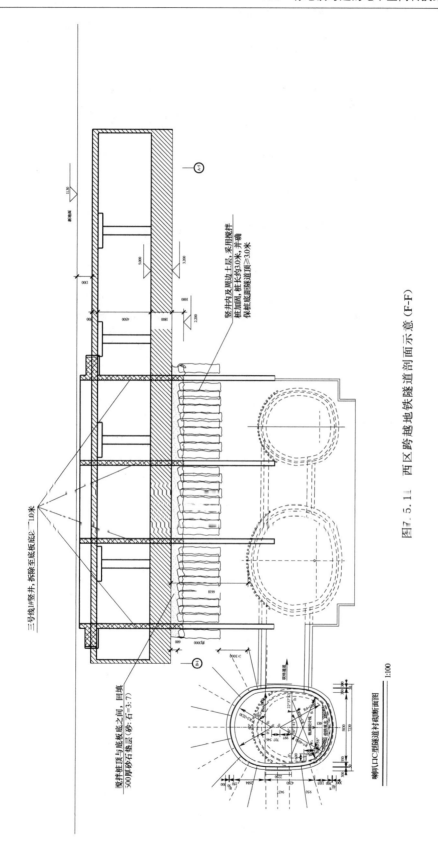

图7.5.14 西区跨越地铁隧道剖面示意（F-F）

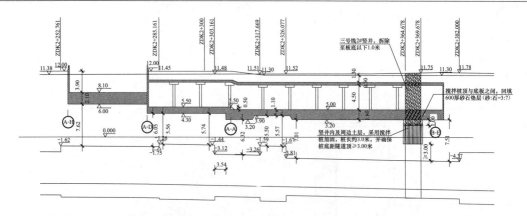

图 7.5.12　西区跨越地铁隧道纵向剖面示意（Z-Z）

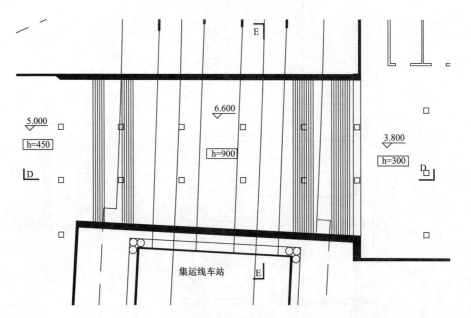

图 7.5.13　中-西区连接通道跨越 APM 隧道（C 型）平面示意

（该处是整个项目中净距最小的区域）

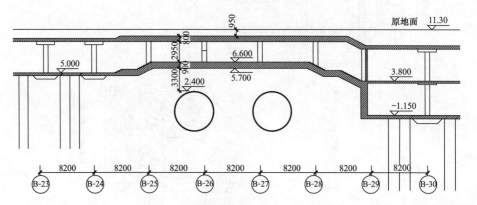

图 7.5.14　中-西区连接通道跨越 APM 隧道剖面（D-D）

（利用主体结构两侧高差起拱形成横向拱式跨越）

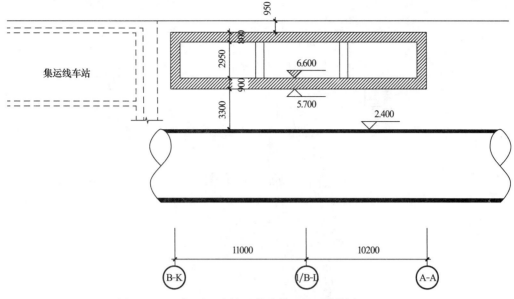

图 7.5.15 中-西区连接通道跨越 APM 隧道剖面（E-E）

（利用主体结构整体形成箱型结构）

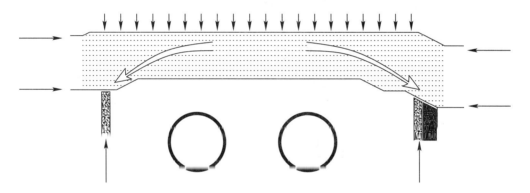

图 7.5.16 中-西区连接通道横向拱式跨越受力构思示意

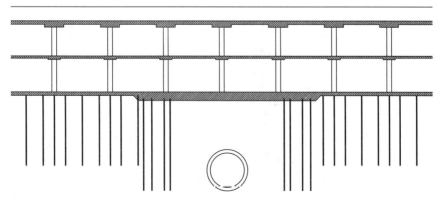

图 7.5.17 中区跨越 3 号线支线隧道剖面

（厚板托换跨越，锚杆抗浮）

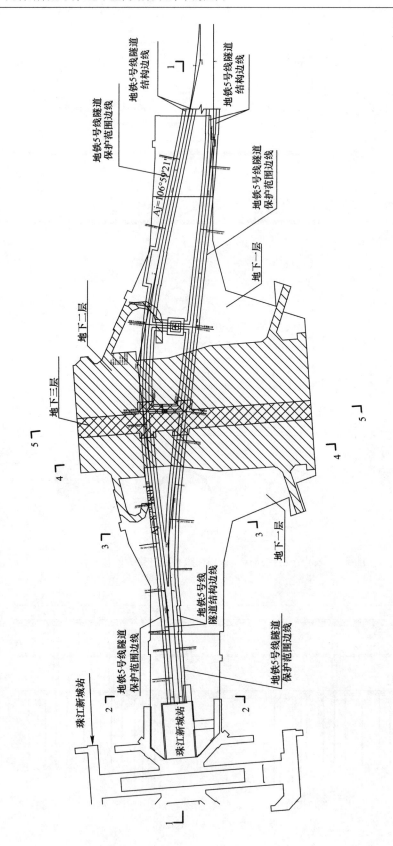

图7.5.18　主体结构与地铁5号线的平面关系示意

上述三条地下轨道交通，因其建设及运营状况同、与地下空间的连接关系同，而对地下空间的相关结构设计提出了不同的要求。

1）地铁 3 号线仅与地下空间的（2）区负一层西端相交，关系相对简单，故结构设计上仅须考虑相对简单的结构连接问题；

2）地铁 5 号线已建成并即将运营，且横贯整个地下空间的（2）区，其穿越长度达 600m；且地铁隧道在该范围内的线路变化相当复杂（其竖曲线变化先上后下再上，水平方向则先合线后分线再合线，且中间设有泵房通道、联络通道各一条）；再者，该处地铁线路与地下空间负三层、负二层、负一层底板距离各不相同，且洞线跨度各异。因此，地铁 5 号线的跨越、保护方面对地下空间的结构设计提出了严峻苛刻的要求。

3）APM 线路因与地下空间合建，故其竖曲线设计及站台、站厅、区间的连接设计相对较为灵活，结构设计问题相对较少。但因该线路位于地下空间负三层，正好与下方地铁 5 号线隧道距离最小（两者平面交点处），也是整项工程中地铁保护要求最严格、托换难度最大的节点。

综上所述，地铁 5 号线隧道对地下空间的结构设计影响最大，设计中正是将地铁 5 号线隧道作为需要考虑跨越、保护的主要研究对象。下文将对地下空间结构设计中关于跨越地铁隧道的结构分析与设计技术作详细的介绍。

场地内地铁 5 号线隧道的线路状况：地铁隧道拱顶现场实测标高为 −13.283～−13.689m（右线），−13.131～−13.621m（左线）。而该工程主体结构底板面标高分别为 −1.267m、1.750m（−1 层）、−3.000m（−2 层）、−10.200m（−3 层），故主体结构底板面与地铁隧道拱顶之间的最小距离约为 6.10m、7.71m（−1 层）、10.14m（−2 层）、3.300m（−3 层）。详见图 7.5.19 所示。

7.5.2.2 大范围跨越地铁隧道所采取的各种措施

为了满足地下空间建筑使用功能的需要，同时又达到保护已建地铁隧道的要求，结构设计须根据主体结构底板与地铁 5 号线隧道结构间净距的不同，分别制定各种跨越地铁隧道的结构方案。这就需要解决以下难题：1. 地铁隧道已建（未铺轨），该工程后建；2. 要求桩与隧道间的水平净距不得大于 3.0；3. 要求主体结构与隧道间的竖直净距不宜大于 5.0；4. 后建工程的施工与使用，引起的隧道变形不得大于 2.0mm；5. 引起的隧道顶的附加压应力不宜大于 20kPa，且不得大于 40kPa；6. 紧邻隧道保护范围的基础施工不得采用爆破；7. 范围广（东西长达 600m），跨度大（最大跨越跨度达 30m），空间关系复杂多样（结构底板与地铁隧道间净距 2.6～15.0m）。

（1）负一层、负二层地铁隧道的跨越

该工程的 −1、−2 层，在跨越地铁隧道的区域，部分为主体结构的框架柱，其柱底轴力标准值约为 4000～10000kN；部分为花城大道隧道的侧墙/中墙，其墙下支座传来的集中荷载标准值约为 10000～20000kN。另外，−1 层底板绝大部分标高为 1.750m，其板底与地铁隧道拱顶间的最小距离约为 7.71m；−2 层的底板标高为 −3.000m，其板底面与地铁隧道拱顶之间的最小距离约为 10.14m。针对该处的具体情况，结构跨越方案设计中进行了以下方案对比：

a 方案：

天然地基基础方案——由于 −1、−2 层底板下方的土层较好（可塑黏土、全（强、

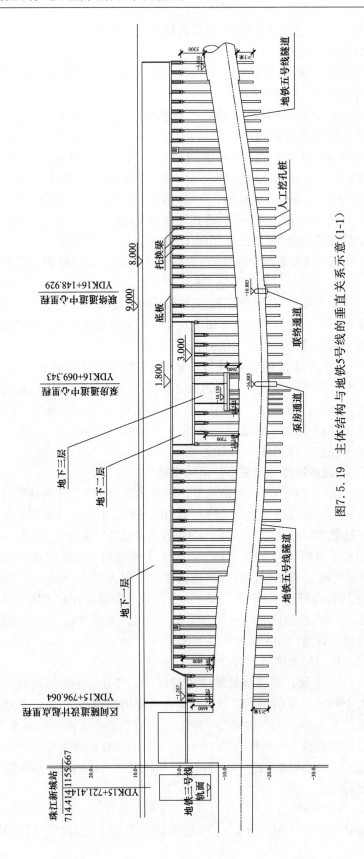

图 7.5.19　主体结构与地铁 5 号线的垂直关系示意（1-1）

中）风化岩），单纯从地基承载力的角度而言，采用天然地基基础的形式是经济可行的；但从保护地铁隧道的角度来看，则须验算基底压力对隧道产生的附加压应力能否满足要求。把岩（土）体视作弹性半空间，采用布辛耐斯克法计算邻近地铁隧道的基础荷载对隧道顶部（A 点）产生的附加压力。

由于柱底、墙底轴力（N_{k1}、N_{k2}）较大，且基底与隧道的净距不是很大，故所得的隧道附加压力不小，经计算约为 $\sigma'=35\text{kPa}$（柱下），$\sigma'=55\text{kPa}$（墙下），超出 20/40kPa 的限制。可见，天然地基基础方案无法满足保护地铁隧道的相关要求。

虽然这一方案在该工程未予采用，但对于柱底轴力较小、与隧道距离较大的其他工程，具有一定的适用性。

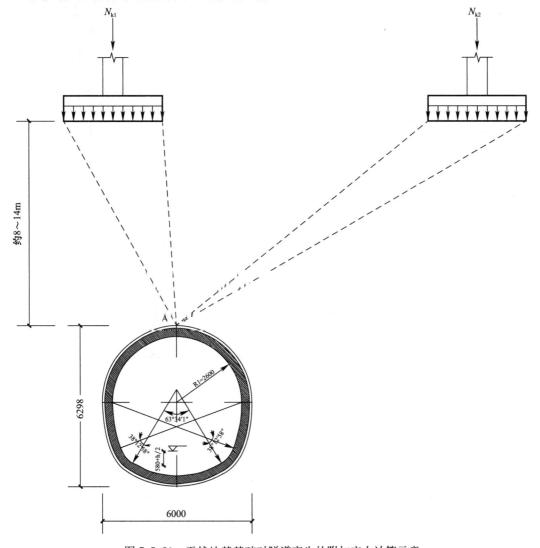

图 7.5.20 天然地基基础对隧道产生的附加应力计算示意

b 方案：

桁架、拱桥托换方案——为达到跨越隧道的目的，方案对比中曾考虑采用桁架托换结构、拱桥托换结构。但考虑到土方开挖量大、空腹结构防水构造困难、所需承台高度偏大、跨越跨度不一导致桁架拱桥的尺寸模数过多等问题，两方案未获采用。

c方案：

预应力大梁托换方案——由于底板与地铁隧道间尚有足够的净距，存在设置托换大梁的条件，如图 7.5.21～7.5.23 所示；同时，作为地下建筑，结构自身存在较多钢筋混凝土墙体，在跨越区域可尽量利用这些墙体本身作为托换结构的一部分共同参与受力。该方案同时解决了 a、b 方案的问题，得以在设计中落实。

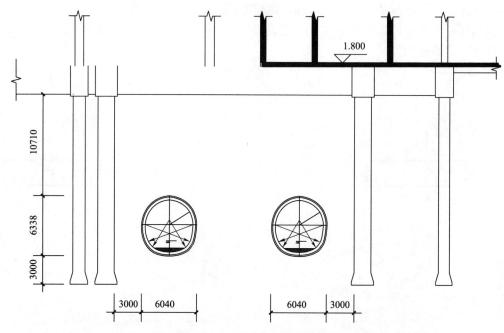

图 7.5.21　地下一、二层跨越地铁隧道剖面示意（3-3）

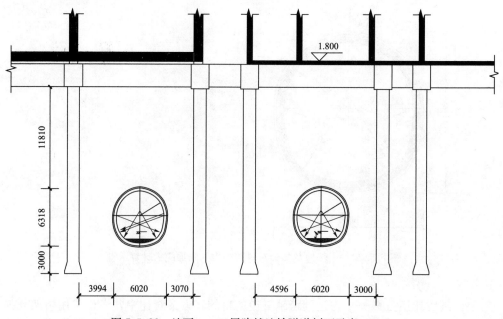

图 7.5.22　地下一、二层跨越地铁隧道剖面示意（4-4）

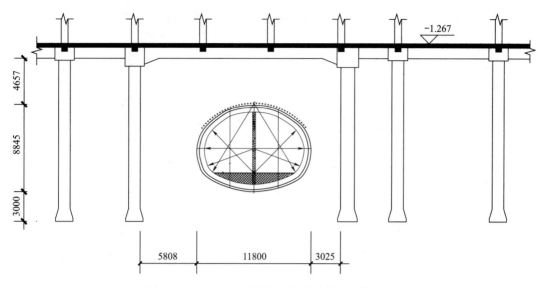

图 7.5.23　地下一层跨越地铁隧道剖面示意（2-2）

经过以上方案对比，−1、−2 层底板的结构设计中，以不对隧道顶产生附加压力为原则，对地铁隧道正上方的结构采用大梁托换的方法，使上部框架柱产生的荷载通过托换大梁传递到托换桩上，并使托换桩与地铁隧道的水平净距满足地铁保护的相关要求（≥3m），且要求该处桩基础以中（微）风化岩作为桩端持力层，须保证桩底标高比相邻隧道底面标高低 2.0m 以上，并要求不得采用常规爆破进行施工。经验算，上述托换梁底面与隧道间的净距均满足地铁保护的相关要求。

由于托换梁的跨度较大、截面较大，属于大体积混凝土构件。设计上在梁底、梁面配置了直线预应力筋束，一来提高大梁的承载力与刚度，二来可增强其抗裂性能；施工上则要求采用针对大体积混凝土浇筑的相应措施，如分层浇捣、降低入槽温度、控制水化热等。

须特别说明的是，−1 层西侧与地铁珠江新城站连接的一部分，其底板标高为−1.267m，且该处下方的地铁隧道采用的是单洞双线的较大断面，导致底板面与地铁隧道拱顶之间的最小距离仅为 6.10m，为尽量减小托换梁底进入隧道特别保护区，设计中采用梁端加腋、加大梁宽、施加预应力等措施，将托换梁高减至 1.5m，梁底与地铁隧道间的最小净距约为 4.6m，如图 7.5.23 所示。

同时，利用地下室的侧墙、设备管沟的侧壁、花城大道隧道的中墙等墙体，作为深受弯构件对其上方的柱进行托换。这就充分利用了建筑自身的结构体系来作为跨越的途径。

（2）负三层地铁隧道的跨越

−3 层为地下空间旅客自动输送系统行驶轨道及站台层，其底板底面与地铁隧道顶面之间净距最小处仅为 2.60m，已经进入了地铁隧道的特别保护区范围，且不存在足够的空间来设置托换大梁。针对这一特殊情况，该处的底板设计中采用了 700/1200 的变截面厚板来跨越地铁隧道（如图 7.5.7），尽量增大底板底与隧道拱顶的净距。另外，由于-3 层开间较小（2×8.4m）、层高较高（7.2m），侧壁、底板、顶板共同组成了一个水平向的矩形长筒（如图 7.5.16），在跨越地铁隧道的设计中，针对以上特点，利用该处建筑自身的结构体系（类似于一根巨大的箱形梁）来托换其上方的建筑；并通过该处结构的空间整体分析，对关键部位（主要是侧墙顶部、底部的暗梁）进行了加强。

由于该处的主体结构已进入地铁隧道特别保护范围且净距特别小，设计中对此制定了专项的地铁隧道保护方案并经专家论证会审查通过。保护方案以减小对隧道受力及变形的影响、不对隧道造成破坏为目的，重点解决地下水浮力作用及上部土体卸载时地铁隧道受力状况改变的问题，采用分块跳槽开挖及恢复水位时分块回压等措施，以减少隧道压力变化及土体变形，在施工完毕后使地铁隧道的受力状况与现状接近，承载力及变形均须满足有关规范的要求而确保地铁隧道的安全。另外，由于该区域地质较好，中微风化泥质粉砂岩的开挖特别是爆破施工对已建地铁隧道的影响必须重点考虑，同时还应解决开挖施工中对隧道顶约 2.5m 长的隧道初衬锚杆的保护及修复问题。

保护方案的分析计算采用通用有限元软件 ANSYS 进行，对于土体计算模型采用 DP 材料模型，混凝土采用弹性材料，岩层材料采用中风化岩参数。针对提出的方案进行了施工进度模拟分析，即整个计算分为四个施工步，第一步进行土体初始应力和位移计算；第二步为五号线地铁隧道施工完毕同时已做好衬砌，此时考虑地下水作用；第三步为集运系统大开挖至底版，考虑地下水已降至隧道底以下，但同时考虑偶然因素施工期间下大雨，计算时考虑了集运系统底板的水头高度；第四步考虑保护框架以及集运系统全部结构均施工完毕，同时考虑地下水作用工况。详见图 7.5.25～7.5.28 所示。

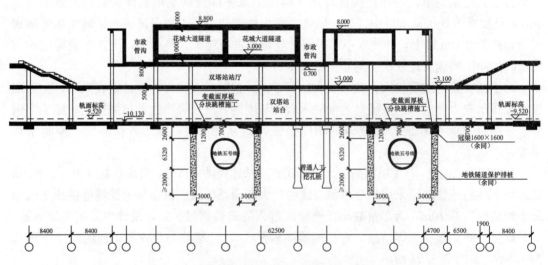

图 7.5.24　地下三层跨越地铁隧道剖面示意（5-5）

模型分析结论：一、在隧道施工完毕后，再进行地下空间集运系统基坑开挖至集运系统底板底时，即施工步三相对于施工步二，集运系统下面隧道衬砌顶部竖向位移由 -1.958mm 变为 -0.884mm，即向上变形了 1.074mm，满足要求；在所有结构施工完后（即第四施工步后），隧道衬砌底部竖向位移变为 -0.123mm，即相对于施工步二向上变形了 1.835mm，满足要求。隧道衬砌水平全量位移与增量位移均在 0.200mm 以内，满足要求。二、由各个施工步中的衬砌应力图可知，隧道施工完毕后衬砌最大 Von Mises 应力为 2.928MPa；集运系统基坑开挖完毕后（施工步三），其下方的衬砌最大 Von Mises 应力变为 2.22MPa，最大应力发生在集运系统与隧道交叉外边位置，但相对于施工步二应力变

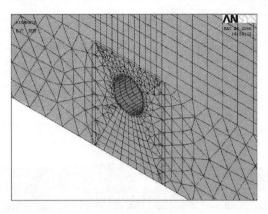

图 7.5.25 施工步 2（地铁隧道施工完成）局部放大图

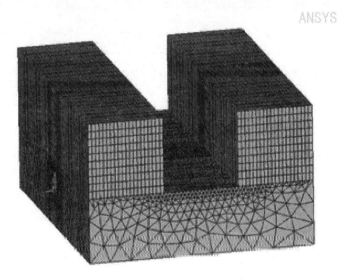

图 7.5.26 施工步 3（集运系统基坑开挖、降水）分析模型示意

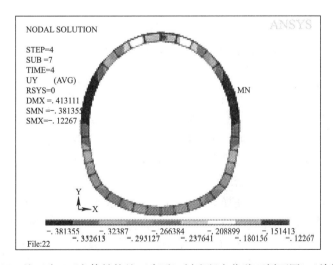

图 7.5.27 施工步 4（主体结构施工完后）衬砌竖向位移（剖面图）（单位：mm）

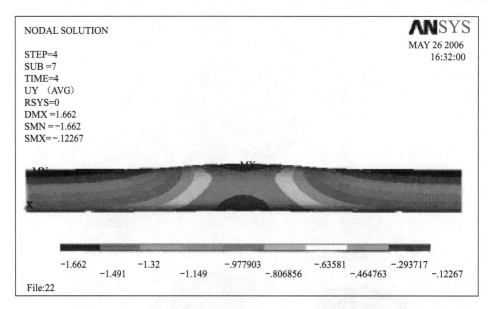

图 7.5.28　施工步 4（主体结构施工完后）衬砌竖向位移（剖面图）（单位：mm）

小，此时隧道其他部位衬砌最大 Von Mises 应力为 2.779MPa，较之施工步二无多大变化；待整个结构施工完以后（施工步四）集运系统下衬砌最大 Von Mises 应力又增至 3.143MPa，隧道其他部位衬砌最大 Von Mises 应力为 2.46MPa，均满足要求。

在上述分析结果及保护原则的基础上，设计中对该处地铁隧道跨越保护的施工提出了以下要求：首先，隧道保护方案针对隧道与集运系统底板间土体为中微风化泥质粉砂岩的情况采取措施，在上层土体开挖时对隧道交错区域进行降水保护，最后以隧道两侧加设的排桩与该工程主体结构形成隧道保护框架，以抵抗地下水对隧道的上浮力并限制隧道的变形。其次，隧道保护方案在施工阶段强调临时降水，在水位恢复前采用堆载预压，最后采用分层卸载，可增加结构底板与接触土体的密实度，最大程度上减少隧道的不利变形，确保地铁隧道的安全。应结合工程地质情况及具体的施工步骤展开可行性分析计算。最后，对于在开挖施工中对隧道顶超过 2.5m 长的隧道初衬锚杆的保护及修复问题，施工前必须中掌握本区域锚杆长度及布点情况，对锚杆采用逐点开挖并采用反锚措施逐点完成，以免造成锚杆整体失效对已完成隧道造成不良影响，确保其受力情况基本保持一致。

（3）负三层地铁泵房通道的跨越

在—3 层跨越的区域中，地铁左、右两线的隧道之间设有一泵房通道（如图 7.5.29），形成了一个工字型的地铁保护区域，大大增加了上部结构跨越的难度。

针对该问题，初期的跨越方案采用水平转换梁，并将跨越结构从侧墙往外延伸了 4～5m，以期将地铁隧道"保护"起来免受上部施工的影响，如图 7.5.29、7.5.31 所示。在方案优化中，分析表明原方案的托换梁刚度不足，导致图 7.5.12 中 B、C 两点间的侧墙产生较大的变形；同时发现往外延伸的"保护板"在施工时的土方开挖反而对地铁隧道上方土体造成扰动；另外，图 7.5.31 中 D 处为回填土，其回填过程对转换梁 KLa 和柱 KZa 将造成难以计算而又不容忽视的影响。

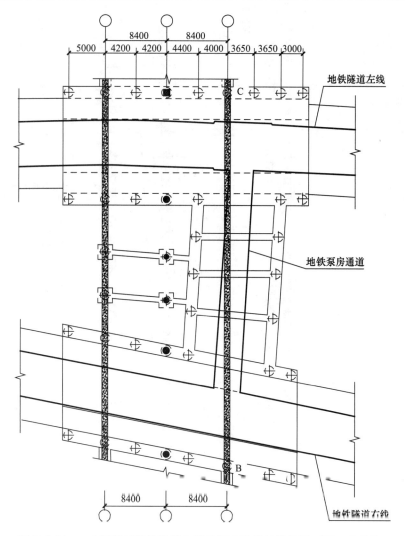

图 7.5.29 －3 层跨越地铁隧道主线及泵房通道的结构平面图（改进前）

针对以上问题，把跨越结构作了较大的改进，得出的跨越结构如图 7.5.30、7.5.32 所示。采用变截面托换大梁来提高其托换刚度；加大了 B、C 点间侧墙的截面；同时取消了往外延伸的"保护板"，最大限度地减少了侧墙外围的土方开挖，大大降低了对地铁隧道上方土体的扰动。

正如上文所述，该处跨越结构充分利用了建筑自身的结构体系作为主要受力结构，与改进后的变截面大梁、托换桩一起共同组成一个空间结构体系，使该处跨越结构形成了一个整体的托换框架（如图 7.5.33）。

对于这个改进后的变截面托换大梁的跨越结构，应用通用有限元分析程序 ABAQUS 对相关结构建立整体模型（采用 c3d4 实体单元）（如图 7.5.35），对竖向荷载作用下的结构效应进行的计算分析（如图 7.5.34～图 7.5.36）。并根据分析结果对相关构件进行了优化调整——加强侧墙 BC 段的配筋、增大托换边桩 ZH1 的刚度等。

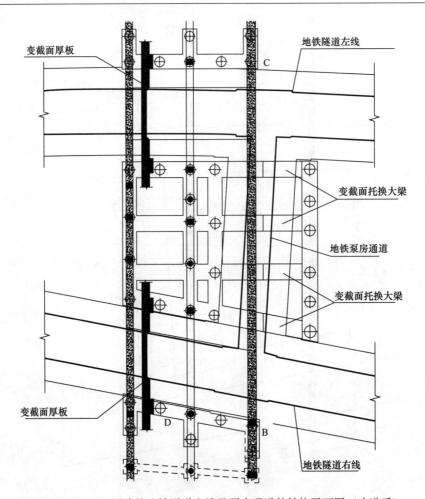

图 7.5.30　−3 层跨越地铁隧道主线及泵房通道的结构平面图（改进后）

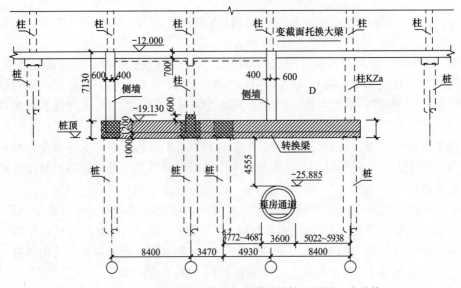

图 7.5.31　−3 层跨越地铁泵房通道的结构立面图（改进前）

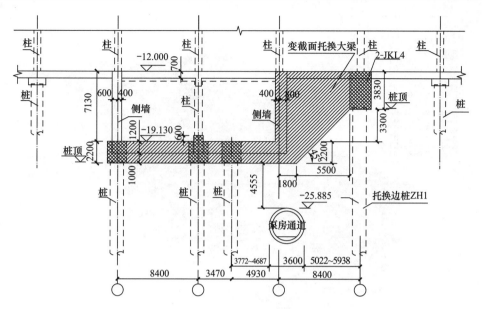

图 7.5.32 －3 层跨越地铁泵房通道的结构立面图（改进后）

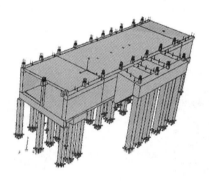

图 7.5.33 －3 层跨越结构 ABAQUS 模型示意图

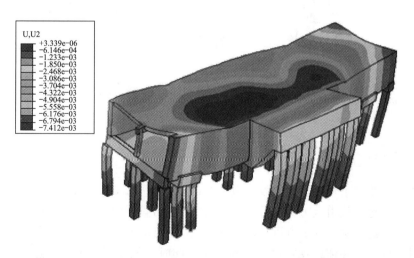

图 7.5.34 －3 层跨越区竖向位移示意图（放大 500 倍）（单位：m）

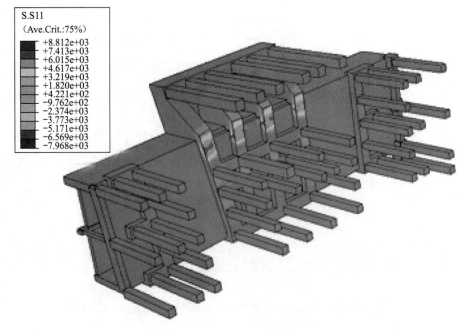

图 7.5.35　变截面托换大梁正应力云图（仰视）（单位：kPa）

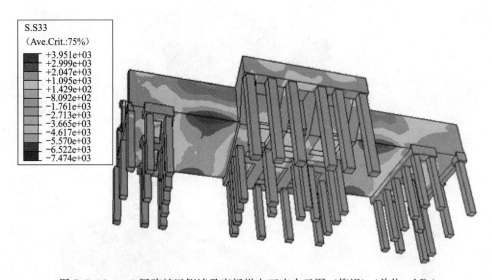

图 7.5.36　－3 层跨越区侧墙及底板纵向正应力云图（仰视）（单位：kPa）

7.5.3　推广与应用

随着大中城市地下轨道交通的发展以及城市建设的开展，地上建筑工程的建设越来越多地遇上需要从地铁隧道上方横跨而过的问题。面对这种情况，从地铁保护的角度来看，一般不提倡地铁隧道保护区上方进行新建建筑物的施工；但实际上又难以避免。为此，就需要从设计及施工上保证地铁隧道的绝对安全，同时又能尽量满足上部建筑安全、经济、适用等方面的要求。

  笔者在从事花城广场地下空间的结构设计过程中，针对地铁 5 号线从工程主体结构下方横穿而过的问题，根据地铁保护的要求以及工程结构布置、岩土地质状况、各部位与地铁隧道的空间关系等具体条件，通过各类计算分析进行了多种结构方案对比，并将最终方案落实到结构设计中，同时提出了具体施工措施与要求，从中总结出的适用于同类工程的经验与建议：

  1) 应根据工程具体地质条件、荷载情况、结构布置以及主体结构与地铁隧道的不同空间关系，制定不同的跨越措施。

  2) 对于上部荷载较小、地铁隧道埋深较深、隧道上方土层较好的情况，可优先考虑浅埋的天然地基基础，其关键在于把基底压力对隧道产生的附加应力控制在地铁允许范围内。

  3) 对于上部荷载大、地铁隧道埋深较浅、但又有足够空间设置大梁的情况，可采用大梁托换的跨越结构；托换大梁宜采用施加预应力、分层浇筑等设计、施工措施。

  4) 当主体结构距地铁隧道很近甚至已侵入地铁特别保护区时，可考虑采用变截面厚板的形式进行跨越；同时应避免在跨越区域上方布置支承柱，若必须设柱，则应在跨越层以上某层对该柱进行托换；跨越设计应考虑施工过程各工况对地铁隧道产生的影响，制定周详的方案报送相关地铁部门审批。

  5) 遇特殊的跨越情况（如隧道间的泵房通道等），宜根据具体情况制定有针对性的跨越方案，基本原则是尽量减少对隧道上方土体的扰动、提高跨越结构的刚度，并应建立符合实际的结构模型进行计算分析指导设计。

  6) 可尽量利用建筑自身的结构体系作为跨越途径——如地下室侧墙、管沟侧壁等。须注意将相关构件视作深受弯构件进行承载力验算并采取相应的加强措施；必要时应对结构自身体系形成的托换结构进行空间整体受力的有限元分析。

第8章 释放水浮力法技术在地下空间的应用

地下空间结构规模越庞大、埋深越深，抗浮问题就越突出。在地下水浮力作用下，地下空间建筑物出现整体浮起，底板破坏，梁柱结点损伤，上部高层建筑时会出现地下室底板隆起，底板变形破坏。本章通过我们的多个工程实例，介绍一种释放地下室水浮力的技术。

8.1 相关规范规程介绍

8.1.1 国家和行业标准

（1）《高层建筑混凝土结构技术规程》JGJ 3—2010

第12.2.2条规定"高层建筑地下室设计，应综合考虑上部荷载、岩土侧压力及地下水的不利作用影响。地下室应满足整体抗浮要求，可采取排水、加配重或设置抗拔锚桩（杆）等措施。"

（2）《全国民用建筑工程设计技术措施—结构（地基与基础）》

该《措施》为住建部组织中国建筑标准设计研究院等单位编制，其中第1.0.4条说明了该《措施》与现行规范的关系"本措施是在总结工程经验基础上对国家或行业现行的有关法规、标准、规范及规程的细化、延伸和补充，提供了计算方法、参数、措施及技术要求供设计人员使用。"故其对《高规》第12.2.2条中"可采取排水、加配重"的抗浮措施在7.4节"其他抗浮措施"进行了详细的补充和延伸细化。列举如下：

在第7章"基础抗浮设计"的第7.4节"其他抗浮措施"中，第7.4.2条"释放水浮力法"规定"释放水浮力法是在基底下方设置静水压力释放层，使基底下的压力水通过释放层中的透水系统（过滤层，导水层）汇集到集水系统（滤水管网络），并导流至出水系统后进入专用水箱或集水井中排走，从而释放部分水压力。"具体规定如下：

1）适用范围

① 基底位于不（弱）透水（渗透系数 $k \leqslant 10^{-5}$ cm/s）且土质较坚硬的土层，图8.1.1 (a)；

② 基底位于透水层，但距基底不太深处有一层不（弱）透水土层的情况，一般采用永久止水帷幕从室外地面一直向下延伸到相对隔水层中，使外围的地下水很难渗入到地下室底板周围，图8.1.1 (b)。

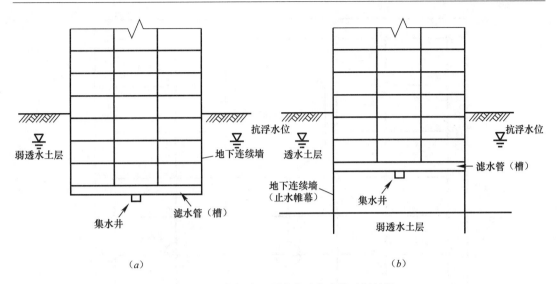

图 8.1.1 适合采用释放水浮力法的地层情况

释放水浮力法基本措施如下：

1）在地下室底板以下设置透水系统，其功能在于过滤土壤颗粒使压力水顺利导进集水系统。透水系统可由水平铺设的土工布过滤层、聚乙烯网格导水层组成，也可采用一层满铺的高质量砂砾石层；

2）必要时，可在透水层上方设置聚乙烯保护膜，防止浇灌底板混凝土时，流入透水系统；

3）在透水系统中的过滤层与导水层之间设置集水系统，其功能为收集渗入静水压力释放层中的水并导至出水系统。集水系统可由开孔后包扎土工布的多孔聚乙烯管组成的水平集水网络组成；

4）出水系统为气密式垂直导水构造，功能为将集水系统中的水排出，减少基底水压。经出水系统排出的水可引流至专门的水箱或集水井中用水泵抽出；

5）设置基底水压监测系统，实时了解基底水压，当压力达到预警值时报警。

浮力释放层的设计及构造示意如图 8.1.2 所示：

（3）《地下工程防水技术规范》GB 50108—2008

该规范第 6 章整章为"地下工程排水"，其中第 6.1.2 条规定"有自流排水条件的地下工程，应采用自流排水法。无自流排水条件且防水要求较高的地下工程，可采用渗排水、盲沟排水、盲管排水、塑料排水板排水或机械抽水等排水方法。但应防止由于排水造成水土流失危及地面建筑物及农田水利设施。通向江、河、湖、海的排水口高程，低于洪（潮）水位时，应采取防倒灌措施。"从各款规范条文可知，目前隧道工程采用排水设计较为普遍，民用建筑地下工程应可参考其原理依照《全国技术措施》的相关规定进行排水设计。

8.1.2 地方标准

（1）广东省标准《建筑地基基础设计规范》DBJ 15-31—2003。

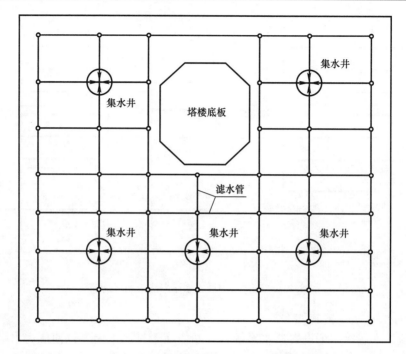

图 8.1.2　静水压力释放层滤水管、集水井平面布置示意图

第 5.3.1 条规定"地下水控制可采用水位控制和对地下水不良地质作用的防治"，第 5.3.2 条规定"地下水水位控制可采用排水、降水、止水、回灌等方法。并可根据工程特点，按地下水水位控制的目的要求进行选择"，并规定降水时应采取措施，"避免对周边环境造成不良影响"。

（2）上海市建筑产品推荐性应用标准《CMC 静水压力释放层技术规程》DBJ/C T077—2010。

第 2.1.1 条对 CMC 静水压力释放层技术的定义：一种用于基础底部消除过大地下水浮力造成结构危害的处理方法。该技术是在基底下方设置静水压力释放层，使基底下的压力水通过静水压力释放层中的透水系统，汇集到集水系统，经由集水系统自然溢流进入出水系统，通过出水系统将渗流水导至专用水箱或集水井中排出，使静水压力及时得到控制的工艺方法。

第 4.1 条规定 CMC 静水压力释放层技术适用条件：

1）基础位于全部为黏土或粉土的沉积土层时，设计选用必须符合以下规定：

① 围护结构为止水帷幕设计时，止水帷幕设计应符合《基坑工程技术规程》DG/TJ08-61）及相关规定，基础下方必须有厚度大于 2.0m 且渗透系数 k 小于等于 10^{-5} cm/s 的土层。

② 围护结构非止水帷幕设计时，地表至基础下方 2m 必须全部为渗透系数 k 小于等于 10^{-5} cm/s 的土层。

③ 渗流水量 Q 必须小于等于 $0.03 \text{m}^3/\text{m}^2/\text{d}$（认为对周边水文环境影响可以忽略）。

④ 非止水帷幕严禁采用拔除式围护结构。

2）基础位于砂土与黏土或粉土互层的沉积土层时，设计选用必须符合以下规定：

① 基础的四周围护结构必须设置止水帷幕。

② 基础底部至围护结构底部必须有厚度大于 2.0m，渗透系数 k 小于等于 10^{-5} cm/s 的土层。

③ 渗流水量 Q 必须小于等于 $0.03\text{m}^3/\text{m}^2/\text{d}$。

CMC 静水压力释放层技术系统设计包括以下部件：

① 透水系统。

② 集水系统。

③ 出水系统。

④ 静水压力释放层专用水箱。

⑤ 固定渗流压 P_w 监测系统。

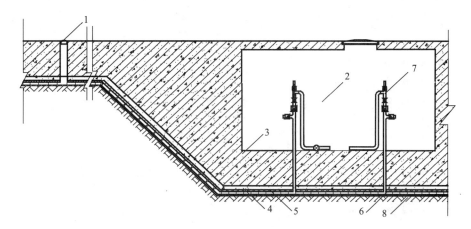

图 8.1.3　板式基础静水压力释放层图

1——固定渗流压 P_w 监测系统；2——静水压力释放层专用水箱；3——基础底板；

4——素混凝土垫层；5——透水系统；6——集水系统；7——出水系统；8——开挖面

8.1.3　在编的相关标准

广东省标准《地下室抗浮设计规范》中第八章《排水减压》由华南理工大学土木与交通学院的曹洪教授、潘泓教授负责主笔编写，该章节对地下室排水减压的具体设计方法、构造措施和监测要求等均会有详细的规定。

8.2　释放水浮力法的原理

现行相关规范规定，地下水控制可采用水位控制，水位控制可采用排水、降水、止水、回灌等方法。本工程地下水控制是相当于采用明沟排水的方法，将渗流出基坑底的地下水通过疏水层、盲沟及集水井收集排走，从而消除地下室底部的水压，取消抗浮构件及降低底板的受力，称为"释放水浮力法"或"排水减压"设计。

地下工程中，基坑开挖降水后，基坑内外形成水头差，地下水通过在土体中的渗流，绕过止水帷幕的底部，补充至基坑内部，因此一般需要采取降水措施以维持坑内干爽的施工环境。当基坑底部附近下部和外围的土体具有较小的渗透系数或止水帷幕可以有效地隔断中强透水层时，地下水的渗流将会十分缓慢，日常的补水量较少，表现在施工现场为降水负荷很低，基本不需抽水或短时间抽水则可较长时间维持地下水不溢出基坑底部。

在上述条件下，通过释放水浮力法设计以代替常规的地下室底板和抗浮桩锚设计将成为可能。释放水浮力法设计的原理为：在地下室底部设置永久的疏排降水系统，利用全范围面状分布的疏水层收集渗水，汇至线网状分布的排水盲沟，再将盲沟内的水集中至点状均匀分布的若干集水井内，集水井内设抽水泵，当井内水位上涨至一定高度时，水泵则启动将其及时抽走。湛江某项目地下室疏排水布置示意见图 8.2.1。

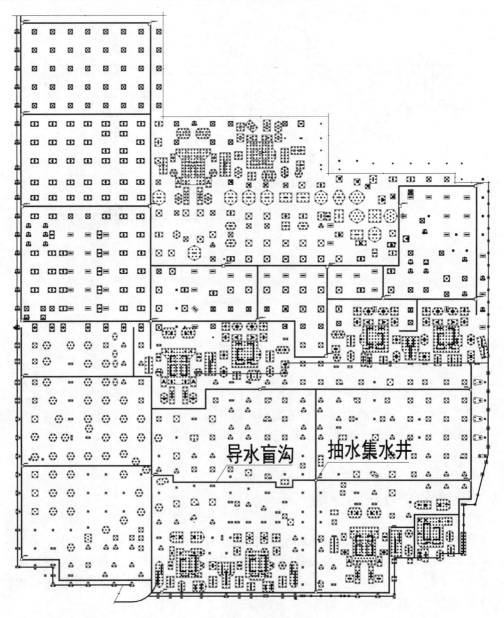

图 8.2.1　排水减压疏排水布置图

因地下室外壁板及永久止水帷幕将外界的水力联系基本隔断，故地下室的渗流补水较慢，水泵以较低工作负荷即可将有限的汇集水量轻松抽走，从而可以永久地将地下水位维持在坑底以下，保证疏水层以上混凝土垫层的干爽及不承受水压力，因此可以取消抵抗水压力的抗浮构件，及大幅减少地下室底板的厚度和配筋。

其成立的前提是每天补充的水量必须是有限和可控的，因此准确分析及采取有效措施限制地下水的渗流补给成为设计的关键；另外，基坑日常降水对地表沉降影响的分析也是可行性论证的一项重要内容，影响程度必须是轻微而有限的，这是方案成立的另一个前提。

8.3 采用释放水浮力法的工程实例

8.3.1 丽涛花园六期商住楼

8.3.1.1 工程概况

项目位于广东省茂名市电白县水东镇，总建筑面积约 37.4 万 m^2，由 1 栋（1#楼）6 层住宅、2 栋 29 层（13#14#楼）及 11 栋 31 层住宅组成。设 3 层地下室，地下室底板面标高为 -9.00m，地下室占地面积约为 2.7 万 m^2。建筑总平面、地下三层平面图及地下室局部剖面图详见图 8.3.1。

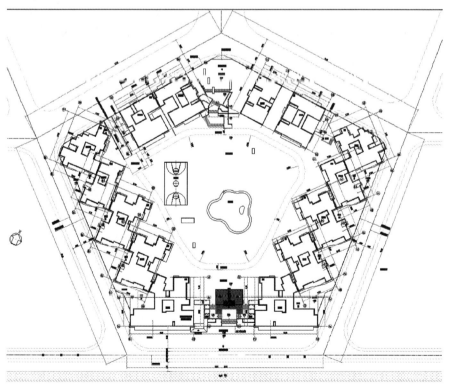

图 8.3.1 建筑总平面图

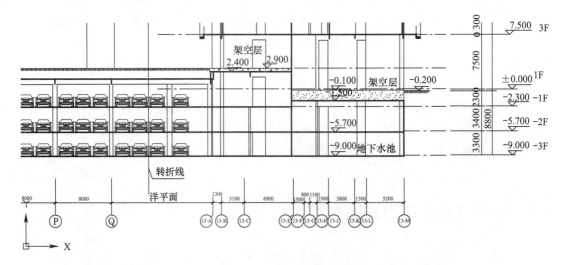

图 8.3.2　地下室局部剖面图

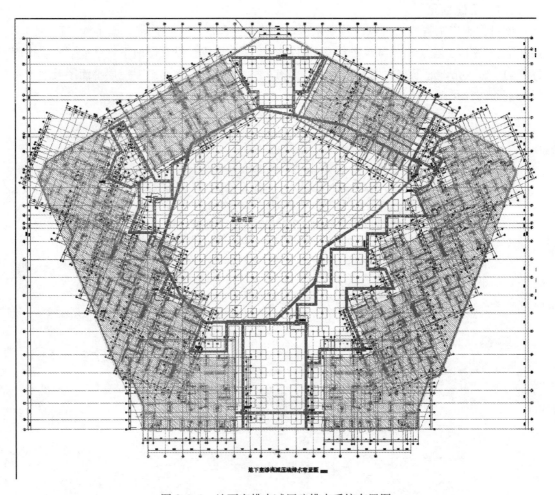

图 8.3.3　地下室排水减压疏排水系统布置图

8.3.1.2 现场施工及完成照片

图8.3.4 碎石疏水层铺设

图8.3.5 混凝土垫层

图8.3.6 土工布分隔

图8.3.7 集水井

8.3.1.3 完工后的抽水情况

地下室疏排水系统完工约半年后，地下三层尚有2栋塔楼的位置未完成封顶，即尚未完全隔绝大气降雨从基坑上方直接补水的因素，另还包括部分施工用水，总的抽水情况现场统计结果为：现每天启动6台30m³/h水泵抽水，每台水泵每天约工作68min，即每天的抽水总量约为205m³。现场反映，即使下雨天水量也未见明显增大。

该项目渗流分析的日渗水量为178m³/d，若扣除施工用水，现场实际抽水量与分析结果接近或低于计算分析的结果。可见实际抽水情况与分析结果基本吻合。

图8.3.8 完成后的地下三层现场图
（完工半年，地面保持干爽）

8.3.2 湛江新坐标商住小区项目

以下以湛江新坐标商住小区项目为例介绍释放水浮力法设计过程。

8.3.2.1 工程概述

湛江新坐标商住小区项目工程位于湛江市赤坎区海田路东侧湛江尧丰包装印刷有限公司

旧址主要包括 21 栋 32 层的高层建筑，设 3-4 层地下室，地下室总投影面积约 9 万 m^2。地下室呈不规则多边形，南面半区为负三层，底板面标高为 $-2.4m$（室外地坪标高为 2.5～7.0m），北面半区为负四层，底板面标高为 $-6.9m$（室外地坪标高为 10.0～12.0m）。场地位置卫星示意图、建筑总平面图、地下室平面图如图 8.3.9～8.3.12 所示：

图 8.3.9　场地位置卫星图示意

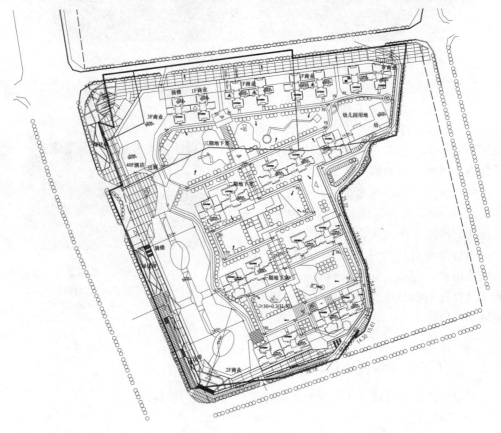

图 8.3.10　建筑总平面

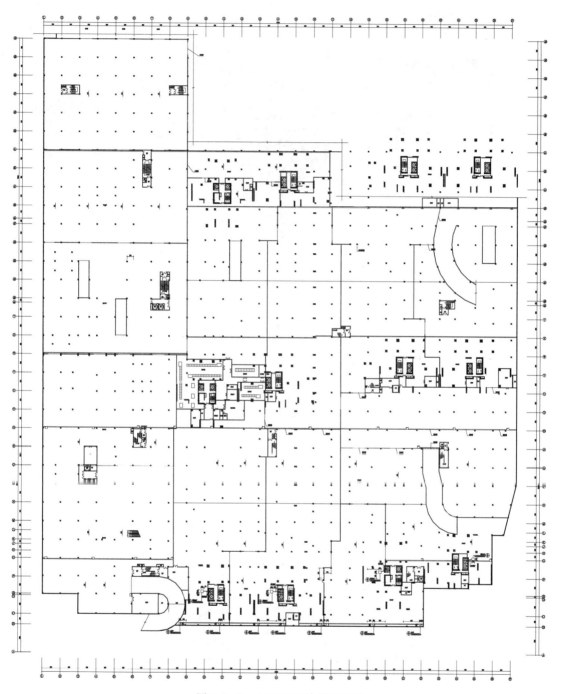

图 8.3.11 地下三层建筑平面图

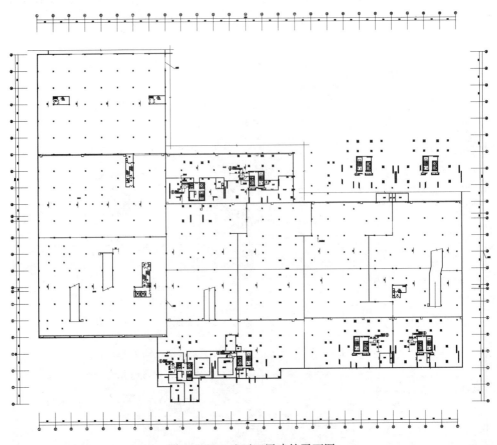

图 8.3.12　地下四层建筑平面图

8.3.2.2　地下室基坑内外特征

地下室呈不规则多边形，平面及三维模型如下所示：

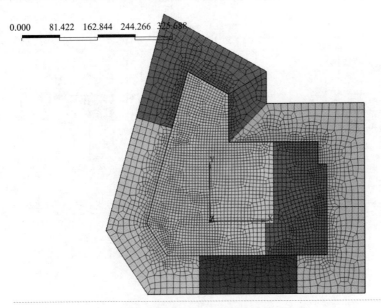

图 8.3.13　模型平面示意图

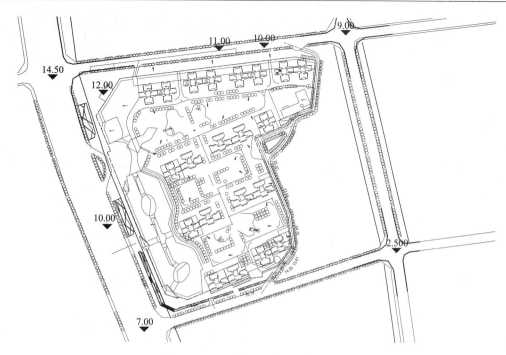

图 8.3.14 室外地面完成标高示意图

坑面周边标高：

室外地坪总体地势为西北高东南低。为方便计算模型建立，将地形的标高变化简化为分区阶梯式，分别为：一区 12.00m；二区 10.00m；三区 7.00m；四区 5.00m；五区 7.00m；六区 10.00m。具体见图 8.3.15 及图 8.3.16。

坑底标高：坑底初步按底板面下降 0.8m 考虑，南半区（图中内一区）负三层为 -3.20m（底板面 -2.40m），北半区（图中内二区）负四层为 -7.70m（底板面 -6.80m）。具体见图 8.3.15 及图 8.3.16。

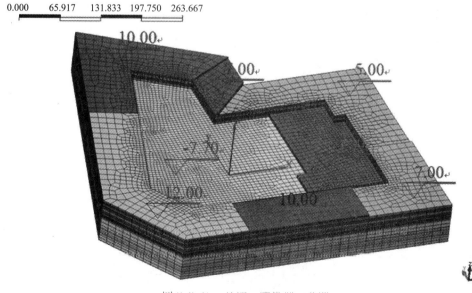

图 8.3.15 基坑三维模型示意图

西北端的最大坑深为 19.7m，东南端的最小坑深约为 8.2m。具体见图 8.3.15。

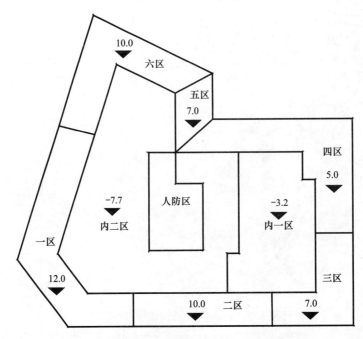

图 8.3.16 模型分区及标高示意图

8.3.2.3 技术可行性分析

1. 场地地质条件分析

典型土层的工程地质及水文特征 表 8.3.1

土层编号	土层名称	层厚（m）	平均厚度（m）	重度（kN/m³）	变形模量 E_0（MPa）	黏聚力 C（kPa）	内摩擦角 Φ（度）	渗透系数（cm/s）
①₀	新填土			19.1	(4.6)			8.32×10^{-6}
①	素填土	0.5～6.9	1.98	19.1	4.6			8.32×10^{-6}
②	淤泥质粉质黏土	0.5～4.0	1.98	17.7	4.0			6.81×10^{-6}
②₁	中砂		1.7	21.1	33.0			3.02×10^{-3}
③	黏土	0.6～7.6	2.87	18.9	16.5			6.81×10^{-6}
④	粗砂	0.8～7.2	3.26	22.0	33.0			7.78×10^{-3}
⑤	黏土	3.7～21.6	10.09	17.3	11.8	27.7	9.7	9.6×10^{-7}
⑤₁	黏土	1.0～5.4	2.77	17.3	5.0	9.5	2.8	9.6×10^{-7}
⑤₂	中砂	0.9～2.5	1.71	21.1	33.0			3.02×10^{-3}
⑥	粉质黏土	1.5～11.6	5.03	20.4	23.3			1.75×10^{-5}
⑥₁	中砂	0.8～6.0	2.17	21.1	33.0			3.02×10^{-3}
⑦	粉质黏土	4.0～35.4	21.21	20.4	38.0			1.75×10^{-5}
⑦₁	细砂	0.9～5.2	2.08	20.8	24.0			1.52×10^{-3}
⑧	中砂	0.9～10.0	4.86	20.4	33.0			3.02×10^{-3}
⑨	粉质黏土	1.8～9.1	4.4	20.2	43.0			1.75×10^{-5}

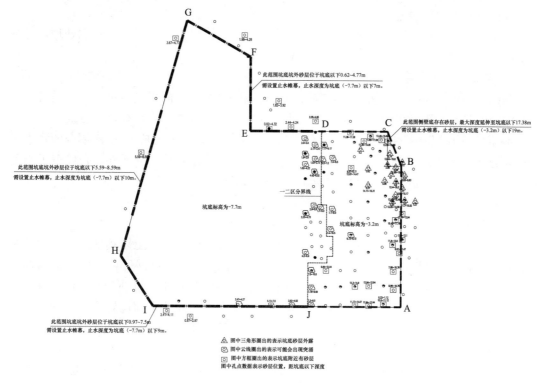

图 8.3.17　不利地质情况分析

如上图所示，图中方框圈中钻孔表示坑底附近存在砂层；云线圈出钻孔表示浅层处存在砾砂层，存在突涌风险；粗虚线表示内一区止水帷幕，粗点划线表示内二区止水帷幕。基坑底周边地质特点分析：

（1）J-A-B-C-D 段坑底以下存在两个砂层，其中层④粗砂外露，层⑥₁中砂最深点离坑底 17.38m；

（2）D-E-F-G 段坑底存在⑥₁中砂，最深点离坑底 4.77m；

（3）G-H 段坑底存在⑥₁中砂，最深点离坑底 8.59m；

（4）H-I-J 段坑底存在⑥₁中砂，最深点离坑底 7.5m。

基坑底的地质特点分析：

（1）内一区在坑底存在④粗砂层外露；

（2）内二区存在⑥₁中砂层埋深较浅，埋深约 1～5m，中砂层为微承压水，可能存在突涌风险。突涌在基坑开挖时则可能发生，需充分论证及采取措施。

实施释放水浮力法需采取的措施：

（1）坑周的透水层应予隔断，拟采用Φ800 的大直径搅拌桩或旋喷桩作为永久止水帷幕。由于现场部分基坑支护止水已施工，对于未能满足永久止水帷幕的已施工基坑支护止水段采用旋喷桩进行加固。对于未施工基坑支护止水段，按照永久止水帷幕的要求设置基坑临时止水帷幕，兼作永久止水帷幕，由于从地面施工永久止水桩深度过大，拟在基坑开挖后在坑内施工永久止水，临时止水按原基坑方案不变。

（2）查明中砂层的承压水头，对可能突涌的区域，在周边做好止水后，采用钻孔打砂井的方法将埋在浅层的砾砂与坑底连通，因止水帷幕已将坑内外砂层隔断，故可泄除水压，并控制补水速度缓慢。

对于表露的粗砂层，在保证隔断与坑外水力联系的情况下，并不需要特别处理，可视作坑底疏水层的一部分。

2. 有限元计算分析

为论证渗流减压设计是否成立，须分析其得以成立的两个前提是否可行，一是日常坑内总渗流量是否有限和可控，二是日常降水对地表沉降影响程度是否有限和轻微。

本项目采用 Midas/GTS 有限元软件进行渗流分析，以及考虑应力-渗流耦合的降水影响沉降分析。Midas/GTS 为韩国开发的岩土与隧道结构有限元分析软件，它代表了当前岩土工程软件发展的最新技术，在岩土工程界得到了广泛的应用。

（1）计算模型、边界条件及施工阶段的模拟

计算模型：

本项目基坑深度为 8.2-19.7m，计算建模时，作为分析对象的土体其平面范围取从基坑外轮廓外扩约 5 倍基坑深度取 80m，深度取坑底下约 3 倍基坑深度，从坑面最高标高12.0m 算起各处统一往下取 60m，为简化计算而又不致结果偏小，坑外分 6 个区、坑内分2 个区建立土层模型，在每个分区内假定每层土的厚度在不同的平面位置是不变的，各土层厚度值根据实际的附近钻孔柱状图进行平均统计，取对渗流分析较不利的数值，以得到偏于安全的计算结果。各区以分阶形式近似模拟土面高差的变化。

地下室外壁板按隔水的混凝土模拟，因主要是作渗流分析及渗流对土层沉降的影响分析，故未按实际模拟基坑支护的情况，仅近似地在地下室各层楼板的位置对壁板施加平动约束，因此计算结果是没有侧向位移的。降水引起的沉降未反映基坑开挖的情况。

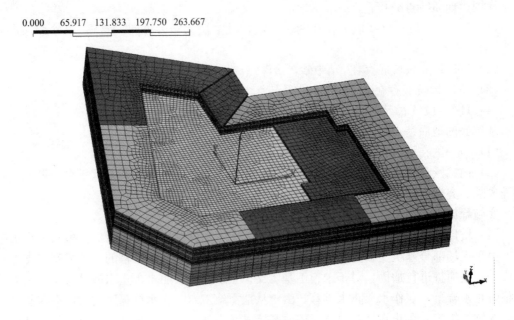

0.000　65.917　131.833　197.750　263.667

图 8.3.18　计算模型

水头边界：

按最不利情形考虑模型水头边界：沿土体上表面、外围侧面及底面的所有节点施加水位为室外地坪的位置水头，相当于连续地下水稳定水位保持在地面，以及土体四周及底部处于江河以内（保持恒定不变的水压）的较不利情形。而坑内由于日常要保持水位在坑底以下，因此坑内的水位为坑底标高。水头边界如图所示。

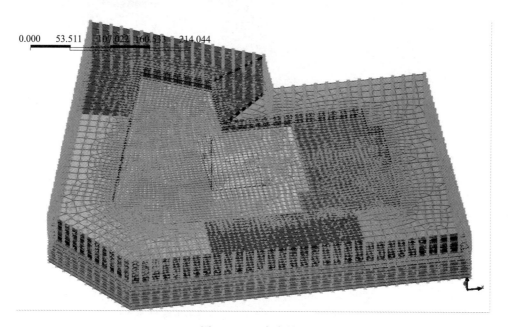

图 8.3.19 水头界面

施工阶段模拟：

第一步计算开挖前的初始渗流场；

第二步计算开挖前的初始应力场，位移开始清零；

第三步降水至地表以下坑底处；

第四步施工，边界条件不变。

通过以上施工阶段计算，可算得考虑降水渗流影响时的地表变形。

（2）分析结果

渗流分析结果

1）正常使用状态日常渗流量

单位面积渗水量 $0.0033m^3/m^2/d$，约仅为上海规范限值的 1/10，相当于每台水泵每天工作 26min 的抽水量。

2）极端情况下的可能渗流量估算及应急措施

极端情形-假设止水帷幕全部失效成为透水良好层（相当粗砂层）

单位面积渗水量 $0.013m^3/m^2/d$，约仅为上海规范限值的 43%，相当于每台水泵每天工作 1.68h 的抽水量。

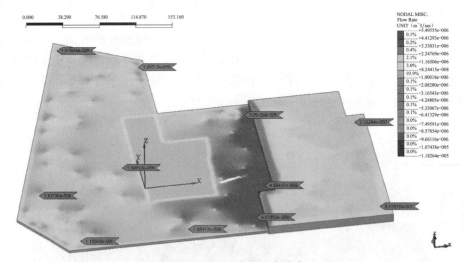

图 8.3.20　坑底流量率分布

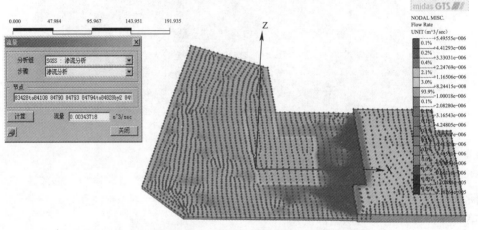

图 8.3.21　坑底流量统计（正常使用丰水期日渗水量为 297m³）

图 8.3.22　坑底流量统计（极端情形日渗水量为 1153m³）

可见日常渗水量非常有限，对周围水文环境的影响可以忽略，即使极端情况发生其对环境影响也是满足上海规范要求的。同时疏排水系统设计的抽水及储水能力应付极端的渗水工况是绰绰有余的，不需要再采取额外的应急措施。当极端情形发生，降水后进行止水帷幕的加固修复即可恢复正常使用状态。

考虑渗流影响的地表变形：

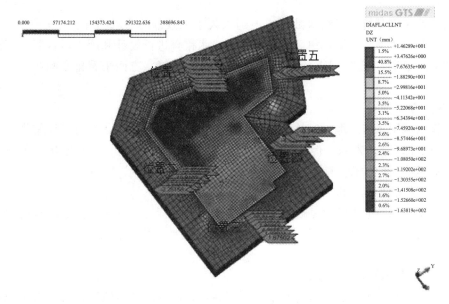

图 8.3.23 考虑渗流影响的地表沉降

沉 降 情 况 　　　　　　　　　　表 8.3.2

位置	测点到坑边距离（m）							
	0	8	16	24	32	40	45	50
位置一	−1.1	−14.9	−16	−14.6	−12.4	−8.9	−5.4	−3.6
位置二	−0.67	−13.2	−13.3	−10.8	−7.4	−5.6	−3.5	−2.3
位置三	−0.21	−25.7	−15.6	−1.6	7.8	4.8	1.9	1.8
位置四	−6.0	−4.6	−4.4	−4.3	−3.4	−2.6	−1.3	−0.3
位置五	−0.8	−17.1	−20.2	−18.8	−10.2	−3.2	−1.2	−0.7

上述结果可知，降水引起的最大沉降位于坑边约为 8-24mm，平均 15mm，随着离开坑边距离的增大沉降迅速减小，距坑边约 8m 时，平均沉降约 15.1mm；距坑边约 24m 时，平均沉降约 10mm；距坑边约 32m 时，平均沉降约 8.35mm；45m 以外则沉降减至小于 3mm，基本可忽略其影响。而且目前基坑处于施工降水阶段，估计会持续约半年，可以判断期间因降水引起的沉降有较大部分已经完成，后续沉降对周边环境的影响应该是轻微和有限的。

3）计算分析结论

以上分析表明，坑底渗水量有限而可控，降水对地表沉降的影响轻微而有限，因此本工程地下室进行排水减压设计是可行的。

3. 对基坑和塔楼的影响分析

（1）对基坑的影响分析

1）降水方面

基坑降水可以和永久疏排水系统完全独立的，即基坑施工期间的止水帷幕及抽水按常规进行，永久止水帷幕及疏排水系统后续进行施工，在施工完成并基坑回填后再行投入工作，这时对基坑完全没有影响。

但为了避免因基坑临时止水帷幕达不到永久止水帷幕的要求而导致重复施工和投资，通常可以在基坑施工阶段即按更高要求的永久止水帷幕进行设计和施工，这时可以提高止水帷幕的隔水效果，减少基坑降水的抽水量。因此，从降水方面来看排水减压系统是对基坑有利的。

2）开挖方面

由于排水减压系统的地下室外壁板作为永久止水的一部分，必要时可比常规地下室的外壁板向下加深 1.5m 左右，但本工程永久止水帷幕系统较完善，这时壁板也可不必特别加深，故对基坑支护没有影响。

（2）对塔楼的影响分析

由于塔楼采用预应力管桩基础，上部结构荷载通过管桩传到土层深处，且坑内的长期降水水位维持在坑底标高位于塔楼承台以上，故降水对塔楼的受力及沉降均不会造成影响。

4. 施工现场观察及变形监测

当支护及止水施工完成，基坑开挖至坑底后，现场可以真实地观察坑底渗水现状，通过现场观察可以有效验证计算分析的结果是否准确可信，同时可实时发现坑内渗漏点及推断止水缺陷点的大概位置，及时完善止水措施，保证以后投入使用时的日常水量控制。施工期若经历丰水期，则可以反映日后运行的极端情形。

现场注意着重考察日常的抽水负荷、可以目测的渗水状况、基坑周边环境受影响的程度（包括道路、构筑物、建筑物的变形开裂情形），注意观察基坑变形监测数据。

实际上基坑开挖及施工期间，其降水与日后抽水大致类似，只是日常运作时属明沟排水，且排除表面大气降水的部分，相当无直接大气降水时施工抽水的延续，施工期间的连续抽水对周边地表的影响其实已经发生，故判断日后的继续抽水在此基础上应不会有太大的增加。

5. 技术可行性研究结论

由上述地质分析、有限元理论分析及对基坑塔楼影响分析的结果可知，本工程地下室进行排水减压设计的前提条件可以成立，在技术上是可行的，可通过施工期间的观察进一步印证其可行性，同时对发现的渗漏薄弱部位可以及时修补完善，确保止水措施有效到位。

8.3.2.4　技术经济效益分析

排水减压方案取消了抗拔桩、底板柔性防水层，底板厚度由原 600～900mm 变薄至 200～300mm，但增加了碎石疏水层、疏水盲沟和少量钢筋混凝土地梁，并增加了日常抽水的电量消耗。

1. 技术效益

由于取消了抗拔桩及底板柔性防水层等施工难度相对较大、工艺相对复杂的工程项目，相比增加的碎石疏水层和少量的地梁，施工工期应会有明显的缩短。

2. 经济效益

减少的工程量和造价估算 表 8.3.3

减少的项目	计算面积或根数	工程量	综合单价（含人工）（元）	造价（万元）	备 注
厚底板混凝土（m³）	约60000m²	46900	450	1809	混凝土已扣除承台、基础
厚底板钢筋（t）	约60000m²	4390	5000	1881	底板配筋包含承台范围
厚人防底板混凝土（m³）	约11000m²	7370	450	332	
厚人防底板钢筋（t）	约11000m²	694	5000	347	
柔性防水层（m²）	90000m²	90000	30	270	
非人防区抗拔桩（m）	8503 根	212575	210	4464	
人防区抗拔桩（m）	244 根	5368	210	113	
总价（万元）				9216	

增加的工程量和造价估算 表 8.3.4

增加的项目	计算面积、长度或根数	工程量	综合单价（含人工）（元）	造价（万元）	备 注
薄底板混凝土（m³）	约60000m²	16200	450	729	
薄底板钢筋（t）	约60000m²	763	5000	381.5	
薄人防底板混凝土（m³）	约11000m²	3300	450	149	
薄人防底板钢筋（t）	约11000m²	311	5000	156	
疏排水系统（m²）	71000m²	71000	90	639	
50 年抽水用电（度）		301125	1.00	30.1	
D-J 段止水搅拌桩（m）	867m	17340	120	208.1	
A-D 段止水搅拌桩（m）	445	21360	120	256.3	
止水帷幕旋喷桩（m）	55	2090	350	73.2	
			总价（万元）	2622.2	节省造价约 6594 万

8.3.2.5 相关的技术要求

1. 保证设计效果的施工要求

释放水浮力法设计成立的前提是每天补充的水量必须是有限和可控的，因此限制地下水的补给成为设计的关键。常规的项目，当地下室施工完成进行基坑回填时，往往不重视基坑的回填质量，填料取材随意且基本不经夯实或压实处理，故地下室周边一圈的回填土是松散和具有较高透水性的。对于设置渗流减压系统的地下室这将会造成非常不利的影响，地下水特别是大气降水将会沿着该条疏松的水通道直接灌入地下室中，将大幅增加地下室的补水量，可能导致抽水量失控。所以，为有效控制地下室的补水量，保证释放水浮力法系统稳定可靠地工作，对地下室的施工有如下要求：

（1）严格控制基坑回填的材料，地表 3m 以下范围严禁采用透水性好的建筑垃圾、碎石、砂等粗颗粒材料，应采用隔水性好的黏性土，以尽可能减少渗入基坑内的日常渗流水量；但地表 3m 的范围则要求采用透水性好的材料回填，以加速地下水的补充，减小地表沉降量。

（2）严格做好回填土的分层夯实工序，确保回填土成为密实的隔水整体。

另外，地下室底板下，整体铺设的 500mm 的碎石疏水层，为避免正常使用时出现不均匀沉降，需要切实做好碎石疏水层的夯实或压实工作。

2. 正常投入使用后渗水量统计及周边环境的监测要求

（1）渗水量统计

释放水浮力法系统完工后，应在至少 1 年以上的时间段内，通过统计抽水泵的抽水量来验证日常渗水量（1）止水帷幕完成，基坑回填后的一个月内，选择水量较大（如雨天）的日子，连续 3 日记录每日实际抽水量；（2）丰水期选择大暴雨的日子，连续 3 日记录每日实际抽水量；（3）枯水期典型时段连续 3 日记录每日实际抽水量。将记录数据提交设计以比较实测渗水量与计算渗水量的差异，判断渗水量是否在系统容许的安全范围。

（2）对周边地表的沉降观测

在基坑回填后，持续监测地下室周边地表的竖向沉降变化，直至变形稳定，将观测数据提交设计以判断系统对周边环境的影响程度是否在允许的范围。

8.3.2.6　风险评估

风险一：坑内总渗水量估算与实际偏差过大。

可能原因：（1）勘察单位提供的渗透系数不准确；（2）计算模型的土层分布与实际存在偏差；（3）基坑回填未按设计要求进行，形成贯通水路；（4）其他不可预见因素。

造成后果：渗水量大于估算值，造成抽水负荷增加，当大于抽水最大负荷时将溢出地下室地面。

应对措施及风险评估：疏排水系统的排水能力按计算渗水量预留适当的安全系数，以应付无法预见的突发情形，保证最不利情况下的渗水量不会大于抽水最大负荷，实际设置的抽水最大负荷已达日常渗水量的几十倍，前面分析表明，即使在止水帷幕全部损坏达到粗砂层渗透系数的极端情况下，抽水负荷也只达到最大抽水能力的 10% 不到，故基本不存在超载可能；从实际观察的渗水量来看，计算的渗水量应该不会有太大的出入，后期出现突变的主要影响因素为回填土的施工质量，因此务必切实控制好回填土施工质量，以最大限度降低渗水量估算偏差风险。

风险二：降水造成地表沉降过大，影响周边环境。

可能原因：（1）勘察单位提供的土层变形参数不准确；（2）理论计算公式与实际情况存在偏差；（3）其他不可预见因素。

应对措施及风险评估：使用阶段密切监测地表变形，必要时在地下室周边表层增加抽水回灌系统；从目前对周边环境观察的结果来看，降水的影响并不明显，以后使用亦只是对施工阶段抽水的延续，故出现突变的风险应该不大。

从目前施工过程的抽水量及基坑沉降观测来看，数据均在正常的范围。

图 8.3.24 项目一期工地全貌

图 8.3.25 满铺的碎石疏水层

图 8.3.26 设集水管的盲沟（积水处）

8.4　小结

通过本章的介绍，可见释放水浮力法技术有规范和计算数据的支持，实施方法简便、技术和经济效益明显，可作为在地下空间结构抗水浮力的实用技术。除本章中介绍的两个具体的工程项目应用外，我们还将本技术应用于"广州钢铁厂 AF040405 地块项目"等多个项目，取得良好的效果。

此外，广州同行设计了多个的排水减压项目，如华南理工大学土木与交通学院岩土工程研究所一直专注于渗流方面的研究，其多年来设计并实施了多个释放水浮力法项目，部分列举如下：

1）2012 年，广州南方电网生产科研综合基地（南区）项目　地下室抗浮渗流分析及抗浮方案设计。

2）2012 年，肇庆四会市高新开发区大旺项目抗浮渗流分析。

3）2011 年，广州大一山庄"白云种鸡地块"项目自编 G-3 会所地下室减压抗浮方案及效果论证分析。

4）2009 年，广州峻和商住小区工程地下水渗流及地下室抗浮分析。

5）2007 年，广州保利世界贸易中心地下水渗流及地下室抗浮分析。

此项目临近江边，强透水层厚，与江水连通等。原方案采用抗拔桩方案，仅抗拔桩造价即为 6000 多万。项目组通过渗流分析，提出相应排水减压方案，取消所有的抗拔桩，取得良好经济效益（节省造价过亿）。

6）2004 年，广东省潮州供水枢纽工程东、西溪厂房基坑排水减压方案。

7）2004 年，新光大桥主桥墩钢板桩围堰设计。

上海、香港、台湾等地也有类似的排水减压的技术应用于实际工程。

第9章 地下结构专项论证研究范本

近年随着土地资源的紧缺、土地价格的飙升，城市地下空间已成为城市建设可持续发展的一个不可逆转的趋势，并且向大规模、高深度的方向发展。

由于住建部尚未颁布地下空间超限审查报告内容的详细要求，国内也尚无近似的超限报告范本，导致结构设计人员对超限地下工程所需要分析的内容及如何撰写超限报告无法准确把握。

本章结合《市政公用设施抗震设防专项论证技术要点》建质〔2011〕13 号的相关规定及我们多年来对地下空间的设计及研究经验，撰写《地下空间结构专项审查报告范本》。主要涵盖下列内容：1. 工程概况；2. 设计依据；3. 材料；4. 荷载与作用取值；5. 结构体系及结构布置方案；6. 地基、基础设计方案；7. 超限程度判断；8. 抗震性能目标及针对超限的具体措施；9. 地下结构结构防水及水浮力分析；10. 地下空间的地震响应计算；11. 基础变形及稳定性分析；12. 超长结构的温度应力分析；13. 其他专项计算分析。

《地下空间结构专项审查报告范本》主要为结构设计人员设计大型地下空间以及撰写超限审查报告提供技术参考。主要技术指标如下：

1. 总结大型地下空间常见超限类型，提出超限程度的判断指标；
2. 明确地下空间结构超限审查报告的基本框架；
3. 回答超限地下空间结构设计时应考虑的因素及相应的技术措施；
4. 制定超限地下空间结构技术范本，确保地下空间结构设计质量。

《地下空间结构专项审查报告》范本：

9.1 工程概况

9.1.1 项目名称

万博商务中心区地下空间工程

9.1.2 地理位置

位于番禺区北部，番禺大道以东，南大路以南，华南碧桂园以北，西临长隆—汉溪片区，南距番禺市桥约 8km。

9.1.3　工程规模及主要功能

万博中央商务区规划为广州市商业次中心，番禺北部地区的重要公共服务组团之一。万博中央商务区将发展成为华南地区最大的信息产业总部经济基地，定位为以现代信息服务业为主的总部经济圈，着力打造现代信息服务业基地，计划建设成集商务办公、五星级酒店、会展中心、商业公寓、风情购物街、休闲娱乐于一体的万博国际中央商务区。万博商务中心区地下空间工程分地下商业建筑和市政工程两大部分，其中市政工程部分又分地面道路和地下道路两个层次。地面道路范围内包括 1 条主干道（汉溪大道）、2 条次干道（万博二路、海顺路）及 4 条支路（万惠一路、万惠二路、万博一路、汇智三路），沿线含桥梁 3 座。地下道路包括万惠路及万博一路负一层隧道（2 个市政隧道）、地下环路系统（1 个主环路、2 个循环通道及 6 组出入口隧道）组成的地下道路系统。工程涉及专业包含：地面道路、地下隧道、综合管沟、综合管廊、给排水、桥梁工程、基坑工程、智能交通、照明工程、通风设备、雨水回用、真空垃圾处理站及相关工程概预算等专业。

9.1.4　不利地质条件

对工程场地的不利地质条件进行描述，主要包括：软弱土层的分布范围、深度；地下水不利情况；水土流失情况；不利抗震地质条件；不利地质与本项目之间的距离。

9.1.5　周边民用建筑、市政设施与本项目之间的关联

对本项目周边的建筑、市政设施进行描述，主要包括：周边建筑、市政设施等分布情况；周边建筑、市政设施与本项目的连接情况或相互传力关系。

9.2　设计依据

9.2.1　国家及地方的规范、规程

略（涉及民用建筑、公路隧道、轨道交通隧道三者设计规范的统一）

9.2.2　其他设计依据

① 本工程岩土工程勘察报告，20××年××月
② 本工程工程场地地震安全性评价报告，20××年××月

9.3 材料

9.3.1 钢筋

HPB300、HRB335、HRB400

9.3.2 主要型钢

本项目主要钢构件钢材等级均采用 Q345B；周边部分框架柱采用 Q345GJB；局部转换桁架上下弦杆及腹杆，采用 Q430C。

9.3.3 主要构件混凝土强度等级

本项目主要构件混凝土强度等级如表 9.3.1 所示。

主要构件混凝土强度等级　　　　　　　　　　　　　表 9.3.1

构件位置	混凝土等级	
基础	锚杆桩	C30
	筏板、承台、地梁	C35（抗渗等级为 P8）
地下结构主体	地下室外墙	C35（抗渗等级为 P8）
	混凝土柱、剪力墙	C60
	梁、板	C35

9.4 荷载与作用取值

9.4.1 地下室楼面荷载取值

根据《建筑结构荷载规范》（GB 50009）及业主使用要求，楼面荷载标准值如表 9.4.1 所示。

楼面活荷载取值（kN/m²）　　　　　　　　　　　　　表 9.4.1

类别	活荷载标准值	组合值系数	频遇值系数	准永久值系数
商场	3.5	0.7	0.6	0.5
客房	2.0	0.7	0.5	0.4
办公	2.0	0.7	0.5	0.4

类别	活荷载标准值	组合值系数	频遇值系数	准永久值系数
会议	2.5	0.7	0.7	0.7
SPA	4.0	0.7	0.5	0.4
避难层	7.0	0.9	0.9	0.8
卫生间	2.5	0.7	0.5	0.4
厨房（餐厅的）	4.0	0.7	0.7	0.7
宴会厅	3.5	0.7	0.5	0.3
储藏间	5.0	0.9	0.9	0.8
走廊、门厅	2.5	0.7	0.5	0.4
消防疏散楼梯	3.5	0.7	0.5	0.3
通风机房、电梯机房	7.0	0.9	0.9	0.8
观众平台	3.5	0.7	0.5	0.3
汽车库	4.0	0.7	0.7	0.6
自行车库	3.0	0.7	0.7	0.6
不上人屋面	0.5	0.7	0.5	0.4
上人屋面	2.0	0.7	0.5	0.4
停机坪	5.0	0.7	0.6	0

注：1. 未注明房间按实际使用情况取值；设备房间应按实际使用情况调整；
    2. 设计墙、柱、基础时，楼面活荷载按《建筑结构荷载规范》GB 50009 考虑折减。

9.4.2 地下室覆土荷载取值

对地下室覆土荷载取值进行描述，主要包括：土层厚度；土层容重；回填土材质；有无出现半填土半露天的情况；覆土上部的使用功能及荷载。

9.4.3 水浮力荷载取值

对场地水浮力荷载取值进行描述，主要包括：周边土层透水情况；50 年一遇水位高度及 100 年一遇水位高度；场地水的流动性；场地水的腐蚀性。

9.4.4 车辆（公路、轨道交通、人行隧道）及人防荷载取值

对公路、轨道交通、人行隧道荷载及人防荷载取值进行描述，主要包括：（1）公路车道数、公路等级、动力系数；（2）人行道分布及荷载；（3）轨道交通线路、车型、动力系数；（4）人防荷载。

9.4.5 地震作用参数取值

（1）《规范》地震动参数
抗震设防烈度：8 度，设计基本地震加速度 0.20g

设计地震分组：第三组

场地类别：Ⅱ类，特征周期 $T_g=0.45s$

（2）安评报告地震动参数

根据本项目工程场地地震安全性评价报告，50 年超越概率的地震动参数取值与《规范》参数对比如表 9.4.2 所示，《规范》和安评报告地震响应系数曲线对比见图 9.4.1。

地震动参数取值（规范值与安评值比较）　　　　　　　表 9.4.2

地震烈度	50 年设计基准期超越概率	重现期（年）	地面加速度峰值 PGA（cm/S2）		水平地震影响系数最大值 α_{max}		场地特征周期 T_g（s）		T_1（s）	γ（安评）
			规范	安评	规范	安评	规范	安评		
多遇地震	63%	50	70	73	0.16	0.23	0.45	0.35	0.1	0.9
偶遇地震	10%	475	200	210	0.45	0.53	0.45	0.33	0.1	0.9
罕遇地震	2%	2000	400	370	0.90	0.93	0.50	0.60	0.1	0.9

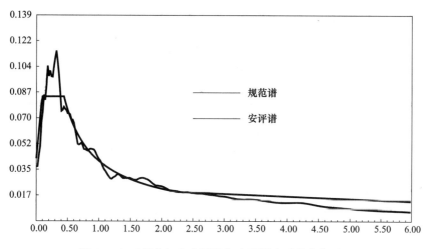

图 9.4.1 《规范》和安评报告地震影响系数曲线对比

（3）地震作用计算参数取值

① 按安评报告和《规范》参数的较大值复核小震承载力，按照《规范》参数验算小震变形；

② 偶遇地震（中震）和罕遇地震（大震）计算：采用《规范》设计参数；

③ 考虑到隔墙或填充墙对结构刚度贡献的影响，在计算小震作用时周期折减系数取 0.9，中震和大震作用时周期不折减；

④ 按规范进行小震计算时特征周期取 0.45s；按安评进行小震计算时特征周期取 0.35s，中震计算时特征周期取 0.45s，大震计算时特征周期取 0.5s；

⑤ 结构阻尼比：多遇地震弹性分析取 $\zeta=0.04$，罕遇地震计算取 $\zeta=0.05$。

9.4.6　温度荷载取值

对场地温度荷载取值进行描述，主要包括：整体升温降温取值；局部升温降温取值；

水化热温度效应。

9.5　结构体系及结构布置方案

9.5.1　结构体系

结构体系为：框架结构。

9.5.2　竖向构件布置方案

竖向构件布置按建筑使用功能和地铁要求布置。

9.5.3　水平构件布置方案

本工程结构选型主要考虑结构的安全性、适用性及经济性，同时综合考虑建筑体形特点、功能要求、净空尺寸要求、工程地质条件和施工方法等因素；在控制造价、控制工期的前提下，将优先选用成熟、先进的结构技术。考虑结构规则性、受力合理性、工程经济性等因素，本工程结构体系及结构布置如下：

1）顶板：本工程地面部分为市政道路，顶板以上设有覆土绿化、覆土道路等，所以顶板附加恒荷载及活荷载较大，局部水平跨度大。根据"安全、经济、美观"的原则，通过分析比较，由于密肋楼盖技术具有提高层高净高、简化模板、结构刚度大、空间大等优点，顶板楼盖拟主要采用钢筋混凝土密肋梁楼盖，部分位置采用钢筋混凝土井字梁楼盖，局部大跨度结构拟采用钢骨混凝土梁。设计时适当设置后浇带，设置不小于0.25％配筋率的拉通钢筋，适当添加混凝土外加剂，并选择水化热低、收缩率低、抗裂性能高的混凝土，并严格养护、保护措施减少温度变化与混凝土收缩对结构的影响。

2）地下一、二、三层楼面建筑使用功能主要为商场及停车库等，主要荷载为结构自重及使用活载荷载，经安全、经济、美观比较，楼盖主要采用梁板结构，除个别位置外控制梁高不大于800。楼板设置不小于0.25％配筋率的拉通钢筋，适当添加混凝土外加剂，并选择水化热低、收缩率低、抗裂性能高的混凝土，并严格养护、保护措施减少温度变化与混凝土收缩对结构的影响。

3）不规则大跨度楼盖布置，本工程C区由于地铁、环路等较复杂。为不影响地铁及道路交通，该范围柱网不规则，经过经济比较，采用预应力钢筋混凝土主梁井字楼盖。

4）具体平面布置详各层结构平面布置图。

9.5.4　侧壁布置方案

侧墙：侧墙防裂措施与楼盖结构统一考虑，采用长期后浇带与短期后浇带相结合，变

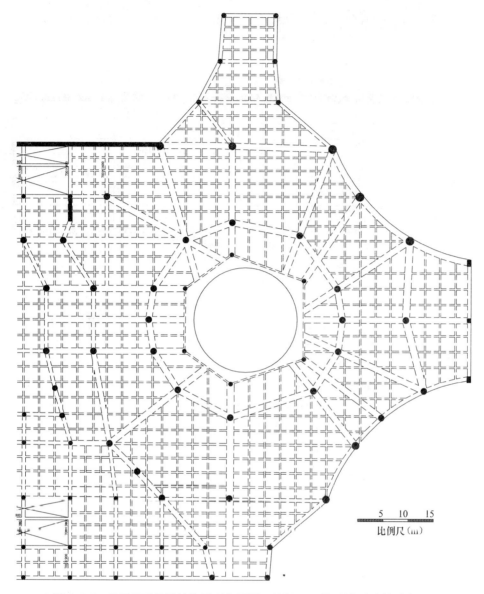

图 9.5.1　C区地下首层结构平面布置图（局部）（不规则大跨度楼盖布置）

小分块。设计时适当设置后浇带，设置不小于 0.3‰ 配筋率的拉通钢筋，适当添加混凝土外加剂，并选择水化热低、收缩率低、抗裂性能高的纤维混凝土。为减小超长混凝土温度变化与混凝土收缩对结构的影响，侧墙设置诱导缝。并严格养护、保护措施减少温度变化与混凝土收缩对结构的影响。

　　侧墙平面内按连续深梁考虑（桩作为支点），平面外按所受水土压力计算。地下室侧壁所受的水土压力按水土分算原则考虑，土压力按同填土的静止土压力计算。对于地下室层高较高的位置，地下室侧墙采用设置肋墙的侧墙结构，计算时按双向受力考虑。

　　本工程地下室大部分与周边地下室相连，由于相连区域不设置侧壁，非相连区域设置侧壁，如图 9.5.2。因此，在巨大水土压力作用下结构承受较大的不平衡水平力作用。

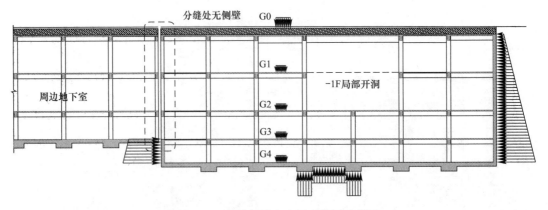

图 9.5.2　单边侧壁水土压力作用示意图

由于一般地下室外侧均设置钢筋混凝土侧壁，由于楼板的支撑作用，在水土压力作用下侧壁承担的水土压力将转化为楼板的压应力，如图 9.5.3。而这种压应力对楼板收缩起到预应力作用，经计算这种楼盖应力可大道 1～4MPa。这种应力很好的抵消或减少正常使用状态下楼板应温度收缩而引起的拉应力，从而减少或避免正常使用状态下楼板收缩裂缝。而本工程地下室仅设置部分钢筋混凝土侧壁（如图 9.5.4 所示），甚至不设置侧壁（如图 9.5.5 所示）。因此，本工程地下室大部分范围不存在侧壁水土压力引起的楼盖压应力，这对楼盖正常使用状态下温度收缩不利影响损失了很好的有利条件。为避免或降低楼盖在正常使用状态下由于温度收缩而开裂，经分析比较，本工程楼盖（含各层楼板及顶板）拟采用无粘结预应力钢筋混凝土楼板。预应力钢筋仅作为抗收缩使用，预应力钢筋按等间距直线型布置于板高度中间。预应力钢筋采用 $f_{ptk}＝1860MPa$，控制张拉应力为 $\sigma_{con}＝0.75f_{ptk}＝1395MPa$，采用 s15.2 预应力钢筋，间距分区取 1～1.5m。张拉间距控制在40m 以内。

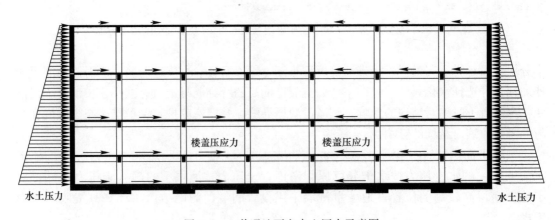

图 9.5.3　普通地下室水土压力示意图

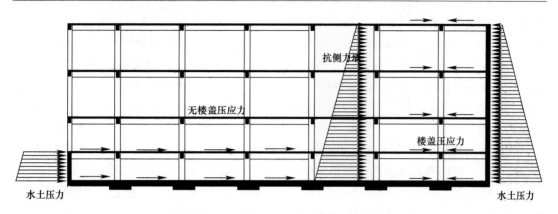

图 9.5.4 本工程地下室水土压力示意图一

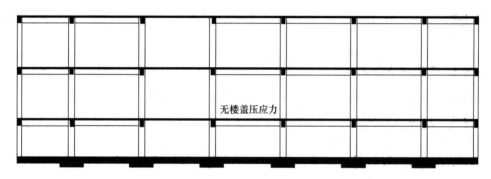

图 9.5.5 本工程地下室水土压力示意图二

9.5.5 地下结构内衬材料及侧壁、顶板的防水防潮构造做法

根据建筑大样，详细描述地下结构内衬材料及侧壁、顶板的防水防潮构造做法，即结构防水防潮措施。

9.6 地基、基础设计方案

9.6.1 主要勘察成果

9.6.1.1 地形地貌

该场地的地貌单元属剥蚀残丘，局部为丘间洼地，场地原为汉溪大道，近期正在施工开挖，整体上地形较平缓，地面标高 19.04~25.54m，相对高差 6.50m。地形地貌条件简单。

9.6.1.2 气象特征

本地区属南亚热带季风海洋气候，全年降水丰沛，雨季明显，日照充足，夏李炎热，冬季一般较温暖。在季风环流控制下，冬半年（9 月至翌年 3 月）受大陆冷高压影响，吹偏北风，天气相对干燥，降水量少；夏半年（4 月至 8 月）受海洋性气流的影响，吹偏南风，天气炎热，降水量大。根据广州市区 1951～1993 年的气候资料，勘察区年平均气温21.9℃，极端最高气温 38.7℃，极端最低气温 0.0℃；年平均降水量 1696.5mm，历年最大降水量 2864.7mm，最大月平均降水量 288.7mm，年平均风速 1.9m/s。

9.6.1.3　地质构造

场地的大地构造位置位于 NW 向的沙湾断裂、化龙-黄阁断裂与 NE 向的横沥断裂、新会断裂所夹持的西北江三角洲次稳定区的万顷沙断陷中，该断陷中心第四系厚度为 50～60m，一般为 30～50m，是三角洲内第四系发育最全的凹陷。评估区附近的断裂以弱活动断裂为主（钟建强，1989 年），该类断裂是珠江三角洲一带的主要活动断裂，这些断裂的交切部位常是震中或温泉分布的地方。

区域断裂简介：评估区附近主要断裂有顺德断裂，古井—万顷沙断裂，沙湾断裂、化龙—黄阁断裂。

① 顺德断裂，具体介绍略；

② 横沥断裂，具体介绍略；

③ 化龙—黄阁断裂，具体介绍略。

根据《岩土工程勘察报告》本工程场地属基本稳定区，适合建设。

9.6.1.4　岩土地层结构及其特征

该区地层按地质成因依次分为：第四系填土层（Qml）、第四系冲积土层（Qal）、残积层（Qel）和基岩风化岩带。现将各土、岩层由上而下进行综合描述如下：

① 填土（Qml）（地层编号①），具体介绍略；

② 冲积层粉质黏土（Qal）（地层编号②），具体介绍略；

③ 残积层（Qel）（地层编号③）本层分为泥质粉砂岩残积土和混合岩残积土两类，具体介绍略；

④ 岩层，具体介绍略。

各土层的承载力特征值如表 9.6.1。

9.6.1.5　典型钻孔

典型钻孔柱状图如图×××（A 区钻孔）、图×××（C 区钻孔）

图×××（A 区钻孔）（略）

图×××（C 区钻孔）（略）

9.6.1.6　工程地质评价

根据广东省地质建设工程勘察院编制的《岩土工程详细勘察报告》，本工程建筑场地土类型为中软土，本场地类别为 II 类，各土层承载力特征值详表 9.6.1。

各土层的承载力特征值　　　　　　　　　　　　　　　　　　表 9.6.1

岩土层名称	层　号	建议承载力特征值（kPa）
人工填土	①	60
粉质黏土	②-1	120
淤泥质土	②-2	60

岩土层名称	层号	建议承载力特征值（kPa）
粉质黏土	②-3	150
粉质黏土	③-1	220
砂质黏性土	③-2	250
全风化粉砂岩	④-1	320
强风化粉砂岩	④-2	550
中风化粉砂岩	④-3	Frk＝9.6MPa
微风化粉砂岩	④-4	Frk＝12MPa
全风化混合岩	⑤-1	350
强风化混合岩	⑤-2	600
中风化混合岩	⑤-3	Frk＝29MPa
微风化混合岩	⑤-4	Frk＝57MPa

9.6.1.7 水文地质条件

根据勘查报告地下水位埋深观测，该区地层按地质成因依次分为：第四系填土层（Qml）、第四系冲积层（Qdl）、残积层（Qel）和基岩风化岩带。填土层、粉质黏土层及残积层均属弱透水层，下伏基岩整体分布不均匀，变化较大，基岩全风化混合岩、强风化层裂隙很发育，裂隙中赋存有一定的裂隙水。

地下水位及地下水类型：

场地的稳定地下水位受地势变化影响大，钻孔稳定水位，埋深在 5.70～11.20m 之间变化，水位变化年幅度 0.5～2.00m。本场地地下水类型分上层滞水和基岩中的裂隙水。上层滞水主要分布在填土中，水量较小。基岩整体分布不均匀，变化较大，裂隙中赋存的裂隙水水量较贫乏。

地下水的赋存与补给：

（1）上层滞水，主要赋存于填土中，补给来源主要靠大气降水，补给量受季节的影响明显。

（2）第四系孔隙水，主要赋存于冲积层含砂粉质黏土层中，淤泥质土为饱水而不透水层，水量小。

（3）岩层中的裂隙水，与基岩的裂隙发育及其连通性有关，主要的补给来源为邻近的裂隙水，补给量受岩体破碎程度及地势起伏程度的影响明显。

9.6.2 地基、基础设计方案

9.6.2.1 基础及底板选型

根据《建筑地基基础设计规范》GB 5007—2011，本工程的地基基础设计等级为甲级。本工程为四层地下室结构（局部二、三层），基础形式的确定主要考虑以下因素：

1）由于顶板以上设有覆土绿化、道路等，局部结构柱距较大，荷载较大，因此大部分单柱轴力超过 10000kN，最大单柱轴力为 25000kN；

2）考虑工程地下室埋深大，结构层数少，地下水浮力作用大，选用的基础型式应充分考虑抗浮；

3）超长结构应有可靠的基础型式以避免结构的不均匀沉降，尤其是 B、C 区存在钻（冲）孔灌注（抗拔）桩基础与天然地基柱下扩展基础的混合基础形式，须严格控制基础不均匀沉降问题。经分析计算，本工程钻（冲）孔灌注桩基础与天然地基柱下扩展基础持力层均为中（微）风化粉砂岩或混合岩层。基础下沉很小，满足规范要求。

4）由于采取结构相连的合建模式，地铁公司要求与地铁土建结构相邻两跨的地下空间结构范围内，抗浮设计需采取抗拔桩型式，以确保地铁结构安全。

5）根据本工程《岩土工程勘察报告》本工程中（微）风化层覆盖层厚度（底板底至中（微）风化层厚度）如图 9.6.1。

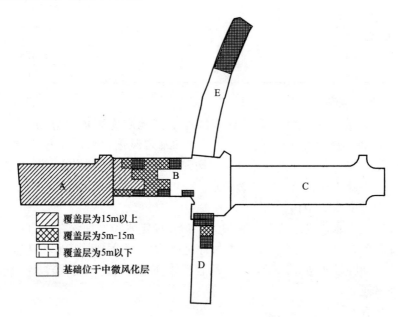

图 9.6.1　中（微）风化层厚度平面示意图

依照安全适用、技术先进、经济合理、确保质量、保护环境的原则，根据《岩土工程勘察报告》，综合考虑结构类型、材料情况与施工条件等及周边建筑物基础形式及施工的经验，经过比较本工程基础根据不同区域的具体情况选择如下：

1）本工程 A 区底板底面标高位于全风化层，结合地铁相关要求，A 区拟采用钻（冲）孔灌注（抗拔）桩，具体详×××条。

2）本工程 B 区底板底面标高位于强风化层、中风化层，局部位于微风化层，结合地铁相关要求，B 区拟采用钻（冲）孔灌注（抗拔）桩，具体详 4.6.1-1 条。

3）本工程 C 区底板底面标高位于微风化层，结合地铁相关要求，C 区地铁范围（地铁隧道各两侧两跨范围内）拟采用钻（冲）孔灌注（抗拔）桩；地铁范围以外区域拟采用天然地基基础，基础持力层为微风化粉砂岩，抗拔采用抗拔锚杆，锚杆直径取 150mm，单根锚杆抗拔力特征值为 550kN，具体详×××及×××条。

4）本工程 D、E 区底板底面标高位于微风化层，局部强风化或中风化层，D、E 区拟采用天然地基基础，基础持力层为微风化粉砂岩，抗拔采用抗拔锚杆，锚杆直径取 150mm，锚杆钢筋采用 HRB500 钢筋，单根锚杆抗拔力特征值为 550kN，具体详×××。E 区局部持力层埋深低于底板 2～5m，改范围采用人工挖孔墩基础。

　　5）底板：结合基础设计，经过经济比较，考虑加快施工速度，减小土方开挖深度与难度。底板结构采用无梁平板结构，底板结构迎水面以裂缝控制配筋。经比较拟采用钢筋混凝土无梁厚板结构，基础或承台作为柱帽使用。当采用桩基础时，由于底板跨度较大，水浮力较大，板中设置纯抗拔桩可大幅减少板跨，降低板配筋，降低造价，典型标准跨布置如图 9.8；当采用天然地基基础＋锚杆时，底板弯矩均匀，配筋较小，经济合理。为减小超长地下室及大面积混凝土温度变化与混凝土收缩对结构的影响，设计时适当设置及后浇带，适当添加混凝土外加剂，并选择水化热低、收缩率低、抗裂性能高的混凝土。

9.6.2.1.1　钻（冲）孔灌注（抗拔）桩基础计算

　　本工程 A 区、B、C 区部分范围采用钻（冲）灌注抗拔桩，其计算依据 GB 5007—2012《地基基础设计规范》及《建筑地基基础设计规范》DBJ 15-31—2003 执行。

　　本工程采用直径为 1200、1400、1600、1800mm 的锚杆钻（冲）灌注桩。采用 C30 混凝土，$f_c = 14.3 N/mm^2$；根据《建筑桩基技术规范》JGJ 94—2008 中 5.8.2 条，钢筋混凝土轴心受压桩正截面承载力：$N \leqslant \varphi_c f_c A_{ps}$，基桩成桩工艺系数 $\varphi_c = 0.7$

　　根据《建筑地基基础设计规范》DBJ 15-31—2003 中 10.2.4 条，$R_a = u_p C_2 f_{rs} h_r + C_1 f_{rp} A_p$，其中根据勘察报告，$C_1 = 0.4 \times 0.8 = 0.32$，$C_2 = 0.032 \times 0.8 = 0.0256$；岩层抗压强度标准值 f_{rp} 如表 9.6.2 所示：

岩层抗压强度标准值 f_{rp}　　　　　　　　　　　　　　表 9.6.2

岩层类别	中风化粉砂岩 4-3	微风化粉砂岩 4-4	中风化混合岩 5-3	微风化混合岩 5-4
f_{rp}	9.6MPa	12MPa	29MPa	57MPa

　　根据以上公式得出，桩的受压承载力和桩长分别如表 9.6.3 所示：

桩　表　　　　　　　　　　　　　　表 9.6.3

桩编号	桩径 (mm)	单桩竖向承载力特征值(kN)	单桩抗拔承载力特征值(kN)	承台平面尺寸 ($a \times b$)mm	承台厚度 (h)mm	入中风化粉砂岩		入中风化混合岩	
						入持力层深度	参考有效桩长	入持力层深度	参考有效桩长
ZH12b	1200	8400	4800	2500×2500	1300	3.3m～8.4m	8.4m～12.8m	1.0m～6.1m	10.0m～29.0m
ZH14b	1400	11400	5500	2500×2500	1300	3.2m～8.2m	8.2m～12.6m	1.0m～5.9m	10.0m～29.0m
ZH16b	1600	14900	6400	2500×2500	1300	3.3m～8.2m	8.4m～12.8m	1.0m～6.0m	10.0m～29.0m
ZH18b1	1800	18900	7200	2500×2500	1300	3.2m～8.2m	8.4m～12.8m	1.0m～5.9m	10.0m～29.0m
ZH18b2	1800	—	8800	2500×2500	1300	5.0m～10.0m	9.5m～13.7m	1.0m～7.6m	10.0m～29.0m

　　注：桩身入 1m 微风化粉砂岩相当于 1.86m 中风化粉砂岩；桩身入 1m 微风化混合岩相当于 2.50m 中风化混合岩，
　　　　且有效桩长不小于 6m；
　　　　地铁隧道范围桩底标高应低于地铁隧道底板面标高至少 1m。

　　抗拔桩基础设计：首先在不考虑水浮力作用时，抗拔桩应能满足竖向承载力要求，在满足竖向承载力要求前提下地下计算抗浮承载力。抗浮水位按抗浮水头分布示意图。在充分利用结构自重及柱下桩基础抗拔承载力前提下，经过比较分析，于板内设置纯抗拔桩，既能满足抗拔要求还能减少板跨，大幅降低底板配筋。如图 9.6.2：

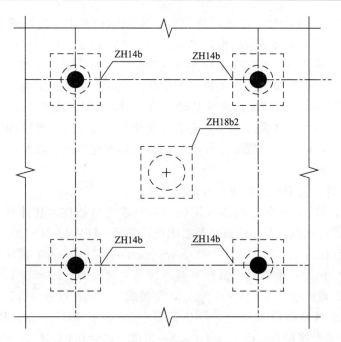

图 9.6.2 典型标准跨抗拔桩布置图

9.6.2.1.2 岩石锚杆基础计算

本工程天然地基基础范围设置岩石锚杆来抗浮，其计算依据 GB 5007—2012《地基基础设计规范》及《建筑地基基础设计规范》DBJ 15-31—2003 执行。

抗浮水位按抗浮水头分布示意图。

本工程采用直径为 150mm 的锚杆。锚杆抗拔承载力暂定为 550kN，锚杆的最终承载力需现场做试验来确定。

锚杆入岩深度按《建筑地基基础设计规范》DBJ 15-31—2003 中 11.2.1-3 式计算：

$$R_t \leqslant 0.8\pi d_1 \Sigma l_i f_i \qquad\qquad 11.2.1\text{-}3$$

式中 f_i 为砂浆与第 i 层岩石间的粘结强度特征值，本工程中 f_i 按勘察规范取值，并考虑重要系数 $\gamma_0 = 1.1$ 时锚杆入岩长度如下：

$l_i \geqslant 7.5\text{m}$ 　　中风化粉砂岩（4-3）

$l_i \geqslant 4.0\text{m}$ 　　微风化粉砂岩（4-4）

$l_i \geqslant 6.0\text{m}$ 　　中风化混合岩（5-3）

$l_i \geqslant 4.0\text{m}$ 　　微风化混合岩（5-4）

为提高锚杆承载力，减少锚杆数量，锚杆拟采用 HRB500 钢筋，普通锚杆采用 2Φ25＋2Φ28 钢筋。根据《建筑地基基础检测规范》DBJ-15-60—2008，基础锚杆应进行抗拔试验，抽检数量不应少于锚杆总数的 5％，且不得小于 6 根。由于锚杆试验极限值为标准值两倍，2Φ25＋2Φ28 钢筋不能满足试验要求，为减少钢筋用量，施工前由各相关单位随机选取锚杆总数的 10％锚杆作为待检测试验锚杆，待检测试验锚杆采用 2Φ28＋2Φ32 钢筋。再从待检测试验锚杆中随机抽取 50％（总数的 5％）作为检测试验锚杆。

锚杆布置按充分利用结构自重原则，在柱恒载轴力作用范围不设置锚杆，范围以外按 1.5×1.5 米间距布置锚杆，标准跨布置如图 9.6.3（a），利用筏板有限元程序进行计算各锚杆反力如图 9.6.3（b）。由计算结果可见，充分利用抗浮恒载，锚杆受力较均匀合理。

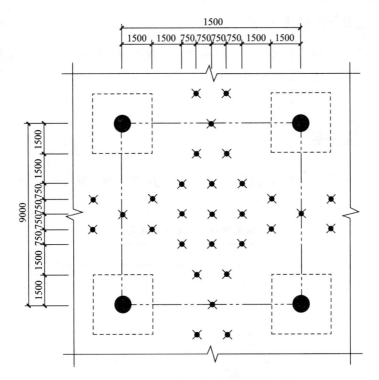

图 9.6.3（a）　典型标准跨锚杆布置图

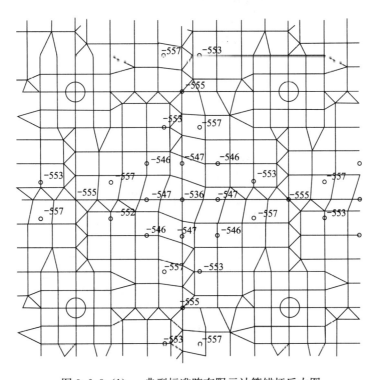

图 9.6.3（b）　典型标准跨有限元计算锚杆反力图

355

9.6.3 不利地质条件处理方案

对工程场地的不利地质处理方案进行描述，主要包括：软弱土层的处理方案、不利地下水情况的应对措施；水土流失的处理方案。

9.7 超限程度判断

本工程结构类型应符合现行规范的适用范围，存在《超限审查要点超限判别》2 项不利内容的，属于超限地下空间结构。

超限审查要点超限判别表 表 9.7.1

序号	超限类型	简要含义	本工程情况	超限判别
1	场地存在断裂带	建筑物最小避让距离小于《抗规》4.1.7 条规定		
2a	不利抗震地质条件	出现下列情况之一，包括： ① 软弱土、液化土、高含水可塑黄土 ② 条状突出的山嘴、高耸孤立的山丘、陡坡 ③ 河岸和边坡边缘 ④ 土层平面分布明显不均 ⑤ 地表存在结构性裂缝		
2b	水土流失	① 周边区域存在流沙 ② 水土流失明显		
3	与已有建筑连接复杂	出现下列情况之一，包括： ① 上部有高层建筑 ② 地下空间侧面为相邻高层建筑嵌固端		
4	临近市政隧道、轨道交通隧道	① 有市政隧道、轨道交通隧道穿越、交叉，两者之间最短距离小于 5m ② 紧贴市政隧道、轨道交通隧道		
5a	埋置较深	出现下列情况之一，包括： ① 顶板埋置深度大于 24m ② 结构底板高差大于 12m		
5b	结构过长	地下空间长度大于 300m		
6	楼板不连续	有效宽度小于 50%，开洞面积大于 30%，错层大于梁高		
7a	基础变形过大	地基沉降及基础变形超过《地基规范》5.3.4 条		
7b	采用混合基础	采用一种以上基础形式		
不利情况总结		不利项××项		

9.8　抗震性能目标及针对超限的具体措施

9.8.1　抗震性能目标及性能设计指标

针对地下空间结构复杂和超限程度，综合考虑抗震设防类别、设防烈度、建造费用、震后损失和修复难易程度等因素，确定结构的性能目标；落实关键部位、关键构件在不同地震水准下的承载力、变形和延性等性能设计指标。

性能设计指标宜经过必要的试算分析后确定，性能指标不宜太低，否则起不到加强的作用；也不宜过高，否则施工图设计时难以落实，同时使造价过高、造成不必要浪费。

9.8.2　针对超限的具体措施

根据《超限审查要点超限判别表》的超限具体内容，提出针对性的设计措施。

9.9　地下结构结构防水及水浮力分析

9.9.1　水浮力作用造成的裂缝分析

根据《混凝土结构设计规范》GB 50010—2010 中 3.3.3 条底板裂缝控制等级为三级。本工程地下室底板位于常水位以下，根据《混凝土结构耐久性设计规范》GB/T 50476—2008 中 4.2.1 条本工程底板属于永久静水浸没环境，其环境作用等级为（Ⅰ-A）级，根据《混凝土结构耐久性设计规范》中 3.5.4 条规定底板表面裂缝宽度限值为 0.4mm，根据《全国民用建筑工程设计技术措施-结构（混凝土结构）》2.6.5 条及其说明，底板裂缝按 0.3mm 控制。另外根据《混凝土结构耐久性设计规范》中 3.5.4 条规定，底板计算裂缝时保护层厚度 c 超过 30mm 时可以取 30mm。

9.9.2　混凝土温差收缩、徐变收缩引起的裂缝分析

本工程采用超长混凝土结构无缝设计，各区域长度均超长，最长区域（C 区）长度达 340m，远远超出规范建议的伸缩缝间距，结构设计必须考虑温度应力的影响。

本工程采用 PMSAP 及 ANSYS 有限元程序来模拟温度荷载效应，考虑混凝土收缩、水化热和环境温度变化三种不利因素，同时考虑混凝土可随时间塑性徐变和允许裂缝的开展可释放应力的有力因素来分析温度应力。根据相关文献，并合理考虑本工程中的不确定因素，根据广州市 1951~1993 年的气候资料，番禺区年平均气温 21.9℃，极端最高气温

38.7℃，极端最低气温 0.0℃，由于本工程为地下工程，根据相关资料地下室内最高气温 30.0℃，最低气温 10.0℃。温度荷载取值如下：

当量温差计算表　　　　　　　　　　表 9.9.1

位　　置	正常使用状态		温差℃	徐变应力折减系数 K	当量温差℃
	最高气温℃	最低气温℃			
首层	35	5	−30	0.3	−9
下沉广场	35	5	−30	0.3	−9
地下室内	30	10	−20	0.3	−6

选取最长单元（C 区）作为计算模型，利用 PMSAP 建立整体模型，由于在温度荷载作用下。混凝土的热膨胀系数为 $\alpha_T = 1 \times E - 05 \text{m} / (\text{moC})$，弹性模量 $E = 3.3 \times E04 \text{N} / \text{mm}^2$。以下为各层温度应力计算结果应力图。

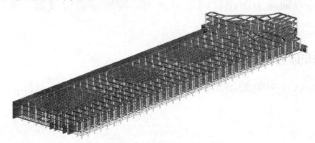

图 9.9.1　计算模型三维图

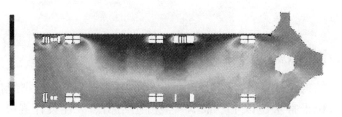

图 9.9.2　顶板 X 向温度应力计算结果（kPa）

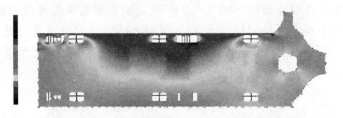

图 9.9.3　顶板 Y 向温度应力计算结果（kPa）

图×××地下一层 X 向温度应力计算结果（kPa）（略）
图×××地下一层 Y 向温度应力计算结果（kPa）（略）
图×××地下二层 X 向温度应力计算结果（kPa）（略）
图×××地下二层 Y 向温度应力计算结果（kPa）（略）
图×××地下三层 X 向温度应力计算结果（kPa）（略）
图×××地下三层 Y 向温度应力计算结果（kPa）（略）

利用 ANSYS 建立标准跨整体模型（三层楼板，长度 400m），由于在温度荷载作用下，结构平面刚度形心附近存在不动点，为减少计算量，计算模型可取结构长度的一半（长度取 200m），刚度形心位置加以对称约束。混凝土的热膨胀系数为 $\alpha_T = 1 \times E - 05$m/(moC)，弹性模量 $E = 3.3 \times E04$N/mm^2。

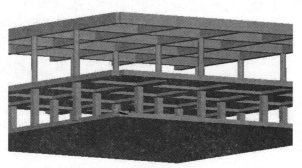

图 9.9.4　模型局部

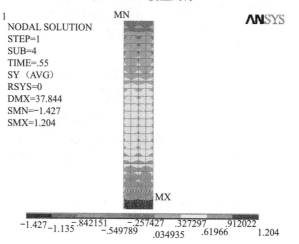

图 9.9.5　首层（顶板）长向温度应力

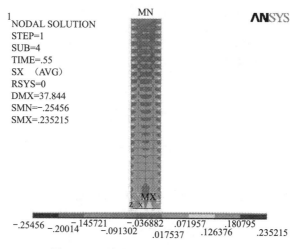

图 9.9.6　首层（顶板）短向温度应力

图×××地下一层（楼板）长向温度应力（略）

图×××地下一层（楼板）短向温度应力（略）

图×××地下二层（底板）长向温度应力（略）

图×××地下二层（底板）短向温度应力（略）

建立 ANSYS 标准模型分析比较混凝土中掺加膨胀剂及不掺加膨胀剂温度应力（如图 9.9.7），由图可见掺加膨胀剂可有效降低构件温度应力。

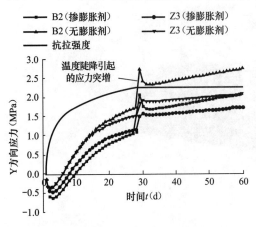

图 9.9.7　应力 60d 变化曲线

注：（B2 为构件外层，Z3 为内层单元），
温度骤降由模拟拆模引起

由计算结果可得，顶板、楼板大部分范围温度拉应力均都小于 2.0MPa，在梁柱相交处出现应力集中，有侧壁位置由于侧壁约束产生较大温度应力，洞口边缘由于应力集中产生较大拉应力。通过提高板配筋加强构造，楼板、顶板设置预应力钢筋，洞口边缘设置加强钢筋可有效地抵抗温度作用产生的裂缝，实现结构的安全性。底板由于有基础的嵌固作用，考虑到板底与土层的接触可抑制底板在温度作用下的收缩变形，并在设计构造上采用局部下沉板以减少连续板的长度。

影响混凝土徐变变形的因素主要有：①水泥用量越大（水灰比一定时），徐变越大；②水灰比越小，徐变越小；③龄期长、结构致密、强度高，则徐变小；④骨料用量多，弹性模量高，级配好，最大粒径大，则徐变小；⑤应力水平越高，徐变越大。徐变变形初期增长较快，然后逐渐减慢，一般持续2～3 年才逐渐趋于稳定。混凝土的徐变在不同结构物中有不同的作用。对普通钢筋混凝土构件，能消除混凝土内部温度应力和收缩应力，减弱混凝土的开裂现象。对于本工程结构徐变是有利因素。

9.9.3　考虑后浇带及收缩徐变影响的模拟施工计算

本节主要需进行考虑整体收缩徐变影响的施工模拟分析，列举施工完成后及结构使用10 年后的结构主应力、变形等情况。

9.9.4　用于减少裂缝的预应力钢筋的布置及分析

本节需列举用于减少裂缝的预应力钢筋的布置，分析裂缝宽度。

9.9.5　地下室结构内表面温度、整体保温性能分析

本节需进行地下空间整体保温性能分析

9.9.6 地下空间不均匀水浮力分析

地下水设防水位：由于本工程场地面标高地呈西、北侧低，东、南侧高的缓坡状（如图 9.9.8），结构设计水位按相应范围（100m 水平距离）最低地面标高考虑。具体详图 9.9.9

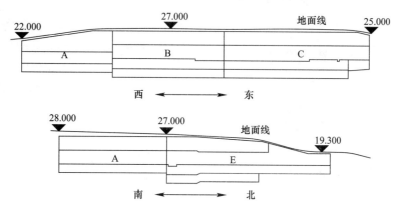

图 9.9.8 水头剖面示意图（竖向比例放大 5 倍）

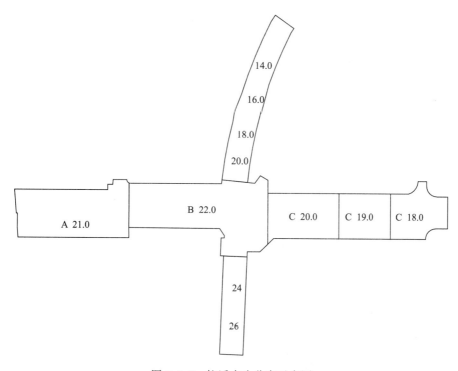

图 9.9.9 抗浮水头分布示意图

由于地形变化设计时按小分区设定抗浮水位，确保抗浮水位真实可靠，并保证水位连续性。

9.10　地下空间的地震响应计算

9.10.1　地下空间结构动力特性分析

考虑周边土作用下，不同软件计算振型和周期的比较；振型有效质量系数；前几阶振型的特点及对应的主振动方向，是否存在局部振动，宜辅以三维振型模型图加以判别；扭转周期比分析。

9.10.2　半埋式地下空间地震计算

9.10.2.1　计算模型

采用 MIDAS GEN 进行计算，以外环 14-14 截面为例

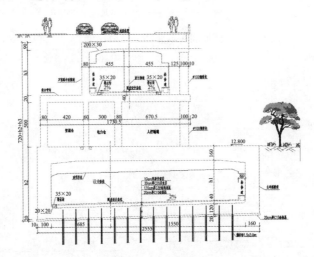

图 9.10.1　立面示意图

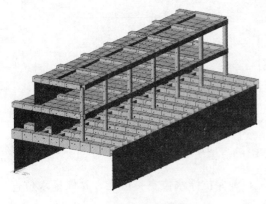

图 9.10.2　计算模型

本模型墙、柱尺寸如上图所示，U 型梁区域布置 1800mm×1800mm 的 U 型钢骨梁，U 型梁上托墙处设置 1200mm×1600mm 的钢骨次梁与 U 型梁垂直相交。楼板厚度均为 400mm。其余梁截面为 1000mm×1400mm。墙、柱、梁、板混凝土标号均为 C40。

地震设防烈度为 7（0.1g）度，地震分组为 1，场地类别为 2 类。

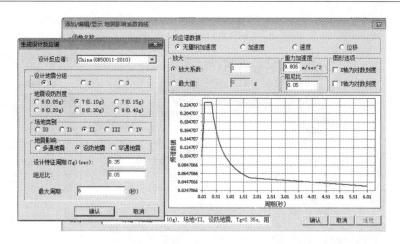

图 9.10.3　地震参数的设定

9.10.2.2　计算结果

模型 1：

隧道两侧土层高度不同，作不等高嵌固。采用只压面弹簧约束，抗侧力刚度为 10000kN/m³。在设防烈度 X 向地震作用下的计算结果。单位 kN，m。

恒载作用下，竖向位移情况（mm）：

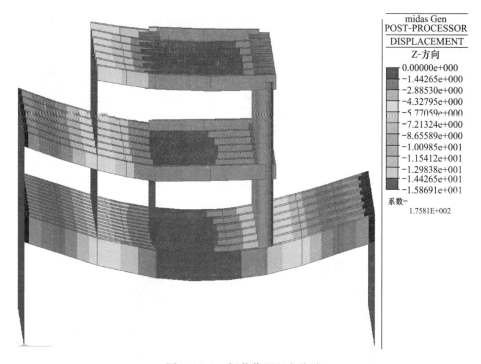

图 9.10.4　恒载作用竖向位移

恒载下最大竖向位称为 15.8mm，恒载下最大竖向位称为 2.48mm；

U 型梁在准永久组合荷载作用下的挠度：$(1.2 \times 15.8 + 1.4 \times 0.4 \times 2.48)/25000 = 1/1228$，远小于规范的限值。

EX 作用下，X 方向的位移情况（mm）：

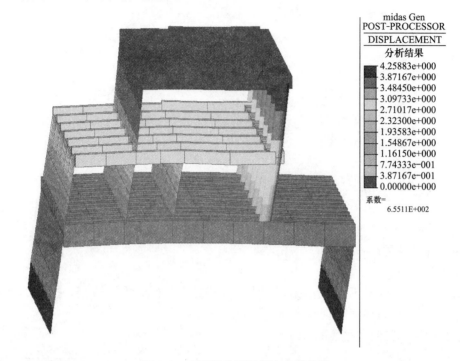

图 9.10.5　EX 作用下 X 方向的位移

EY 作用下，Y 方向的位移情况（mm）：

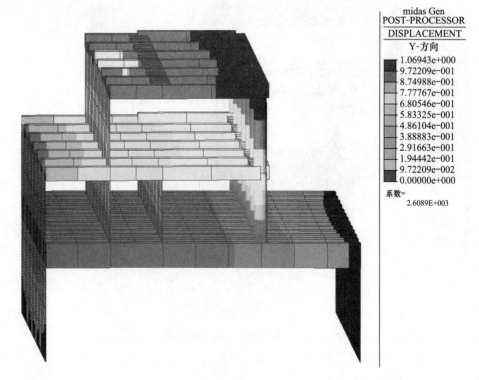

图 9.10.6　EY 作用下 Y 方向的位移

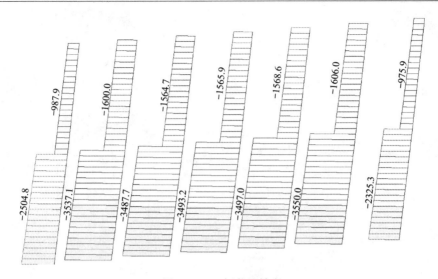

图 9.10.7 恒载柱轴力

图×××　EX 柱轴力（略）

图×××　EY 柱轴力（略）

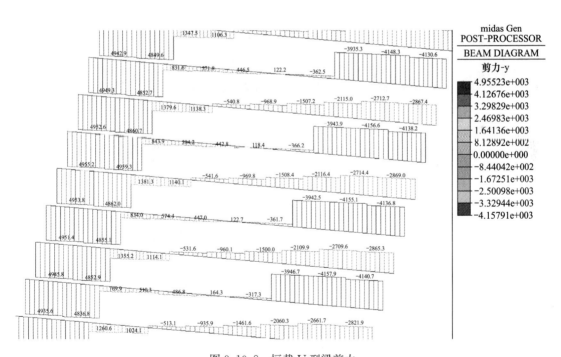

图 9.10.8 恒载 U 型梁剪力

图×××　EX 下 U 型梁剪力（略）

图×××　EY 下 U 型梁剪力（略）

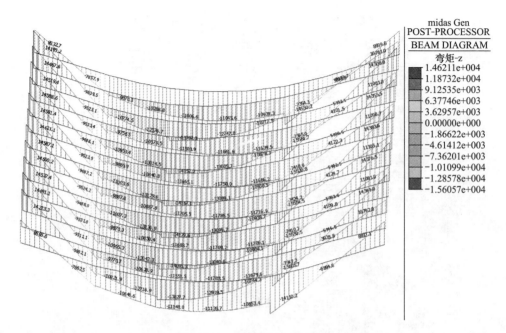

图 9.10.9　恒载下 U 型梁弯矩

图×××　　EX 下 U 型梁弯矩（略）

图×××　　EY 下 U 型梁弯矩（略）

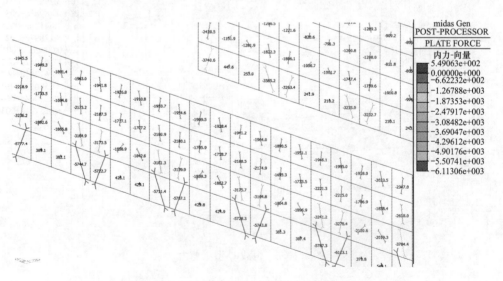

图 9.10.10　恒载下底层侧墙的主轴力

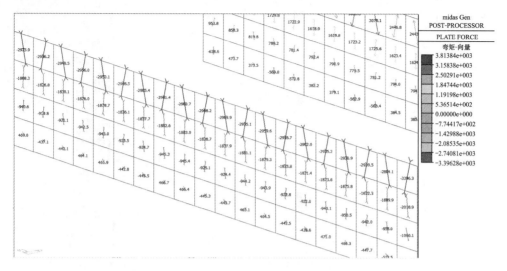

图 9.10.11　恒载下墙的主弯矩

图×××　EX 地震作用下墙的主轴力（略）
图×××　EX 地震作用下墙的主弯矩（略）
图×××　EY 地震作用下墙的主轴力（略）
图×××　EY 地震作用下墙的主弯矩（略）

模型 2：

不考虑隧道两侧土层嵌固作用。只对隧道底部作嵌固约束。在设防烈度 X 向地震作用下。单位 kN，m。

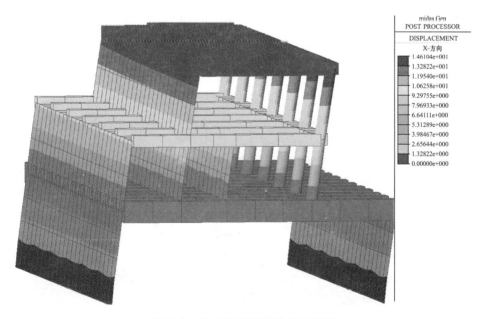

图 9.10.12　EX 作用下的 X 向位移

EX 柱轴力

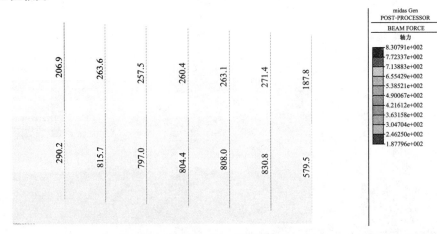

图 9.10.13　EX 柱轴力

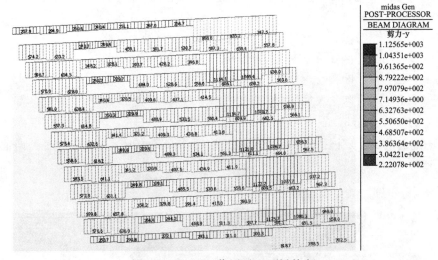

图 9.10.14　EX 作用下 U 型梁剪力

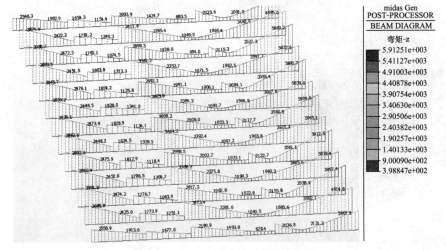

图 9.10.15　EX 作用下 U 型梁弯矩

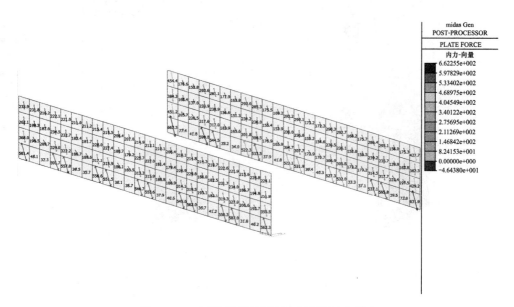

图 9.10.16　EX 地震作用下底层侧墙的主轴力

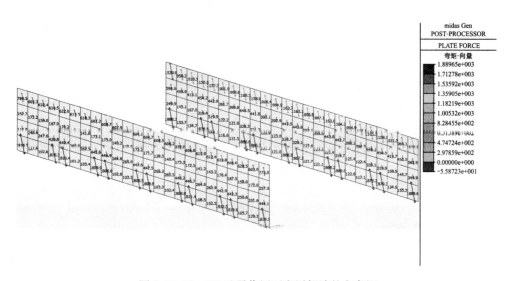

图 9.10.17　EX 地震作用下底层侧墙的主弯矩

模型 3：

隧道两侧土层高度不同，作不等高嵌固。采用只压面弹簧约束，抗侧力刚度为 10000kN/m³。在罕遇 X 向地震作用下的计算结果。单位 kN，m。

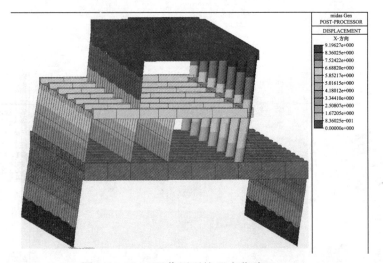

图 9.10.18　EX 作用下的 X 向位移（mm）

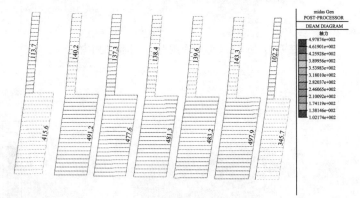

图 9.10.19　EX 柱轴力

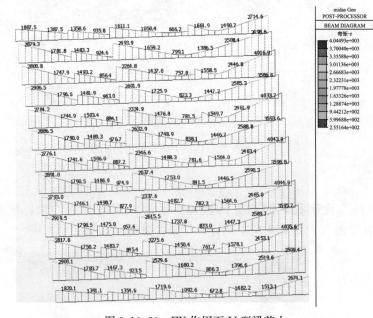

图 9.10.20　EX 作用下 U 型梁剪力

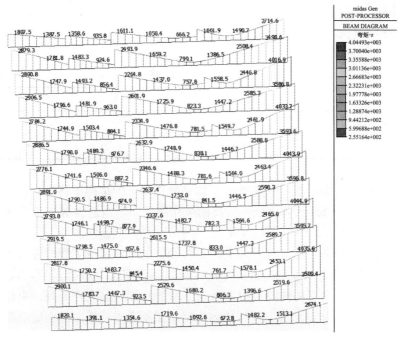

图 9.10.21　EX 作用下 U 型梁弯矩

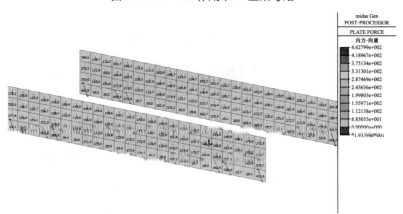

图 9.10.22　EX 地震作用下底层侧墙的主轴力

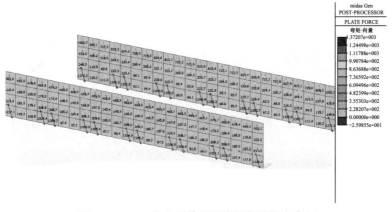

图 9.10.23　EX 地震作用下底层侧墙的主弯矩

9.10.2.3　小结

三个计算模型的结构位移如下表所示

计算模型的结构位移

表 9.10.1

	模型 1	模型 2	模型 3
1 层 X 向位移（mm）	1.71	5.15	3.92
3 层 X 向位移（mm）	4.23	14.6	9.25

可见在不等高约束作用下，设防地震 X 向地震作用下的结构侧移最小，只有底部约束的设防地震作用力的位移最大，大于不等高约束作用下，罕遇地震 X 向地震作用下的结构的位移。

在不等高约束作用下，设防地震 X 向地震作用下的梁柱墙等主要构件内力约为恒载作用下的 1/10。不考虑隧道两侧土层嵌固作用，只对隧道底部作嵌固约束，设防地震 X 向地震作用下的梁柱墙等主要构件内力约为恒载作用下的 3/10，在不等高约束作用下，罕遇地震 X 向地震作用下的梁柱墙等主要构件内力略小于不考虑隧道两侧土层嵌固作用设防烈度地震作用下的计算结果。

9.10.3　超长地下结构多点、多向地震波输入分析

本节目的是对比分析万博广场整体模型在 90 度方向罕遇地震波输入时，多种不同条件下结构的受力及变形状况。包括土对结构约束情况的改变、结构是否设缝隙。

9.10.3.1　隧道位移

现象：

（1）一致输入位移响应比多点输入大，但峰值比较接近；

（2）多点输入对比起一致输入，高频响应被过滤；

（3）测点离地震波 0 时刻输入点有 1.8s 的时间差，各波形也有 1.8s 左右的相位差；

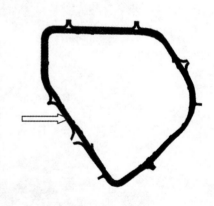

（4）隧道与裙房之间土弹簧刚度的减少导致隧道位移响应增大，刚度削减 90% 时位移增大14%。

结论：

（1）对较长的直线段隧道，隧道与裙房之间土弹簧刚度减少 90% 时，度减少 90% 时位移增大约 14%；

（2）该部位可忽略设缝对隧道刚度影响。

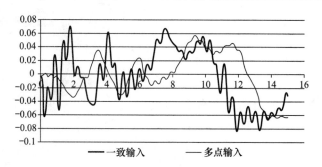

图 9.10.24　基于原模型

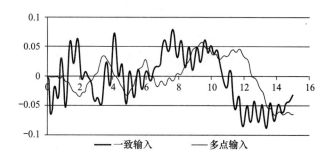

图 9.10.25　土弹簧刚度削减为 1/10

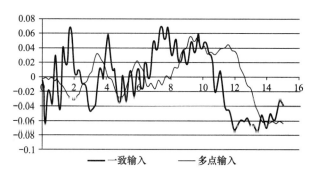

图 9.10.26　隧道结构不分缝

9.10.3.2　十字地下空间位移（略）

9.10.3.3　高层塔楼的位移（略）

9.10.3.4　裙房与十字地下空间的土弹簧轴向力（略）

9.10.3.5　裙房与环形隧道之间的土弹簧轴向力（略）

9.10.3.6　结构缝轴向应力（略）

9.10.3.7　结构缝变形（略）

9.10.4　置于软土地基上的地下空间，考虑长周期地震波的地震响应

9.10.4.1　隧道位移

现象：

（1）一致输入位移响应比多点输入大，但峰值比较接近；

（2）多点输入对比起一致输入，高频响应被过滤；

（3）测点离地震波 0 时刻输入点有 1.8s 的时间差，各波形也有 1.8s 左右的相位差；

（4）长周期波的位移响应比短周期波大了约 6 倍。

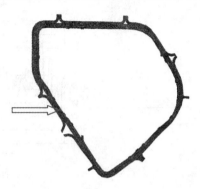

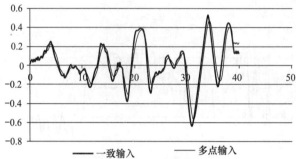

图 9.10.27　长周期波不分缝

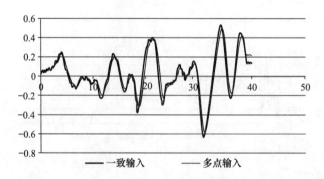

图 9.10.28　长周期波分缝

9.10.4.2　十字地下空间位移（略）

9.10.4.3　高层塔楼的位移（略）

9.10.4.4　裙房与十字地下空间的土弹簧轴向力（略）

9.10.4.5　裙房与环形隧道之间的土弹簧轴向力（略）

9.10.4.6　结构缝轴向应力（略）

9.10.4.7　结构缝变形（略）

9.10.5　地下空间与已有建筑连接复杂时的相互作用及地震影响评价

9.10.5.1　地下空间与相连（相邻）隧道、高层建筑的整体抗震分析

本部分分析采用建立高层建筑与相邻段地下空间三维模型进行模拟，分析软件采用

MIDAS Gen，三维基本整体模型。

9.10.5.1.1 万达北地块旁的隧道不等高约束

（1）土弹簧轴力对比

隧道不等高约束与等高约束相比，测点 A 不等高比等高土弹簧轴力峰值大了约 5%，测点 B、测点 C 不等高比等高土弹簧轴力峰值小了约 10%

图 9.10.29　土弹簧测点位置

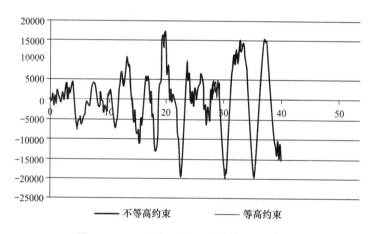

图 9.10.30　测点 A 的土弹簧轴力变化曲线

图×××测点 B 的土弹簧轴力变化曲线（略）

图×××测点 C 的土弹簧轴力变化曲线（略）

（2）结构位移对比

测点 A、测点 B 均在隧道边缘，不等高比等高的位移峰值大了约 4%，测点 C 在万达北塔楼顶部，不等高比等高的位移峰值大了约 2%。

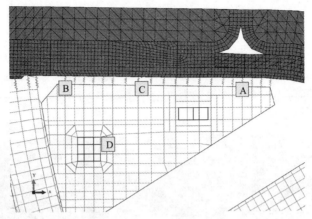

图 9.10.31　位移测点位置

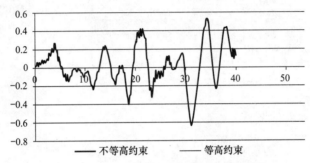

图 9.10.32　测点 A 处的隧道边缘位移曲线

图×××测点 B 处的隧道边缘位移曲线（略）

图×××测点 C 处的隧道边缘位移曲线（略）

图×××测点 D 处的高层塔楼顶位移曲线（略）

9.10.5.1.2　舜德酒店对隧道的影响

（1）土弹簧轴力对比

有舜德酒店与没有舜德酒店相比，测点 A 的峰值增大了约 4%，测点 B 的峰值降低了约 13%、测点 C 的峰值降低了约 2%。舜德酒店在隧道左侧提供了比原有土体更强的约束刚度，普遍降低了土体对隧道的动土压力作用。

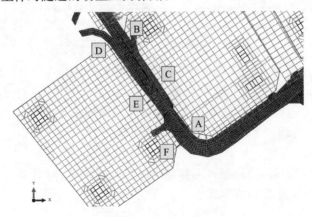

图 9.10.33　土弹簧测点位置

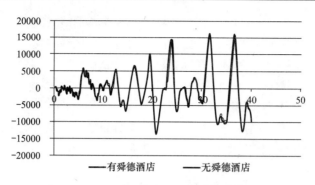

图 9.10.34　测点 A 的土弹簧轴力变化曲线

图×××测点 B 的土弹簧轴力变化曲线 （略）
图×××测点 C 的土弹簧轴力变化曲线 （略）
图×××测点 D 的土弹簧轴力变化曲线 （略）
图×××测点 E 的土弹簧轴力变化曲线 （略）
图×××测点 F 的土弹簧轴力变化曲线 （略）

（2）结构位移对比

有舜德酒店与没有舜德酒店相比，隧道边缘（测点 A、测点 B、测点 C）位移峰值基本都增大 1.2%左右。天河城地块塔顶（测点 E）位移减少 1%，说明舜德酒店的存在为隧道及周边地块提供了更好的基底嵌固效果。

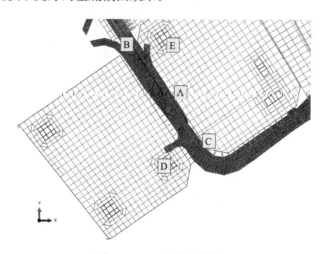

图 9.10.35　位移测点位置

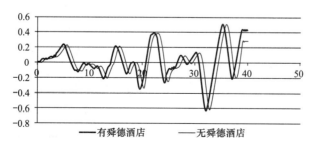

图 9.10.36　测点 A 处的隧道边缘位移曲线

图×××测点 B 处的隧道边缘位移曲线（略）

图×××测点 C 处的隧道边缘位移曲线（略）

图×××测点 D 处的高层塔楼顶位移曲线（略）

图×××测点 E 处的高层塔楼顶位移曲线（略）

9.10.5.2 地下空间、隧道、高层建筑的位移计算

给出地下空间、隧道、高层建筑的层间位移角分布曲线，与规范规定的位移限制进行对比和判断。主要分析地下空间、隧道对高层建筑位移的影响。

9.10.5.3 对高层结构扭转的影响

给出各楼层的扭转位移比计算结果，对复杂结构宜说明扭转位移比的计算假定；给出扭转周期比的验算结果；综合分析结构的扭转效应大小。

9.10.5.4 对高层结构嵌固端的影响

9.10.5.4.1 本部分研究采用模型基本信息

本部分分析采用建立高层建筑与相邻段地下空间三维模型进行模拟，分析软件采用MIDAS Gen，三维基本整体模型如图9.10.37所示。

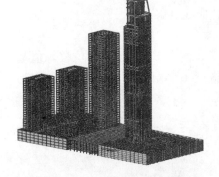

图 9.10.37 三维基本整体模型图

9.10.5.4.2 三组计算模型的基本信息

为验证地下空间首层板是否可作为周边高层建筑嵌固端，以及计算首层板作为周边高层建筑嵌固端时，地下空间与周边高层建筑之间相互传递的作用力，建立以下三种模型进行计算对比分析。

模型一：考虑周边高层建筑地下室与地下空间为统一整体，不设置变形缝，采用截面 1m×1m 的混凝土连接杆连接。

模型二：考虑周边高层建筑地下室与地下空间为单独建筑物，不考虑相互影响，考虑温度工作工况，温度工况取降温 9 度计算。

模型三：考虑周边高层建筑地下室与地下空间为统一整体，设置变形缝，分缝处设置弹簧支座，支座刚度按照模型二温度作用工况下边跨柱最大位移的一半考虑。

9.10.5.4.3 三组计算模型的动力特性及计算分析结果

三组计算模型的反应谱分析计算结果 表 9.10.2

模型		模型一	模型二	模型三
高层建筑地下室与地下空间的连接情况		1m×1m 混凝土连接杆连接	完全断开	弹簧连接 (SDx=1.0e+006kN/mm)
周期（sec）	一	5.4614（Y 方向）	5.4721（Y 方向）	5.4638（Y 方向）
	二	5.0935（X 方向）	5.1008（X 方向）	5.0950（X 方向）
	三	3.5537（X 方向）	3.5571（X 方向）	3.5542（X 方向）
反应谱计算基底剪力（kN）	X	$1.6316e+004$	$3.5519e+003$	$1.7365e+004$
	Y	$3.0072e+004$	$3.6744e+004$	$3.3480e+004$
反应谱计算地下室顶板剪力（kN）	X	$2.6635e+004$	$2.2080e+004$	$2.7379e+004$
	Y	$9.1415e+004$	$8.6691e+004$	$9.3937e+004$

续表

模型		模型一	模型二	模型三
反应谱计算首层 顶板剪力（kN）	X	2.6252e+004	2.2067e+004	2.7097e+004
	Y	9.0087e+004	8.5532e+004	9.1978e+004
反应谱分析位移图		见附图	见附图	见附图
反应谱分析构件内力		见附图		
反应谱分析信息 中心柱2位移（mm）	负一层	0.833	1.966	0.785
	首层	3.078	1.961	3.154
反应谱分析F2-4 柱1位移（mm）	负一层	0.905	1.136	0.932
	首层	3.380	3.245	3.363
反应谱分析信息中心 首层板上下层侧刚比		0.26	0.99	0.24
反应谱分析F2-4地块首层 板上下层侧刚比		0.26	0.35	0.27

由表 9.10.2 可看出，由于高层建筑与相邻地下空间的连接方式不同，使得三组模型的刚度产生变化，进而使得周期不同。其中，模型一中高层建筑与相邻地下空间之间采用混凝土连接杆连接，整体刚度最大，周期最小；模型三中高层建筑与相邻地下空间之间采用弹性连接，整体刚度小于模型一，周期大于模型一；模型二中高层建筑与相邻地下空间之间不采用任何连接方式，完全断开，整体刚度最小，周期最大。三组模型的周期虽有变化，但变化幅度在 0.4% 以内。

由表 9.10.2 可看出，反应谱分析得到三组模型的首层与负一层侧向刚度比。对于 F2-4 高层，模型二的侧刚比为 0.35，模型一与模型三的侧刚比均小于 0.35，说明与地下空间相连接能对相邻高层建筑起到嵌固作用。对于信息中心高层，模型二的侧刚比为 0.99，分析原因为建模时简化上下层的构件为统一截面，故侧刚比接近 1；模型一与模型三的侧刚比均小于 0.5，说明与地下空间相连接能对相邻高层建筑起到嵌固作用。

模型二在温度作用工况下（降温 9℃）边跨柱的最大相对位移为 5mm。模型三高层建筑与地下空间之间的弹簧支座刚度是按照模型二在温度作用工况下计算位移的一半考虑。通过试算得：当 SDx=1.0e+006kN/mm 时，模型三在温度作用工况下（降温 9℃）边跨柱相对位移才能接近模型二的一半，而此时的弹簧刚度值太大。

为比较高层与地下空间之间的连接弹簧作用，现基于模型三，对连接弹簧取不同 SDx 值进行计算分析。计算结果见下表：

变弹簧刚度计算结果　　　　　　　　　　　　　　　　　表 9.10.3

高层建筑地下室与地下 空间的连接情况		弹簧连接 （SDx=1.0e+003kN/mm）	弹簧连接 （SDx=1.0e+004kN/mm）	弹簧连接 （SDx=1.0e+005kN/mm）
周期（sec）	一	5.4690（Y方向）	5.4651（Y方向）	5.4639（Y方向）
	二	5.0986（X方向）	5.0960（X方向）	5.0951（X方向）
	三	3.5556（X方向）	3.5545（X方向）	3.5543（X方向）

续表

高层建筑地下室与地下空间的连接情况		弹簧连接 (SDx=1.0e+003kN/mm)	弹簧连接 (SDx=1.0e+004kN/mm)	弹簧连接 (SDx=1.0e+005kN/mm)
反应谱计算 基底剪力（kN）	X	1.1832e+004	1.6385e+004	1.7434e+004
	Y	4.1471e+004	3.1211e+004	3.3315e+004
反应谱计算地下室 顶板剪力(kN)	X	2.4392e+004	2.6746e+004	2.7416e+004
	Y	9.3042e+004	9.2760e+004	9.3899e+004
反应谱计算首层 顶板剪力(kN)	X	2.4046e+004	2.6503e+004	2.7141e+004
	Y	9.1031e+004	9.0943e+004	9.1934e+004
反应谱分析信息中 心柱2位移(mm)	负一层	1.432	0.896	0.798
	首层	2.671	3.017	3.134
反应谱分析 F2-4 柱1位移（mm）	负一层	1.052	0.965	0.936
	首层	3.285	3.360	3.362
反应谱分析信息中心首层 板上下层侧刚比		0.52	0.29	0.25
反应谱分析 F2-4 地块 首层板上下层侧刚比		0.31	0.28	0.27

9.10.5.5 高层建筑传递给地下空间的地震力分析

9.10.5.5.1 三组计算模型的基本信息

模型一：高层建筑与地下空间之间采用混凝土连接杆连接。

模型二：高层建筑与地下空间之间完全断开。

模型三：高层建筑与地下空间之间采用弹簧连接。

9.10.5.5.2 三组模型地下空间内力

图 9.10.38 为三组模型通过反应谱分析，信息中心塔楼及 F2-4 塔楼分别与地下空间

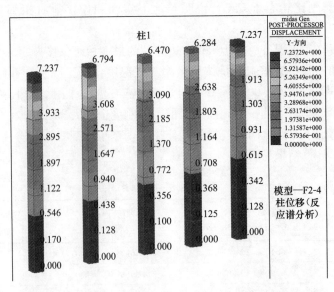

图 9.10.38 模型一 F2-4 地块地下室及首层柱反应谱分析位移图

相邻段的六层地下室边柱及首层边柱的位移值。

模型二中高层建筑与相邻地下空间之间不采用任何连接方式，完全断开，故地下空间不能对相邻高层建筑起到嵌固作用；

模型三中高层建筑与相邻地下空间之间采用弹性连接，故地下空间应能对相邻高层建筑起到一定的嵌固作用；

模型一中高层建筑与相邻地下空间之间采用混凝土连接杆连接，故地下空间对相邻的高层建筑的嵌固作用应当最理想。

而由图 9.10.38 可得出：高层建筑边柱的位移值体现出"模型一柱位移最小，模型三柱位移次之，模型二柱位移最大"的趋势。

图×××模型一信息中心地块地下室及首层柱反应谱分析位移图（略）

图×××模型二 F2-4 地块地下室及首层柱反应谱分析位移图（略）

图×××模型二信息中心地块地下室及首层柱反应谱分析位移图（略）

图×××模型三 F2-4 地块地下室及首层柱反应谱分析位移图（略）

图×××模型三信息中心地块地下室及首层柱反应谱分析位移图（略）

图×××至图×××为三组模型通过反应谱分析，地下空间结构中与高层建筑相邻的部分梁、板、柱的受力情况，图×××至图×××为模型二不考虑地震作用时地下空间结构中与高层建筑相邻的部分梁、板、柱的受力情况，截取的梁、板、柱的位置如图×××所示。

由图×××至图×××可看出：

模型一在地震工况下，地下空间首层 Y 方向梁轴力达到 417kN，往下层轴力依次递减，到负四层 Y 方向梁轴力为 11.1kN。

模型二在不考虑地震工况下，地下空间首层 Y 方向梁轴力达到 6.9kN，往下层轴力依次递减，到负四层 Y 方向梁轴力为 1.6kN。

模型在地震工况下，一地下空间首层 Y 方向梁轴力达到 315.6kN，往下层轴力依次递减，到负四层 Y 方向梁轴力为 11.3kN。

可看出模型一和模型三在地震作用时地下空间 Y 方向梁轴力均远远大于模型二在恒载作用下地下空间 Y 方向梁轴力。

模型一在地震工况下，地下空间首层板应力达到 $1235.4kN/m^2$，往下层轴力依次递减，到负四层板应力为 $76.4kN/m^2$。

模型二在不考虑地震工况下，地下空间首层板应力达到 $134.9kN/m^2$，往下层轴力依次递减，到负四层板应力为 $49.2kN/m^2$。

模型在地震工况下，地下空间首层板应力达到 $1399kN/m^2$，往下层轴力依次递减，到负四层板应力为 $72.1kN/m^2$。

可看出模型一和模型三在地震作用时地下空间板应力均大于模型二在不考虑地震作用时地下空间板应力，尤其是地下空间顶板应力增大了 10 倍。

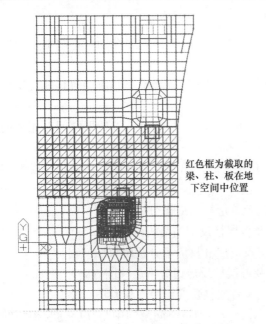

红色框为截取的梁、柱、板在地下空间中位置

图 9.10.39　截取梁、柱、板位置图

图 9.10.40　模型一靠近 F2-4 一侧地下空间梁、柱反应谱分析轴力（kN）

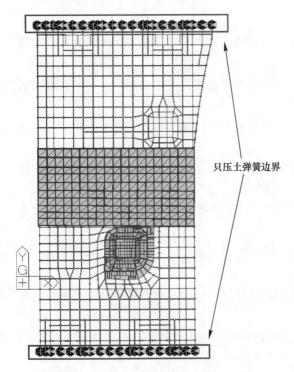

只压土弹簧边界

图 9.10.41　只压土弹簧边界条件位置图

图×××模型一靠近 F2-4 一侧地下空间各层板反应谱分析应力（kN、m）（略）

图×××模型一靠近信息中心一侧地下空间梁、柱反应谱分析内力（kN）（略）

⋯⋯

9.10.5.5.3　三组模型中只压土弹簧边界条件作用的对比

为比较只压土弹簧边界条件的作用，在三组模型中，将远离相邻地下空间一侧的高层建筑地下室侧壁上施加只压土弹簧边界条件，如图 9.10.41 所示。侧壁受力情况如图 9.10.42 至图×××所示。

只压弹簧边界约束的受力特点为：只对结构提供压力而不提供拉力，提供的压力大小与相应的面弹簧刚度有关。本报告中三组模型的面弹簧刚度均取 $10000kN/m^3$。

由计算分析可得：

模型二在恒载作用下，只压土弹簧对高层建筑地下室侧墙的作用力很小；

模型一和模型三在地震作用下侧墙受到只压土弹簧的力远大于模型二在恒载作用下侧墙受到只压土弹簧的力；

模型一与模型三在地震作用下侧墙受到只压土弹簧的力相差很小。

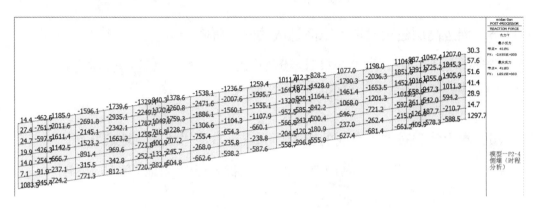

图 9.10.42 模型一 F2-4 侧墙反力（kN）

图×××模型一信息中心侧墙反力（kN）（略）

图×××模型二 F2-4 不考虑地震作用侧墙反力（kN）（略）

……

9.11 基础变形及稳定性分析

9.11.1 整体沉降分析

基于整体地下空间模型，给出整体沉降值及其分布。给出不均匀沉降的位置、不同基础形式所产生的沉降差。

9.11.2 沉降差引起附加变形及内力分析

基于沉降计算结果，将基础变形输入结构计算模型来分析沉降差引起的附加变形及附加内力。

9.11.3 断裂带、基础液化对地下空间的影响分析

基于整体模型，分析断裂带、基础土层液化对地下空间的影响

9.11.4 基础整体抗倾覆、抗滑移稳定性分析

对于处在边坡、土层分布明显不均匀的地下空间，需基于整体模型分析基础抗倾覆、抗滑移能力，按规范计算抗倾覆和抗滑移稳定系数。

9.11.5 周边高层建筑对地下空间造成的附加沉降分析

基于整体地下空间和高层建筑模型，分析周边高层建筑对地下空间造成的附加沉降，以及由于附加沉降引起的地下空间结构内力变化。

9.11.6 水土流失对地下空间的影响计算（正常使用状态、地震状态）

基于地下水流动情况及水土流失防治措施，分析水土流失对地下空间的影响。

9.12 超长结构的温度应力分析

9.12.1 结构整体温度应力计算

列举结构整体升温、降温所产生的结构应力分布、位移分布，判断结构有无出现因整体温度变化而产生的破坏。

9.12.2 结构温差效应分析

9.12.2.1 假定隧道左侧局部升温

（1）2-2标段

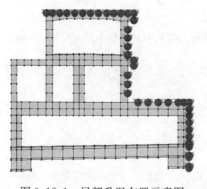

图9.12.1 局部升温布置示意图

① 左侧升温应力云图

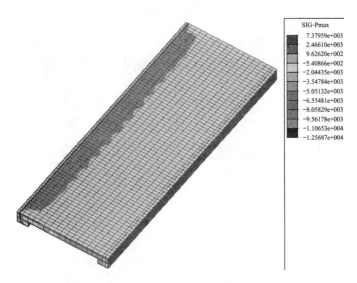

图 9.12.2　1 层主应力云图（最大拉应力 1.79MPa）

图×××　2 层主应力云图（略）
图×××　3 层主应力云图（略）
图×××　4 层主应力云图（略）

② 左侧升温下位移云图

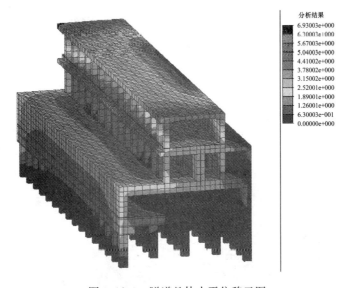

图 9.12.3　隧道整体水平位移云图

隧道在左侧局部升温下，最大的水平位移为 6.93mm，远小于分缝宽度 30mm。

（2）17-17 标段

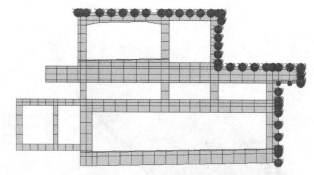

图 9.12.4 局部升温布置示意图

① 左侧升温应力云图

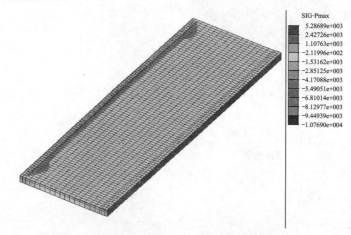

图 9.12.5 1 层主应力云图（最大拉应力 8.28MPa）

图×××　2 层主应力云图（略）

图×××　3 层主应力云图（略）

图×××　4 层主应力云图（略）

② 隧道左侧局部升温下的位移

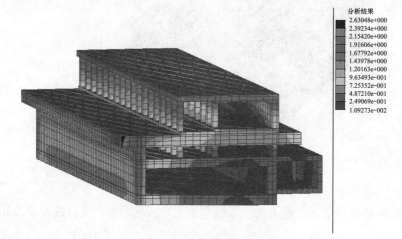

图 9.12.6 隧道整体水平位移云图

隧道在右侧局部升温下，最大的水平位移为 2.63mm，远小于分缝宽度 30mm。

9.12.2.2 假定隧道右侧局部升温

（1）2-2 标段

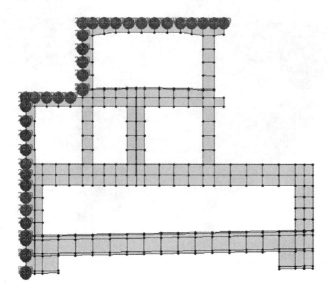

图 9.12.7 右侧局部升温布置示意图

① 隧道右侧局部升温下的应力

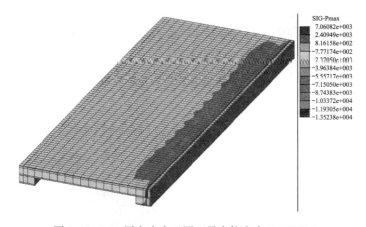

图 9.12.8 1 层主应力云图（最大拉应力 7.06MPa）

图×××　2 层主应力云图（略）

图×××　3 层主应力云图（略）

图×××　4 层主应力云图（略）

② 隧道右侧局部升温下的位移

隧道在左侧局部升温下，最大的水平位移为 6.89mm，远小于分缝宽度 30mm。

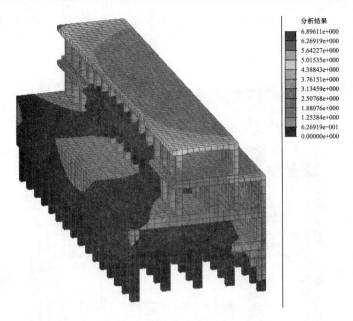

图 9.12.9　隧道整体水平位移云图

（2）17-7 标段

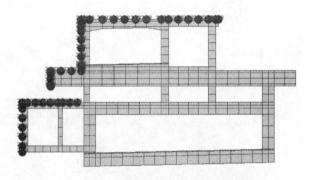

图 9.12.10　右侧局部升温布置示意图

① 隧道右侧局部升温下的应力

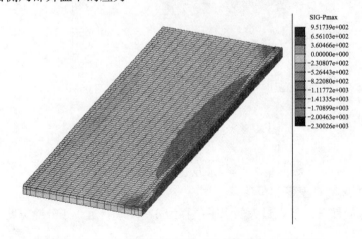

图 9.12.11　1 层主应力云图（最大拉应力 0.95MPa）

图×××　2层主应力云图（略）

图×××　3层主应力云图（略）

图×××　4层主应力云图（略）

② 隧道左侧局部升温下的位移

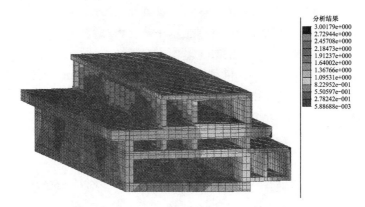

图 9.12.12　隧道整体水平位移云图

隧道在左侧局部升温下，最大的水平位移为 3.0mm，远小于分缝宽度 30mm。

9.12.2.3　隧道局部升温分析结论

（1）2-2 标段

当考虑左侧剪力墙局部升温 25 度的单工况作用时，外墙内壁、隧道顶板底部、剪力墙端部出现较大的拉应力，较大拉应力的范围 2.4～13.2MPa。

当考虑右侧剪力墙局部升温 25 度的单工况作用时，外墙内壁、隧道顶板、剪力墙端部拉应力约为 2.4～9.46MPa。

（2）17-17 标段

隧道左侧外墙距离中部柱较近，而右侧外墙距中部柱较远。因此，中部柱体两侧的刚度不平衡，即距离中部柱体较近的一端相比远端对整个结构形成了更大的约束。当考虑两侧局部升温的时候，它们呈现不同的内力分布。设计与施工中应予以专门考虑：

隧道左侧剪力墙局部升温 25 度的单工况作用时，外墙内壁、隧道顶板、中部柱体出现较大拉应力 2.4～8.28MPa。

隧道右侧剪力墙局部升温 25 度的单工况作用时，外墙内壁、隧道顶板出现较大拉应力 2.4～7.2MPa。

9.12.3　水化热效应分析及收缩徐变分析

计算目的：考虑施工过程因混凝土的收缩和徐变引起的应力集中，对收缩和徐变引起的应力超出混凝土的抗拉应力处，应进行相应的处理。考虑施工完成后，但未填土条件下，隧道受到阳光直射时，分析混凝土的应力分布情况，观察混凝土是否出现开裂，为施工图设计提供参考。

地下建筑主要为商城、仓库和地下隧道，为超长钢筋砼墙封闭结构，基本尺寸约为 25m 宽，21m 高，壁厚 800～1600mm。A3 区段 2-2 标段隧道长约 70m，A19 区段 17-17

图 9.12.13　2-2 标段和
17-17 标段平面图

标段隧道长约 80m。隧道上部及侧面土层覆盖厚度约 0.54m。

9.12.3.1　有限元模型

分析计算采用有限元软件 MIDAS/GEN。

隧道主体结构采用六面体实体单元模拟，混凝土标号为 C40 和 C30。整体模型如下：

9.12.3.2　混凝土水化热材料特性

（1）混凝土基本材料参数

C40 和 C30 混凝土的弹性模量、泊松比、线膨胀系数、容重、比热、导热系数均依据《水工混凝土结构设计规范》附录 G 取用。

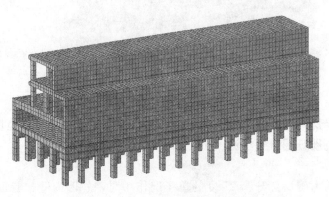

图 9.12.14　2-2 标段的整体模型

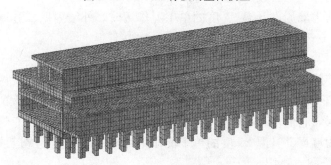

图 9.12.15　17-17 标段的整体模型

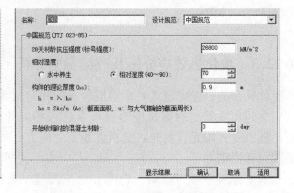

图 9.12.16　C40 混凝土热特性参数　　　　图 9.12.17　C40 混凝土收缩徐变参数

材料基本参数表　　　　　　　　　　　　　　　　表 9.12.1

材料名称	弹性模量（kN/m²）	泊松比	线膨胀系数	容重（kN/m³）	比热（kJ/N·℃）	热传导系数（kJ/m·h·℃）
C40 混凝土	3.25E+07	0.2	1.00E-05	25	96	10.6

（2）C40 混凝土收缩徐变曲线

C40 混凝土收缩徐变曲线按 Midas/Gen 中的中国规范定义

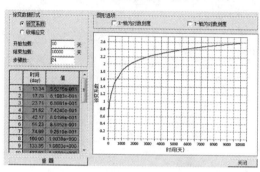 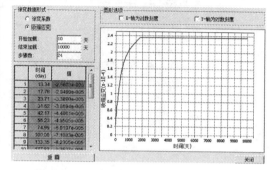

图 9.12.18　C40 混凝土徐变系数曲线　　　　图 9.12.19　C40 混凝土收缩应变曲线

（3）C40 混凝土强度发展曲线

混凝土强度发展曲线及弹性模量发展曲线按大体积混凝土施工规范（GB 50496—2009）B.7.1 及 B.3.1 条来输入。

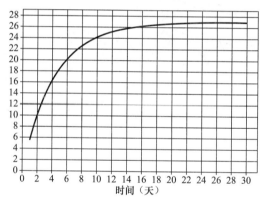 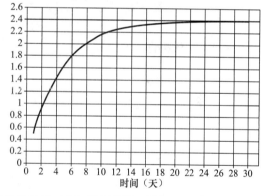

图 9.12.20　C40 混凝土抗压强度（左）及抗拉强度（右）发展曲线（单位 kN/m²）

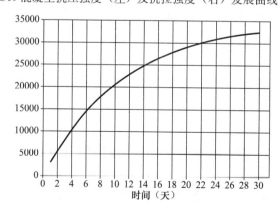

图 9.12.21　C40 混凝土弹性模量发展曲线（单位 kN/m²）

（4）C40 混凝土水化热的热源函数曲线

普通硅酸盐混凝土，浇筑温度设为 20 度，单位体积水泥用量取 350kg/m³。

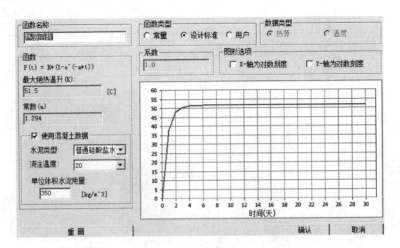

图 9.12.22　混凝土水化热的热源函数曲线

（5）混凝土与周围空气的对流系数函数取为常数，根据不同的对流形式取不同的值，风速假定为 3m/s，空气相对湿度假定为 70。混凝土底板与大地接触，考虑 200 厚的混凝土垫层，对流系数取 2.19kcal/m2 ＊ hr ＊ ［C］，混凝土上表面，对流系数取 2.28kcal/m2 ＊ hr ＊ ［C］，混凝土侧面考虑用 15mm 厚的木模板，对流系数取 10.61kcal/m2 ＊ hr ＊ ［C］。

9.12.3.3　边界条件

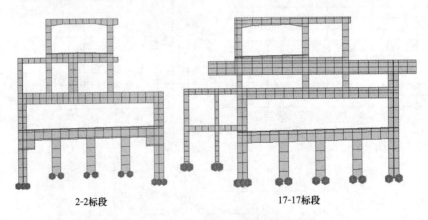

图 9.12.23　混凝土底部受约束

（1）混凝土底部受三向位移约束。

（2）周边的空气温度假设恒定为 23.1 度。

（3）隧道与底部的混凝土垫层、与周边的空气和土层接触的部位，均设置对流边界。

9.12.3.4　模拟施工顺序

模型共分 4 个模拟施工号，见下图所示。每层为一个模拟施工号。

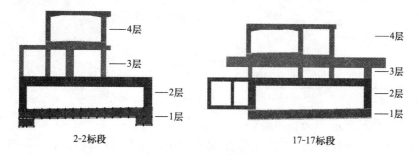

图 9.12.24　模拟施工顺序图

9.12.3.5 隧道局部墙收缩应力分析

　　当混凝土水化热效应褪去后，混凝土的拉应力将主要来自混凝土的收缩效应。注意到模型墙体右侧为转角部位，此处边界设为固端。当整体浇筑完成后 360 个小时，由于混凝土的收缩作用，在筏板和墙体的两端都出现了较大的拉应力，有开裂的现象。如下图所示：

　　（1）2-2 标段

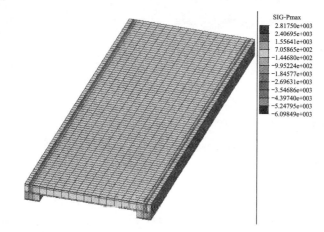

图 9.12.25　1 层 360 小时混凝土应力云图（最大拉应力 2.82MPa）

图 5.1.16　2 层 360 小时混凝土应力云图（略）

图×××　3 层 360 小时混凝土应力云图（略）

图×××　4 层 360 小时混凝土应力云图（略）

　　（2）17-17 标段

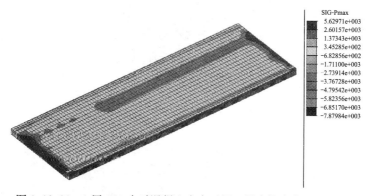

图 9.12.26　1 层 360 小时混凝土应力云图（最大拉应力 5.63MPa）

　　　　图×××　2 层 360 小时混凝土应力云图（略）

　　　　图×××　3 层 360 小时混凝土应力云图（略）

　　　　图×××　4 层 360 小时混凝土应力云图（略）

9.12.3.6　混凝土后期收缩应力分析结论

（1）2-2 标段

当混凝土水化热效应褪去后，混凝土的应力将主要来自混凝土的收缩效应。在结构浇筑完成一段时间以后，混凝土的收缩作用依然在持续，这对于结构基础、墙壁以及顶板都属于不利的因素。由于收缩原因引起的应力容易集中在端部、侧壁和楼板中部，最大应力达 4.36MPa。所以，对于混凝土后期收缩应力引起的不利影响在设计和施工中也应予以考虑。

（2）17-17 标段

由于收缩原因引起的应力容易集中在端部、楼板跨中、侧壁，最大应力为 7.53MPa，大于混凝土的抗拉应力，混凝土出现开裂现象。

9.13　其他专项计算分析

9.13.1　地下空间隔振降噪计算

9.13.1.1　计算模型

本项目建筑物结构在地面以下，结构上方为公路，万惠一路宽约 10m，为减少公路汽车通过时引起的振动对下部结构的影响，拟在结构上方铺设浮置板，隔离交通振动噪声对下部建筑物的影响。浮置板面铺沥青路面，车辆在沥青路面行驶，结构平面及剖面图如图 9.13.1、图 9.13.2 所示。

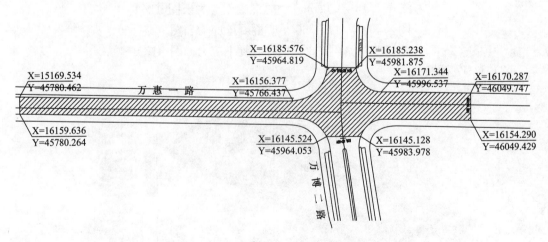

图 9.13.1　线路平面图（阴影部分为浮置板）

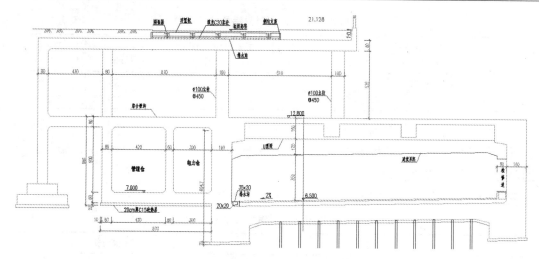

图 9.13.2 浮置板横断面

（1）浮置板布置

公路为 10m 宽双向双车道，确定浮置板平面尺寸为 10m×30m。

（2）板厚的确定

建立三块连续浮置板有限元模型见图 9.13.3，板与板之间由剪力铰连接。

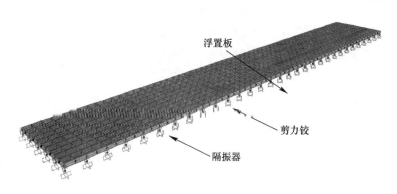

图 9.13.3 三块连续浮置板有限元模型

根据车队表示汽车载荷示意图，考虑到公路的实际用途，采用城 B，汽车-20 级的汽车荷载进行验算（冲击系数为 0.3），充分的考虑了车距，得到不同板厚时弹簧的变形，汽车-20 级汽车荷载作用下结构的变形见表 9.13.1。

图 9.13.4 车辆载荷示意图（第 1 组与第 80 组）

汽车-20 级的车辆荷载时隔振器疲劳验算   表 9.13.1

板厚 mm	每延米板重 kN	自重下竖向 位移 mm	每延米最大竖向 动载荷 kN	最大竖向位移 mm	每延米刚度 kN/mm	理论固有频率 Hz	弹簧疲劳 验算
300	37.50	5.167	46.57	11.58	7.26	7.00	未通过
450	56.25	5.167	46.27	9.98	9.68	7.00	通过

根据国外已有隔离交通振动的浮置板项目，保护目标为音乐厅，浮置板板厚为1000mm。根据地铁浮置板系统相关经验，综合考虑计算结果与本项目对于隔振的要求，建议将浮置板板厚做到768mm。

不同情况下对浮置板最小板厚的不同要求，见表9.13.2，

不同情况下对浮置板最小板厚   表 9.13.2

设计依据	最小板厚 mm
汽车-超 20（规范 04 不计车距）	600
汽车-超 20（规范 89）	500
汽车-20（规范 89）	450
汽车-15（规范 89）	400
汽车-10（规范 89）	300
国外成功项目经验	1000
地铁浮置板经验	768

由于本项目空间有限，所以板厚选择为450mm。

9.13.1.2 汽车过车激励主频实测分析

（1）测试目的

为分析汽车在公路上运行时随机激励信号主频范围，对正常运行的公路路面振动进行实测。

（2）过车响应数据采集及分析

每个测点连续采集 10 分钟数据，分析时提取 10 组数据，每组 100s，数据覆盖率50%。

测点 1：位于青岛辽阳路附近，测点位于辽源路桥面跨中位置。采样频率：512Hz

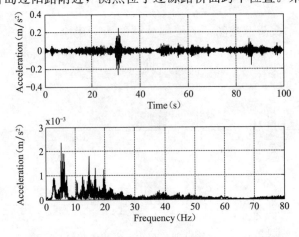

图 9.13.5   第四组数据（加速度峰值：0.246m/s²）

测点 2：位于青岛辽阳路附近，测点位于辽源路桥面跨中位置。采样频率：256Hz

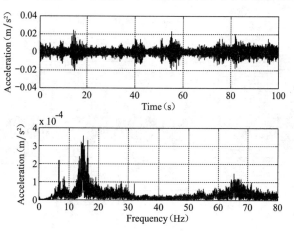

图 9.13.6　第四组数据（加速度峰值：0.016m/s²）

测点 3：位于双元路与金刚路交叉口附近，此测点处重载车辆较多。采样频率：256Hz

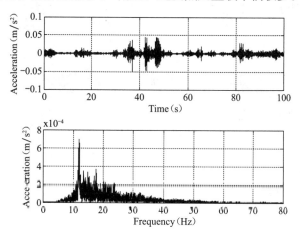

图 9.13.7　第四组数据（加速度峰值：0.062m/s²）

测点 4：位于兴阳路上，此测点处小轿车较多（几乎没有重载车辆）。采样频率：256Hz

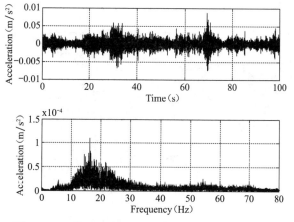

图 9.13.8　第四组数据（加速度峰值：0.015m/s²）

测点 5：测点 5 位于广州市花城大道隧道。采样频率：512Hz

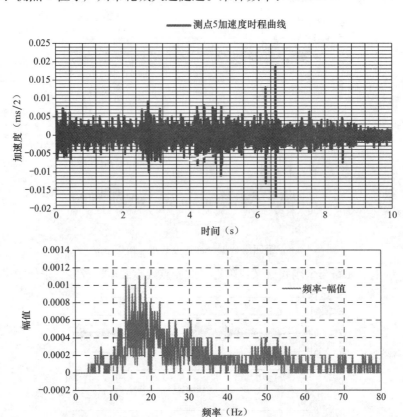

图 9.13.9　第四组数据（加速度峰值：0.018m/s²）

9.13.1.3　减振理论分析

通过前面章节实测分析，确定汽车在公路上运行时的主要激励频率在 10～30Hz 之间，因此在设计浮置板时，其 1 阶垂向固有频率不能过高，才能有效控制汽车激励引起的振动。

（1）主结构振动特性

根据设计院提供的数据，下部结构的有限元简化建模如图 9.13.10 所示

图 9.13.10　下部结构的有限元模型

计算下部结构的模态，隧道竖向振动频率为 20HZ，行车道楼板的第一阶竖向固有频率为 20.265Hz，该频率在车辆激励的频率范围之内，若不采取减振措施，易引起共振。加浮置板后，浮置板的第一阶竖向振动频率为 7.5HZ。

（2）浮置板计算参数

浮置板板厚：450mm，浮置板系统固有频率 7.5Hz

计算方法：稳态谐响应分析法

隔振器刚度：间隔 1.5m 刚度加一个隔振器，隔振器竖向刚度为 5.3kN/mm，水平刚度为 4.6kN/mm。

系统阻尼比 5%

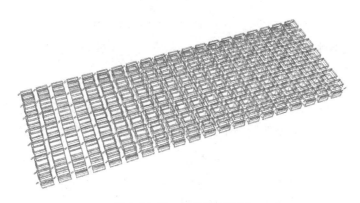

图 9.13.11 加浮置板模型

根据稳态分析计算结果，推算加上浮置板后在单位力作用下单个隔振器传到底部的响应，然后换算成插入损失曲线进行计算，各频率点对应的计算插入损失值如图 9.13.13 所示。

插入损失值＝20log（a0/a1）；其中 a0 为未加浮置板时的加速度，a1 为加浮置板后的加速度，其中共选取了 8 个点，加速度取 8 个点的平均值，选取点所在位置见下图。

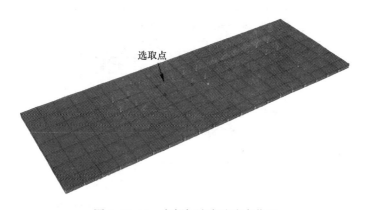

图 9.13.12 底部加速度选取点位置

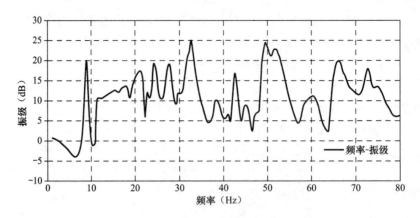

图 9.13.13 有限元计算插入损失值

9.13.1.4 减振效果计算分析

9.13.1.4.1 评价指标及限值

（1）根据 HJ 453-2008 进行评价

根据 HJ 453-2008《环境影响评价技术导则城市轨道交通》附录 C.2 二次结构噪声预测，其列出运行时建筑物内最低楼层室内中部的二次结构噪声预测计算式如下：

$$L_p = 10\lg \sum_{i=1}^{n} 10^{0.1[L_{p,i}(f) + C_{f,i}]}$$

式中：L_p——建筑物内的 A 计权声压级，dB（A）；

$L_{p,i(f)}$——未计权的建筑物内的声压级，dB；

$V_{Li(f)}$——与频率相对应的建筑物内的振动加速度级，dB；

$C_{f,i}$——第 i 个频带的 A 计权修正值，dB；

f——1/3 倍频带中心频率（16～200Hz），Hz；

n——1/3 倍频带数。

《城市轨道交通引起建筑物振动与二次辐射噪声限值及其测量方法标准》规定城市轨道交通沿线建筑物室内二次辐射噪声限值应符合表 9.13.3 的限值。

建筑物室内二次辐射噪声限值（dB（A））　　　　　表 9.13.3

区 域	昼 间	夜 间
0 类	38	35
1 类	38	35
2 类	41	38
3 类	45	42
4 类	45	42

注：昼夜时间划分，昼间：06:00～22:00；夜间：22:00～06:00；昼夜时间适用范围在当地另有规定是，可按当地人民政府的规定来划分。区域分类见表 9.13.4 所示。

振动噪声影响区域分类　　　　　表 9.13.4

区域分类	适用范围
0 类	特殊居住区
1 类	居住、文教区
2 类	居住、商业混合区、商业中心区
3 类	工业集中区
4 类	交通干线两侧

本项目建筑物属于 2 类，其二次辐射噪声限值昼间为 41dB，夜间为 38dB。

（2）根据 GB 10071—88 进行评价

Z 振级 VLZ，按 ISO 2631/1—1997 规定的全身振动 Z 计权因子（wk）修正后得到的振动加速度级，Z 计权曲线如图 9.13.14 所示。GB 10071—88 规定以列车通过的 Z 振级的算术平均值作为评价量，GB 10070—88 规定的城市环境振动标准值见表 9.13.5。

总 Z 振级计算如下：

$$VLz = 20\lg(a'_{rms}/a_0)$$

$$a'_{rms} = \sqrt{\sum a^2_{frms} \times 10^{0.1c_f}}$$

式中：a'_{rms} 为振动加速度有效值（m/s²）；a_0 为基准加速度，一般取为 $a_0 = 10^{-6}$ m/s²；a_{frms} 表示中心频率为 f 的加速度有效值；c_f 为 Z 计权因子，具体取值见图 9.13.14。

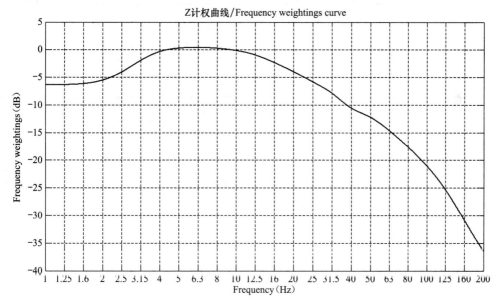

图 9.13.14 Z 振级 1/3 倍频程计权曲线

我国城市环境振动标准值（VLz、dB） 表 9.13.5

适用地带范围	昼间（单位：dB）	夜间（单位：dB）
特殊住宅区	65	65
居民、文教区	70	67
混合区、商业中心区	75	72
工业集中区	75	72
交通干线道路两侧	75	72
铁路干线两侧	80	80

本项目建筑物适用地带为混合区、商业区，其环境振动限值昼间为 75dB，夜间为 72dB。

9.13.1.4.2 根据 JGJ/T 170—2009 进行评价

分频最大振级 VLmax，JGJ/T 170—2009 规定按在 4-200Hz 频率范围内采用 1/3 倍频程中心频率上按不同频率 Z 计权因子修正后的分频最大振级 $VL\max$ 作为评价量，加速度在 1/3 倍频程中心频率的 Z 计权因子如表 9.13.6 所示（实际为 ISO 2631/1—1997 规定的全身振动 Z 计权因子取整）。城市轨道交通沿线建筑物室内振动限值见表 9.13.7。

加速度在 1/3 倍频程中心频率的 Z 计权因子　　　　　表 9.13.6

1/3 倍频程中心频率（Hz）	4	5	6.3	8	10	12.5	16	20	25
计权因子（dB）	0	0	0	0	0	−1	−2	−4	−6
1/3 倍频程中心频率（Hz）	31.5	40	50	63	80	100	125	160	200
计权因子（dB）	−8	−10	−12	−14	−17	−21	−25	−30	−36

城市轨道交通沿线建筑物室内振动限值（dB）　　　　　表 9.13.7

区　域	昼　间	夜　间
特殊住宅区	65	62
居住、文教区	65	62
居住、商业混合区，商业中心区	70	67
工业集中区	75	72
交通干线道路两侧	75	72

本项目建筑物适用地带为商业区，其环境振动限值昼间为 70dB，夜间为 67dB。

9.13.1.4.3　减振效果计算

通过实测公路汽车运行激励数据与计算的插入损失曲线，推导计算安装钢弹簧浮置板减振系统后的计算振动量与减振效果。下表中"方案 1"为隔而固公司的计算结果，"方案 2"为 SAP2000 通过加速度换算后的计算结果。

（1）实测数据 Z 振级和二次结构噪声计算

分别计算各测点的加速度级与 Z 振级，每个测点提取 1 组过车激励数据分析，每组数据长度均为 10s。计算测点的 Z 振级及分频振级最大值及预测二次结构噪声室内 A 计权声压级见表 9.13.8。

计算测点 A 计权声压级、Z 振级和最大分频振级　　　　　表 9.13.8

测　点	1		2		3		4		5	
方案	方案 1	方案 2	方案 1	方案 2	方案 1	方案 2	方案 1	方案 2	方案 1	方案 2
Lp/dB	56.54	53.96	46.57	38.2	34.99	48.2	42.30	33.2	44.8	37.0
VL_z/dB	90.54	92.3	71.07	70.8	82.30	83.1	63.76	60.0	60.3	62.90
$VL\max$/dB	85.93	88.6	66.37	69.3	76.46	77.7	59.31	55.2	53.9	59.85

Lp 代表 A 计权声压级；VL_z 代表 Z 振级；$VL\max$ 代表最大分频振级

（2）减振后计算结果

减振后测点对应的 A 计权声压级、Z 振级和最大分频振级　　　　　表 9.13.9

测　点	1		2		3		4		5	
方案	方案 1	方案 2	方案 1	方案 2	方案 1	方案 2	方案 1	方案 2	方案 1	方案 2
Lp/dB	36.01	43.16	23.98	27.4	15.54	37.4	26.71	22.4	24.03	26.0
VL_z/dB	91.53	81.0	66.01	59.2	74.79	71.5	54.13	48.4	48.24	51.3
$VL\max$/dB	89.93	92.9	63.73	57.6	71.26	72.2	48.74	45.8	42.78	47.60

9.13.1.5 小结

(1)"方案 1"和"方案 2"在减振前的计算结果比较接近,减振后测点 1 的计算规律有一定的差别,其他测点的变化规律比较类似。

(2)车辆在公路上行驶,传到下部结构的二次辐射噪声值超出了标准的要求,加上隔振器后能够降低 10～20dB,除测点 1,其他测点能够满足限值 41dB 的要求。

(3)测点 1 为桥梁,其结构固有频率与设计浮置板板固有频率重叠,因此最大分频振级不仅没有减振效果,还有放大效应,测点 2 和测点 3 也是桥梁,减振效果不明显,由于结构固有频率与设计浮置板板固有频率比较接近;而测点 4 和测点 5 为公路,结构固有频率远离设计浮置板板的固有频率,减振效果比较明显。

(4)从有限元计算插入损失值曲线图可知,当车辆频率小于 11Hz 时,除在 9Hz 附近外,基本无减振效果,甚至起反作用,当车辆频率在 11～35Hz 时,浮置板振级效果明显。由于公路车辆运行激励的主频主要集中在 10～30Hz,测点 1、测点 2 和测点 3 布置在桥面上,受到桥梁主结构固有频率的影响,计算的减振效果不理想;而测点 4 和测点 5 的减振效果较好。

(5)设计建议

对于市内隧道顶板上行车的情况,由于受到车辆吨位和速度的控制,二次结构噪声、Z 振级和最大分频振级均容易满足规范要求,但实测数据也未能包括所有情况,比如急刹车等,而加浮置板后隧道有 10～20dB 的减振效果,因此建议在隧道顶板上加浮置板减振装置。

9.13.2 楼板应力分析(地下空间局部收进、缺楼板、体型突变)

对地下空间局部收进、缺楼板、体型突变在地震、温度作用下的应力分析。(略)

9.13.3 大跨楼板舒适度验算

分析楼盖结构的竖向振动频率,竖向振动加速度峰值。(略)

9.13.4 地下空间局部收进

判断地下空间局部收进所产生的薄弱部位。(略)

附件:

1.建筑、结构专业设计图纸(略)

2.计算书(略)

第 10 章 常用计算软件介绍

地下结构通常规模庞大，计算模型也复杂多变。因此计算软件的选择在计算分析中也是十分关键和重要的。本章就根据我们在计算分析中的认识来介绍地下工程设计中常用的几款计算分析软件。

10.1 ABAQUS

ABAQUS是一套功能强大的工程模拟的有限元软件，其解决问题的范围从相对简单的线性分析到许多复杂的非线性问题。ABAQUS包括一个丰富的、可模拟任意几何形状的单元库。并拥有各种类型的材料模型库，可以模拟典型工程材料的性能，其中包括金属、复合材料、钢筋混凝土、土壤和岩石等地质材料。作为通用的模拟工具，ABAQUS除了能解决大量的大位移、强非线性结构分析问题，还可以模拟土木工程领域的许多问题，例如温度应力、水流冲击效应、耗能减震分析以及岩土力学分析（包括流体渗流/应力耦合分析）。

ABAQUS有两个主求解器模块——ABAQUS/Standard（隐式）和ABAQUS/Explicit（显式）。软件还包含一个全面支持求解器的图形用户界面，即人机交互前后处理模块——ABAQUS/CAE。在一个非线性分析中，软件能自动选择相应载荷增量和收敛限度。它不仅能够选择合适参数，且能连续调节参数以保证在分析过程中有效地得到精确解。用户通过准确的定义参数就能很好地控制数值计算结果。

一个完整的 ABAQUS/Standard 或 ABAQUS/Explicit 的分析过程，通常由三个明确的步骤组成：前处理、模拟计算和后处理。这三个步骤之间通过所生成的数据文件来建立联系。

模拟计算阶段使用 ABAQUS/Standard 或 ABAQUS/Explicit 求解输入文件中所定义的数值模型，它通常以后台方式运行。根据分析前定义好的输出内容，包括位移和应力等的输出数据保存在二进制的文件中以便于后处理。完成一个求解过程所需的时间可以从几秒到几天不等，这取决于所分析问题的复杂程度和所使用计算机的运算能力。通常来说，ABAQUS/Explicit 在强非线性问题的计算性能上要比 ABAQUS/Standard 要强，且计算效率高。

一般的线性静态或准静态问题是使用 ABAQUS/Standard 进行求解的。若涉及接触或材料非线性，ABAQUS/Standard 则必须通过迭代确定非线性的解答，从而导致大量迭代或难以收敛。由于每次迭代都需要求解由大量线性方程组成的方程组，所以用 ABAQUS/Standard 进行非线性分析，代价可能比较大。

而 ABAQUS/Explicit 通过由前一增量步的数据显式地向前推动力学状态，确定解答无须进行迭代。应用显式方法，即便对于一个给定的可能需要大量时间增量步的分析，如果同样的分析应用 ABAQUS/Standard 需要大量的迭代，那么应用 ABAQUS/Explicit 进行分析可能是更为有效的。对于同样的模拟，ABAQUS/Explicit 的另一个优点是它需要的磁盘空间和内存远远小于 ABAQUS/Standard。

ABAQUS/Explicit 的显式动态分析程序对于求解非线性结构力学问题是一种非常有效的工具，它是对地震响应问题的主要分析手段。ABAQUS/Explicit 适用的结构分析类型如下：

① 复杂接触问题

应用显式动力学方法建立接触条件的公式要比应用隐式方法容易得多，它能够比较容易的分析包括许多独立物体相互作用的复杂接触问题，特别适用于分析桩-土接触作用。

② 高度非线性的静态问题

由于各种原因，ABAQUS/Explicit 常常能够有效地解决某些在本质上是静态的问题。对于材料非线性、强几何非线性问题，隐式算法容易无法收敛，得不到结果。利用显式方法处理这类问题，虽然增量步较多，但一般也能收敛。

③ 材料退化和失效

在隐式分析程序中，材料的退化和失效常常导致严重的收敛困难，而 ABAQUS/Explicit 能够很好地模拟这类材料。混凝土开裂的模型是一个材料退化的例子，其拉伸裂缝导致了材料的刚度成为负值。金属的理想弹塑性模型是一个材料失效的例子，其应力达到一定程度材料屈服后，应力不变而应变大幅增加，这段时间中，显式算法能较好地模拟这段过程。

此外，ABAQUS 还提供了丰富的材料模型。在我们结构分析中涉及到的主要就是混凝土、钢材、钢筋以及地基土的模拟。

① 岩土的本构模型

岩土材料的真实应力应变关系特性十分复杂，具有非线性、弹塑性、黏塑性、剪胀性、各向异性等特性。ABAQUS 具有非常丰富的岩土材料本构模型，包括线弹性模型、多孔弹性模型、Mohr-Coulomb 塑性模型、扩展 Druker-Prager 模型、Druker-Prager 蠕变模型、修正剑桥模型、节理材料模型等，此外，ABAQUS 还提供了用户自定义材料模型的子程序 UMAT，方便用户添加自己的岩土本构模型。

② 混凝土本构模型

ABAQUS 中除了能定义普通的弹塑性混凝土本构模型以外，还可以定义混凝土弥散开裂模型和混凝土损伤塑性模型，在工程计算分析中运用也较为广泛。混凝土弥散开裂模型的功能包括：a. 可以模拟各种类型混凝土结构，包括梁、桁架、壳和实体结构等；b. 主要用于钢筋混凝土结构分析，也可用于素混凝土结构分析；c. 适用于低围压下单调加载的混凝土；d. 采用各向同性硬化屈服面和独立的裂纹探测面；e. 基于弹性损伤的概念描述材料开裂后的弹性行为；f. 使用线弹性模型定义材料的弹性性能。

混凝土损伤塑性模型的功能包括：a. 能够模拟各种结构类型（梁、桁架、壳和实体）中混凝土和其他准脆性材料；b. 采用各向同性弹性损伤结合各向同性拉伸和压缩塑性理论来表征混凝土的非弹性行为；c. 主要用于钢筋混凝土结构分析，也能够用于素混凝土结构分析，d. 可采用加强筋模拟混凝土中的钢筋；e. 可以模拟低围压时，混凝土受到单调、循环或动荷载作用下的力学行为；f. 结合非关联多重硬化塑性和各向同性弹性损伤理论来表征材料断裂过程中发生的不可逆损伤行为；g. 周期荷载反向作用时，可以控制材料的刚度回复；h. 可以定义与应变率相关的性状。

③ 延性金属本构模型

在 ABAQUS 中定义延性金属的塑性特性较简单，但主要需采用真实应力和真实应变来定义屈服点和屈服后的硬化曲线。

地下结构的分析大体上可以分为结构多向多点地震输入分析、结构变形分析和岩土稳定分析。在传统的地下结构设计计算方法中，对于变形问题，大多采用线弹性模型；对于稳定问题，采用基于理想刚塑性模型的极限平衡分析方法。事实上，地下结构的变形和岩土的稳定并不是完全割裂的两个问题，地下结构的变形和岩土体的强度间存在密切的关系。ABAQUS 除了有丰富的岩土本构模型外，还有混凝土的损伤本构模型，能对地下结构进行准确的受力、变形、渗流、固结、混凝土损伤等分析。

(1) 渗流和变形耦合分析

ABAQUS 可对多孔介质的渗流和变形进行耦合分析，典型的应用是土体的渗流和固结分析，其耦合分析具有如下功能：①可进行饱和土和非饱和土的渗流计算；②孔隙水压力可以是总水压力，也可采用超静孔隙水压力来分析；③可以进行瞬态分析和稳态分析；④土体的材料可以是线性的，也可以是非线性的（可采用各种内置的岩土本构模型及 UMAT 模型）。

(2) 初始应力场分析

初始应力场对于模拟材料屈服具有围压依赖性和接触问题的正确分析尤为重要。ABAQUS 中提供的 Geostatic 分析步提供了初始应力场分析功能。Geostatic 分析步通常都作为岩土工程分析的第一步，在该步中，对土体施加体积应力。理想状态下，该作用力与土体的初始应力正好平衡，使得土体的初始位移为零。在 Geostatic 分析步中，ABAQUS 会对土体的平衡状态进行检查，获得与给定边界和荷载条件相平衡的应力状态，并对预先定义的初始应力状态进行修正，作为后续分析步（流固耦合分析或静力分析）的初始应力场。

(3) 边坡稳定性分析

现有的边坡稳定分析方法主要分为极限平衡法和有限单元法，ABAQUS 用的计算方法是强度折减的有限单元法。与传统的极限平衡法相比，有限单元法全面满足静力许可、应变相容和应力-应变之间的本构关系，可以作为一种理论体系更为严格的方法用于土体稳定分析。同时因为是采用数值分析方法，可以不受边坡几何形状的不规则和材料的不均匀性的限制，因此，应该是比较理想的分析边坡应力、变形和稳定性的手段。

(4) 土的固结分析

ABAQUS 可以对土体的渗流和变形进行耦合分析，当为瞬态过程时，即是土体的固结问题。ABAQUS 进行土的固结计算时，可以考虑土体的非线性，即可以采用土体的任何本构关系，可以考虑土体的大变形固件，可以进行饱和土的固结计算，也可以进行非饱和土的固结计算。

(5) 桩土共同作用分析

ABAQUS 可以进行如下分析：①单桩承载力特性分析；②桩的负摩阻力分析；③复

合地基堆载过程数值仿真。由于桩土共同作用受力复杂，而且土和桩之间一般要用接触单元连接，并需要定义相关的罚函数，所以在建模时需要控制单元数量并进行必要的简化。不然，计算会比较难收敛或计算效率过低。对于工程应用来说，在模拟桩土相互作用过程中，土体的本构模型宜采用 Mohr-Coulomb 模型，桩土间的剪应力和剪切位移宜采用罚函数的形式，罚函数应尽量简单。

（6）岩土开挖分析

岩土开挖的数值模拟是洞室截面、开挖顺序、支护形式等设计和施工方案设计、优选的必要手段，ABAQUS 有限元程序能够完成地下结构开挖的整个施工过程的模拟，通过对不同模型的方案对比，选出最优的施工方案。在施工模拟过程中可以对整个结构进行非线性静力分析。ABAQUS 的开挖分析，主要是利用单元添加（＊ADD）和单元移除（＊REMOVE）功能，对各施工阶段施工的结构单元进行添加，对需要开挖的土体单元进行移除。

（7）多向多点地震输入分析

根据地震波输入形式的不同，结构多点激励时程反应分析的模型可以分成两种，位移输入模型和加速度输入模型。在位移输入模型中，通常有二种求解方法，一种是直接输入位移时程法；另一种是大刚度法。在加速度输入模型中，通常也有两种求解方法，一种是相对运动法；另一种是大质量法，在结构支承处加大质量，对大质量块施加加速度时程，作用在大质量块的加速度以力的方式传递给结构，直接求得结构的反应。

在 ABAQUS 中可采用大质量法或直接输入位移时程法，来实现多向多点地震输入分析。具体实现过程如下：

1）输入加速度时程

① 在 Instances 模块中，点击 Inertias，进入点属性配置窗口。然后点选 Point mass/inertia，定义大质量点。质量值应配合模型的单位体系来确定，数量级应为模型总重量的十倍以上，见图 10.1.1。

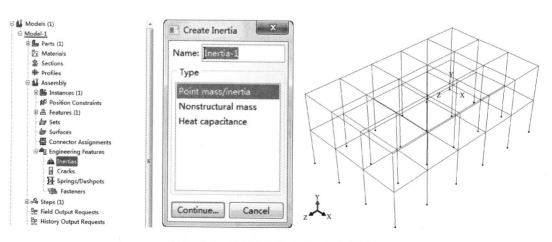

图 10.1.1　选定支座节点并定义大质量点

② 在支座位置输入节点力，节点力的大小为大质量点的质量值。Amplitude 选择相应的加速度时程，加在各个质量点的加速度时程函数要考虑行波效应，起始时间相应进行调

整。该方法的原理是根据 $F=Ma$，即质点的合外力等于质点质量乘以加速度。则作用在节点上的节点力时程可通过该大质量点转换为相应的加速度时程，见图 10.1.2、图 10.1.3。

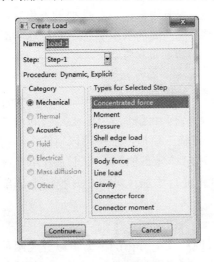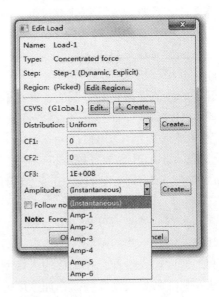

图 10.1.2　节点力时程输入窗口

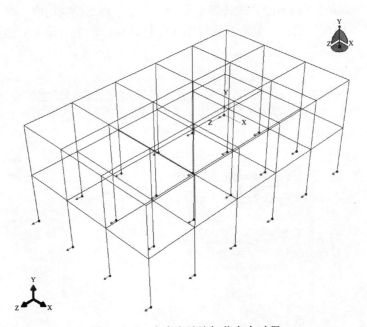

图 10.1.3　在支座处施加节点力时程

2) 输入位移时程

直接输入位移时程则不需要在支座处定义质量点，只需直接在支座的节点处施加位移时程。在 ABAQUS 中，位移时程在边界条件中定义。Amplitude 选择相应的位移速度时程，加在各个支座点的位移时程函数要考虑行波效应，起始时间相应进行调整，见图 10.1.4。

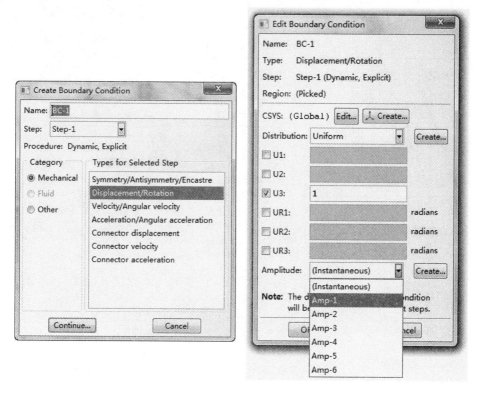

图 10.1.4　位移时程输入窗口

10.2　MIDAS/Gen

Midas/Gen 是建筑领域通用结构分析及优化设计系统,具有预应力分析、动力弹塑性分析、水化热分析、屈曲分析、反应谱分析、Pushover 分析等完备的分析功能。它在特殊结构的建模、分析及设计过程中提供卓越的便利性和生产性,且内置了多样的分析功能和国内外规范。它在特殊结构分析中的优势如下:

(1) 具有丰富的材料和截面类型

Midas/Gen 除了有国标(GB)规定的材料和标准断面之外,还可以自己定义材料和截面种类。有多达几十种截面类型可供线单元选择,其中包含了建筑结构常用的 SRC(型钢混凝土截面)等组合截面类型。

此外,Midas/Gen 里含有一个截面性质计算器(SPC)可以手绘或导入任意闭合断面的 DXF 文件,并计算任意截面的截面特性值。SPC 可以计算任何截面形状的刚度,截面形状与计算出的性质可以导出至 Midas/Gen 使用。

(2) 丰富的边界条件处理方法

Midas/Gen 除了一般的边界约束方式,还有一般弹性支承(General Spring Supports)去模拟支座的侧向刚度,只受压支承(Compression-only)去模拟地基基础,还有只受拉连接(Tension-only)等各种非线性边界条件。常用的特殊边界条件有隔振支座、刚性楼板约束及刚性连接。

Midas/Gen 中常用边界条件　　　　　　　　　　　　表 10.2.1

一般支承	约束选定节点的自由度
节点弹性支承	在整体坐标系或节点局部坐标系的各个方向输入选定节点的弹性刚度。具有线性、只受压、只受拉、多重线性的性质
定义一般弹性支承类型	以 6×6 的对称矩阵，定义节点于整体坐标系或节点局部坐标系与其他自由度相关的刚度值
一般弹性支承	于选定节点设置已定义的一般弹性支承类型
面弹性支承	在建立与基础土壤直接接触的结构物（如筏式基础或隧道等）的边界条件时，面弹性支承首先计算板单元或实体单元的有效接触面积和地基反力系数，程序将自动计算出等效的弹性支承刚度，可以快速定义多节点弹性支承的功能
桩弹簧支承	桩弹性支承可模拟与桩接触的土壤非线性力学行为，会自动依据桩高计算弹性条件
弹性连接	在建立隔振支座或普通支座时，可用弹性连接模拟并设定支撑方向的刚度值，程序将自动计算出各支座的反力
一般连接特性值	一般连接和利用弹簧的特性，赋予线性或非线性的特性，用于建立隔震减震装置、只受拉/受压单元、塑性铰、弹性支撑模型
一般连接	执行非线性时程分析时，设定隔震减震等非线性装置的位置
释放梁端部约束	释放梁端约束条件为铰接、滑动、滚动、节点或部分固定
释放板端部约束	释放板端节点约束条件为铰接或刚性连接
刚性连接	一个刚性连接由一个主节点，一个或多个从属节点构成，从属节点的约束内容与主节点相同，从属节点间的相对位移由刚性连接的约束自由度决定。包括从属节点的刚度分量在内的从属节点的所有属性（几点荷载或节点质量）将转换为主节点的等效分量
线性约束	设定两节点间按整体坐标系或任何坐标系的平移与转动约束条件
释放刚性板连接	释放被刚性楼板所约束的节点
刚域效果　刚域效果	自动考虑钢结构中柱构件和梁构件（与柱连接的水平单元）连接节点区的刚域效应，刚域效应反应在梁单元中，平行与整体坐标系 Z 轴的梁单元将被视为柱构件，整体坐标系 X-Y 平面内的梁单元将被视为梁构件

（3）丰富的静力荷载形式

Midas/Gen 提供了多种静力荷载的形式，可以分开各个荷载独立定义一个或多个荷载工况。软件在施加静力荷载时会根据中国规范进行相关的修正，可实现的各静力荷载的形式如表 10.2.2 所示。

Midas/Gen 的各静力荷载形式　　　　　　　　　　　　　　表 10.2.2

ⓦ 自重	以单元的体积和密度自动计算模型的自重。在静力分析中，求得的自重可使用于整体坐标系的 X、Y 和 X 轴方向。这是 SAP2000 所不具备的，SAP2000 的自重只能是施加在竖直向下的方向。这种重力方向可调节的功能特别适用于特殊结构分析，不旋转模型亦可以正确方向施加体荷载。此外，在动力分析或静力等效地震荷载计算中需要将自重转换为质量时，可在"结构类型"对话框中选择转换的方向
ⓙ 节点荷载	输入节点的集中力或集中弯矩
ⓣ 支座强制位移	强制支承位移或旋转的变位
ⓛ 梁单元荷载	输入作用在梁单元上的荷载，如集中荷载、均布荷载、梯形荷载等
ⓛ 连续梁单元荷载	将连续连接的梁单元（直线或曲线）视为一个整体，选择连续线段的两端点并输入连续梁单元荷载
ⓛ 标准梁单元荷载	输入由楼面荷载传递的标准梁荷载。在二维框架分析中，使用这个功能可以简便地输入由楼板传递的荷载
ⓓ 定义楼面荷载类型 ⓢ 分配楼面荷载	在闭合的平面多边形内输入楼板荷载。楼板荷载将被转换为梁上的线荷载或集中荷载。提供单向板、双向板、多边形板（按长度分配）、多边形板（按面积分配）等四种导荷载的方式
ⓓ 定义平面荷载类型 ⓢ 分配平面荷载	使用平面荷载功能可以输入作用在板单元和实体单元上任意位置的荷载。在建模过程中，不必在荷载作用点位置建立节点和网格，减少了工作量和建模的繁琐
预应力荷载 梁单元预应力荷载 初拉力荷载 初拉力体外力类型荷载工况 钢束特性值 钢束的布置形状… 钢束预应力荷载…	输入梁上的预应力荷载。假设偏心点在单元局部坐标系的 x-z 平面内，且拉索的拉力反应在钢索的整个长度上是相同的
初始内力(大位移) 几何刚度初始荷载… 初始内力(小位移) 初始荷载控制数据… 初始单元内力	输入梁单元、桁架单元、只受拉（索单元）或只受压（间隙）中的初始内力
ⓛ 流体压力荷载	在板及实体单元的边缘或表面作用土压力或流体压力荷载，面压力荷载将转换为节点处的压力荷载。节点压力荷载等于流体表面到节点的竖向距离乘以流体比重。当单元被切割或合并时，流体压力荷载会自动修正
ⓦ 温度荷载	温度荷载可以作用于全体结果或单独节点上，温度梯度荷载则为分析梁或板单元顶面和底面的温度差
ⓑ 压力荷载	将压力荷载作用在板或实体单元的边缘或表面，压力荷载可以按均匀分布或线性分布输入，程序自动将其转换为等效节点力，压力荷载可以整体坐标系或单元局部坐标系为基准输入，也可以按指定方向输入

（4）动力荷载输入方式

① 节点质量：Midas/Gen 可将平动质量分量与转动质量分量等质量信息制定与特定节点上，具有六个方向的自由度。

② 荷载转换为质量：将作用于整体坐标系 Z 方向荷载的垂直分量转换为质量并作为集中质量，该功能主要用于计算地震分析时所需的重力荷载代表值，单元的自重转换为质量应在结构类型中进行指定。

③ 自重转换为质量：Midas/Gen 可以自动将模型中元素的自重转换为集中质量或均布质量，提供动力分析或拟静力地震分析使用。一般情况下，Midas/Gen 会采用一致质量转换法将结构的自重转换为均布质量，依形状函数导出结构刚度矩阵，为考虑质量惯性矩耦合效应，也可使质量考虑截面偏心的效果，得到较集中质量法更准确的结果，但相对的会花费较多的程序运算时间。

④ 动荷载下的结构分析：楼面响应分析使用于分析和评估楼板系统的动力特性，Midas/Gen 提供了步行振动荷载资料库，方便进行舒适度分析。

（5）丰富的结构分析单元

表 10.2.3 为 Midas/Gen 的单元资料库。

Midas/Gen 单元资料库　　　　　　　　　　　　　　表 10.2.3

可设定极限强度的只受压单元	一般梁单元	轴对称单元
可设定极限强度的只受拉单元	板单元（厚板/薄板、面内/面外厚度、正交各向异性）	实体单元（四面体、楔形、六面体）
间隙单元	平面应力单元	黏弹性阻尼单元
钩单元	平面应变单元	迟滞系统
桁架单元	墙单元（面内、面外）	橡胶支座隔振系统
索单元（可考虑悬垂）	变截面梁单元	摩擦耗能隔振系统

（6）适用于特殊结构分析的分析功能

Midas/Gen 没有节点数和单元数限制，对荷载和荷载组合的数量也没有限制，而且提供可以连续分析多个模型的批次处理功能。它除了一般设计软件所具备的静力分析、配筋计算、截面验算等分析功能外，还具有动力分析、屈曲分析、非线性分析、热传导分析等分析功能。

A. 静力分析：线性静力分析。

B. 动力分析：特征值分析、反应谱分析、时程分析。

C. 几何非线性分析：P-Delta 分析、大变形分析。

D. 材料非线性分析：Von-Mises，Tresca，Mohr-Coulomb，Drucker-Prager、砖石构造分析。

E. 屈曲分析：临界屈曲特征系数、屈曲模态、侧向扭转屈曲。

F. 热传导分析（传导、对流、辐射）：稳态分析、瞬态分析。

G. 水化热分析：热弹性分析，发展强度、蠕变、收缩、管冷分析。

H. 施工阶段分析。

I. 时间依存材料特性（收缩、徐变、硬化）、边界条件变化、柱收缩分析（弹性/非弹性）。

J. Pushover 分析：提供了四种基本的塑性（P、V、M、PMM），可以自己定义塑性铰性质，也可以让程序根据构件的截面、材料、荷载状态等，自动生成塑性铰性质；具有 FEMA、Eurocode、双线性、三线性的塑性铰基本形式；可将塑性铰设定于钢筋混凝土、钢材、钢骨钢筋混凝土、石材构件；内力或位移控制；产生性能曲线与最佳性能点/目标位移量；安全系数表。

K. 边界非线性时程分析：对建筑物隔振和减震所使用的粘滞阻尼器、间隙、钩、迟滞系统、铅芯橡胶隔振支座以及摩擦耗能减震装置等进行边界非线性动力分析的功能。

L. 其他分析：利用最佳化设计方法求未知荷载系数、移动荷载分析、支座沉降分析、考虑组合截面组合前后截面刚度变化的分析。

（7）分析结果图形化

在 Midas/Gen 后处理中，使用者可以根据设计规范自动产生荷载组合，也可以自行添加和编辑荷载组合。在梁的内力图里，可以同时确认梁单元的强轴、弱轴上的内力。透过编辑显示类型可以输出多种形态的反力、位移、内力和应力图形。并可以利用镜像功能有 1/2 或 1/4 的模型生成整个模型。此外，Midas/Gen 提供动力和静力分析的动画输出结果。显示类型有：数值、图例、变形、变形前、动画、镜像、剖面线、等值面。

Midas/Gen 可以使用任意的剖面线或切割剖面来查看板单元或实体单元的内力和应力，也可以利用等值面的功能详细确认实体单元内部的应力状况。对板单元可以同时查看顶面和底面的应力。

（8）建模及分析结果表格化

Midas/Gen 提供可以与 Excel 相容的计算结果表格，让使用者有系统的建立模型、浏览分析与设计结果、简单直观的选择特定荷载组合、常看反力、位移、内力等结果表格；此外，这些表格可以选择特定的资料、筛选、排序、编辑、控制文字格式、复制与粘贴、输出表格化报告、绘制 XY 分布图与条形图等分析图表。提供如下功能：

A. 提供位移、内力、应力、反力、阵型、屈曲、设计、检验等表格。

B. 强大的筛选功能。

C. 可自定数据排序的优先顺序。

D. 有表格编辑、修改、复制、替代、搜寻等功能。

E. 与 Excel 相似的操作界面及复制粘贴功能。

F. 针对单一、叠加、总和、包络的荷载组合输出位移、反力、内力、应力等结果。

G. 可自行选择与编辑出表格的组合与位置。

H. 清楚显示该结果为整体坐标系或局部坐标系。

10.3 SAP2000

SAP2000 的建模功能及可视化界面虽然不如 Midas/Gen 和 ABAQUS，但它的优势在于分析计算稳定，计算效率高，能处理大型结构计算问题。一般用 SAP2000 进行：逐步大变形分析、多重 P-Delta 效应、索分析、单拉和单压分析、Buckling 屈曲分析、爆炸分析、针对阻尼器、基础隔震和支座塑性的快速非线性分析、用能量方法进行侧移控制和分段施工分析等。而且 SAP2000 带有 API 功能，能编制程序调用 SAP2000 进行计算。

（1）适用于复杂结构的特有建模功能

① 单元

A. 带自动网格划分的模型模板；B. 框架、索和预应力锚索单元：预应力锚索单元是 Midas/Gen 和 SAP2000 具有的，ABAQUS 不具备这种单元，如果要在 ABAQUS 中添加预应力锚索，则需利用遇冷收缩效应，在索单元上施加温度荷载；C. 带自动内部网格划分的面（壳）、实体对象：这项功能 SAP2000 和 ABAQUS 开发得比较好，能对面单元和实体单元自动划分，Midas/Gen 的自动网格划分功能比较呆板，划分效果一般；D. 分层壳单元；E. 线、面单元的多线性弹簧单元；F. 平面、轴对称实体和实体对象；G. 连接单元，包括粘滞阻尼器单元、缝隙单元、钩单元、塑性单元、摩擦摆隔振器单元、橡胶支座隔振器单元。

② 边界条件

A. 对不匹配壳单元网格的自动边束缚；B. 包括刚体和刚性隔板的一般性节点束缚；C. 使用力或位移边界条件。

③ 荷载施加

A. 自动生成规范相关的风荷载和地震荷载；B. 开敞结构的风荷载；C. 重力、压力和温度荷载；D. 面对象荷载传递到框架；E. 框架、壳和实体对象中的先张拉或后张拉预应力：SAP2000 和 Midas/Gen 施加构件预应力都比较方便，有相应的输入窗口。ABAQUS 也能实现该功能，但需要在 INP 文件中添加关键字及预应力数据；F. 预应力松弛和锚具滑移损失：需要施工顺序中定义相关参数；G. 移动荷载输入；H. 波浪荷载生成器：方便海岸建筑的结构分析。

④ 非线性材料属性：A. 开裂属性-属性调整系数；B. 时间相关的混凝土收缩与徐变效应：需要施工顺序中定义相关参数；C. 定义轴向、弯曲、剪切和扭转行为的非线性框架塑性铰；D. 具有荷载相关的弯矩-曲率关系的框架塑性铰，提供 P-M-M 相关面；E. 截面设计器可以考虑约束混凝土的 Mander 模型；F. Pivot-Hysteresis 和 Takeda 塑性连接模型；G. 纤维铰；H. 结构碰撞的间隙对象；I. 带非线性速度扩展项的黏滞阻尼器，带双轴塑性性能的基础隔振器、双向作用摩擦摆隔振器。

⑤ 辅助功能：A. 对象生成的快速绘制选项；B. 针对复杂框架截面，集成图形化的截面设计器（Section Designer）：该功能是 SAP2000 和 Midas/Gen 具有的，ABAQUS 由于不是专门的建筑结构分析软件，不具备该功能；C. 通过辅助线和捕捉来精确定位：这个功能是层模型建模的建筑结构分析软件具有的，而通用分析软件中，就只有 SAP2000 有这项功能，Midas/Gen 和 ABAQUS 没有这个功能；D. 支持多个坐标系统；E. 强大的成组和选择功能。

（2）强大的分析功能

① 框架和壳体对象的静力分析。

② 特征向量和 Ritz 向量的反应谱分析。

③ P-Δ 分析。

④ 动力时程分析，包括多点基底激励。

⑤ 频域分析-功率谱密度。

⑥ 非线性静力 Pushover 推覆分析。

⑦ 使用纤维模型（Fiber Models）的 Pushover 分析。

⑧ Wilson FNA 和直接积分法的非线性时程分析。

⑨ 移动荷载的动力效应。

⑩ 施工顺序分析：SAP2000 和 Midas/Gen 都有这个功能，ABAQUS 不具备这个功能。SAP2000 中能实现的施工顺序分析功能如下：A. 施工顺序允许添加和删除对象；B. 施工顺序允许添加和删除荷载；C. 施工顺序允许添加和删除支撑；D. 时间相关的混凝土龄期效应；E. 时间相关的徐变与收缩；F. 时间相关的预应力钢筋松弛；G. 使用预应力筋对象时，显式表达的时间相关效应模型；H. P-Δ 分析；I. 后张预应力混凝土箱梁设计；J. 非线性大位移索分析。

⑪ API 简化疲劳分析。

⑫ 屈曲分析：A. 任意非线性状态的屈曲分析；B. 基于构件的 P-Δ 效应的局部屈曲失稳。

⑬ 大位移结构分析：A. 大位移/小应变分析；B. 索的非线性大转动分析。

⑭ 频域分析：A. 稳态分析；B. 功率谱密度（PSD）分析；C. 频率相关的连接/支座属性。

（3）构件设计功能

① 钢框架设计

基于中国设计规范及 AISC-ASD & LRFD、AASHTO、API、UBC、British、Canadian、Italian、Indian、Euro 规范，包括如下功能：A. 完全集成化的钢框架设计；B. 自动构件截面选择——不需要初步设计；C. 基于虚功原理的侧向位移控制；D. 依据规范和用户自定义的荷载组合；E. 集成图形化的截面设计器，可以设计组合截面；F. 设计考虑扭转效应；G. 抗震钢框架设计特性（基于结构动力学的反应谱和时程；特殊抗弯框架的抗震需求；中等/特殊抗弯框架设计；利用截面切割交互式计算楼板剪力）；H. 钢框架设计输出特性（控制钢结构构件尺寸；彩色编码的钢应力比）；钢结构高级特性（施工顺序加载效应；由于构件尺寸改变的偏心；三维中的构件中线偏移效应；梁-柱部分刚接效应；三维 Pushover 分析；带基础隔振和阻尼器的钢结构设计；基于构件考虑局部屈曲失稳的 P-Δ 效应）。

② 混凝土框架设计

基于中国设计规范及 ACI、AASHTO、UBC、British、Canadian、New Zealand、Italian、Korean、Mexican、Euro 规范，包括如下功能：A. 矩形、圆形及其他任意的截面；B. 强大的图形界面来布置钢筋；C. 计算截面弯矩-曲率关系；D. 对静力与动力荷载的设计；E. 设计包络的成组；F. 自动和用户定义的荷载组合；G. 针对双向偏压交互作用和剪力的设计；H. 自动计算弯矩放大系数；I. 带 P-Δ 效应的放大覆盖选项；J. 集成图形化的截面设计器，可以设计复杂的混凝土截面；K. 自动生成 P-M-M 相互作用面图形；L. 计算截面属性和 P-M-M 相关曲线；M. 设计与察看的交互选项；N. 设计考虑扭转效应；O. 混凝土抗震框架设计特性（结构动力分析-地震反应谱和时程分析；中等/特殊抗震框架的设计；梁柱节点的抗震校核；强柱弱梁设计的抗震校核；利用截面切割来交互式计算混凝土楼板剪力）；P. 混凝土框架设计输出特性（P-M-M 相关曲面；用户指定位置的抗剪钢筋设计；钢筋布置的图形显示；对静力和动力的设计；自动和用户定义的荷载组合；混凝土壳体的配筋密度图）；Q. 混凝土结构高级特性（施工顺序加载效应；事件相关的徐变与收缩效应；自动考虑侧向位移核心区域变形效应；剪力墙与楼板的网格划分技术；使用边束缚模型；由于构件尺寸改变的偏心；在三维中构件中线偏移效应；三维 Pushover 分析；带基础隔振和阻尼器的混凝土结构设计；基于构件考虑局部失稳的 P-Δ 效应）。

10.4　MIDAS/GTS

MIDAS/GTS 岩土隧道领域的结构分析软件，是通用有限元程序与岩土及隧道专业技术的结合。该软件的主要特点如下：

（1）同一模型多种分析

在进行岩土结构分析的时候，往往需要对同一模型进行各种分析。MIDAS/GTS 为用户提供了丰富的岩土分析功能，其中包括：线性静力分析、非线性静力分析、施工阶段分析、固结分析、稳定流分析、非稳定流分析、动力分析以及边坡稳定分析等。不需要重新建模，只要修改分析选项，施加相关荷载就能进行新的分析。

（2）可考虑岩土与结构的协同分析

在岩土结构中，除过需要考虑岩土自身的作用外，同样也需要考虑结构部分对岩土部分的作用。MIDAS/GTS 提供了各种结构单元来模拟结构部分的作用，包括桁架单元、梁单元、桩单元、只受拉单元、只受压单元、板单元以及平面应力单元等结构单元。通过这些单元的设置，可以模拟各种岩土分析中的结构部分，例如：隧道施工阶段分析中的支护结构、临时架设构件，桩，边坡支护构件等等。这样可以考虑岩土和结构的协同作用，实现对支护结构的受力分析。

（3）材料本构模型多样化

对于岩石和土体来说，材料的本构关系对计算有很大的影响，因此在岩土计算中需要选取合适的本构模型。MIDAS/GTS 有 14 种本构模型，除了包括各种弹性、非线形弹性，还包括岩石和土体中常用的一些弹塑性模型，具体模型有：弹性模型、横向各向同性模型、特雷斯卡模型、范梅塞斯模型、德鲁克－普拉格（DP）模型、莫尔库仑（M-C）模型、霍克－布朗模型、邓肯-张非线形弹性模型、应变软化模型、剑桥模型、修正剑桥模型、节理模型、Jardine 模型，此外还允许用户自定义材料本构关系。

（4）岩土分析功能

岩土分析与一般的结构分析有较大差异。一般的结构分析注重荷载的不确定性，所以在分析时会加载各种荷载，然后对分析结果进行各种组合，最后取各组合中最不利的结果进行设计。岩土分析注重的是施工阶段和材料本身的不确定性，所以决定岩土的物理状态显得格外重要。在岩土分析中应尽量使用实体单元模拟围岩的状态，尽量真实地模拟岩土的非线性特点以及地基应力状态（自应力和构造应力），并且尽量真实地模拟施工阶段开挖过程，这样才会得到比较真实的结果。Midas/GTS 能真实、方便、快捷地模拟现场条件和施工过程，并提供工程常用的材料模型和边界条件。软件不仅具有岩土分析所需的基本分析功能，还提供了包含最新分析理论的强大的分析功能，具体分析功能如下：

1）静力分析

线弹性分析：在实际设计中，为了便于计算会将岩土的应力-应变关系简化成一些理想化的本构关系。虽然仅用弹性模量和泊松比的变化来描述岩土特性不是很准确，但是对模拟一些特定的岩土材料还是非常有效的。岩土分析中的线弹性分析是将围岩材料视为线弹性，分析其在静力荷载下的响应的方法。岩土材料的线弹性阶段仅发生在荷载加载初期应变非常小时。线弹性分析不考虑岩土破坏时的状态，将应力-应变关系理想化为直线，计算相对简单方便。

非线性弹性分析：岩土分析中的非线性弹性和弹塑性材料特性均属于材料非线性分析。所谓材料非线性是指应力与应变关系的非线性。具代表性的非线性弹性材料有邓肯-张模型。该模型的应力-应变关系为双曲线形状，基床系数是地基的约束应力和剪切应力的函数。非线性材料模型的岩土参数可以通过三轴试验或文献比较容易获得，所以被应用于很多研究当中，但是其缺点是不能考虑破损后的刚度降低。

弹塑性分析：弹塑性分析同时分析稳定性和变形能力。地基的稳定性一般由剪切强度决定，变形能力由弹性特性和剪切特性决定。荷载作用大于岩土的剪切强度时岩土将产生塑性区域，随着塑性区域的发展岩土将达到破坏状态。但是不能说产生了塑性区域结构就一定不稳定，因为被弹性区域包围的塑性区域不能生成破坏面，这样的局部破坏不一定会发展成为整体破坏。

在弹塑性分析中将使用下面一些基本概念：塑性变形的屈服标准；定义塑性变形用的流动法则；变形硬化的硬化法则。这些可以在《土力学》教材中找到相关的介绍，这里暂不赘述。Midas/GTS 的分析工况选择界面见图 10.4.1。

图 10.4.1　Midas/GTS 分析工况

2）渗流分析

稳定流分析是指岩土内部和外部的边界条件不随时间变化的分析，在分析区域内的流入量和流出量始终保持不变。非稳定流分析是指即使使用稳定的边界条件，流入量和流出量也会随着时间发生变化的分析。

非稳定流分析的内部和外部边界随时间发生变化。非稳定流分析与稳定流分析的区别除了边界条件随时间的变化外，非稳定流分析中使用体积含水率。地下水位发生变化时，与变化速度密切相关的因素有非饱和区域的含水率和孔隙率。比较土坝在干燥状态下蓄水与具有一定含水率状态下的蓄水时可知两种状态下土坝内部渗流达到稳定的时间有较大差异。

3）固结分析

固结分析中，随着时间的变化超孔隙水压将逐渐减小，有效应力将逐渐增加，地基将沿着重力方向发生沉降。固结分析一般先进行非排水分析，如果非排水分析中没有发生破坏，则固结分析不会发生破坏。

固结分析时，初始荷载的加载时间一般为 24h，附加荷载一般为 240h（10d），长期作用一般为 8760h（一年）。比较适当的荷载加载时间和荷载的分配关系如图 10.4.2～10.4.4。

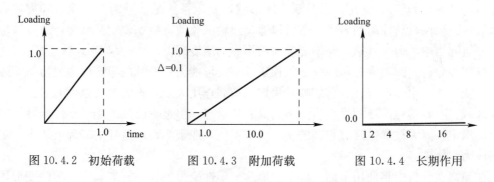

图 10.4.2 初始荷载　　　图 10.4.3 附加荷载　　　图 10.4.4 长期作用

使用剑桥模型或修正的剑桥模型做固结分析时，需要先对自重等初始荷载做分析。一般来说是为了决定初始应力，所以可以使用上面图示中的'初始荷载'形式，使用一步加载的方式。

施工过程中的附加荷载的情况可以使用'附加荷载'形式，取适当的步骤数加载。一般使用的是经过 10d 分 10 个阶段加载，总的荷载系数之和为 1.0。突然添加附加荷载，固结分析不容易收敛。

最后回填结束后要经过很长时间的放置。此时可使用上面图示中的'长期作用'形式，只给时间而荷载系数为，表示没有外力。固结分析的特点是初始的应力变化比较大，开始时的时间步骤间隔可以很小，逐步加大时间步骤，这样既可以保证收敛性又可以保证分析速度。

4）施工阶段分析

岩土施工过程的分析一般都是施工阶段分析。一般来说岩土材料都是非线性材料，材料的非线性特性可从岩土的初始条件获得。所谓初始条件是施工前的现场条件，也叫原场地条件，其中原场地应力最具代表性。一般来说获得原场地的应力条件后，由此可得挖掘荷载、像莫尔-库仑这样的材料的剪切强度等。然后在原场地条件下按施工顺序进行全部施工阶段分析。现场的实际施工阶段非常复杂也经常发生变化，施工阶段分析一般是将其简化为几个比较重要的施工阶段进行分析。使用 MIDAS/GTS 进行施工阶段分析时可以考虑的事项如下：

A. 施工阶段模拟：①单元的添加和删除（激活和钝化）；②荷载的添加和删除（激活和钝化）；③边界条件的变化；④材料特性的变化。

B. 地下水分析：①各施工阶段的稳定流分析；②各施工阶段的非稳定流分析。

C. 应力-渗流耦合分析：利用渗流分析得到的孔隙水压力进行应力分析。

软件中默认单元、荷载、边界的变化均发生在各施工阶段的开始步骤，所以当实际施工过程中有这些条件的变化时，要把该变化时刻定义为一个施工阶段。也就是说，结构体系的变化越多，要定义的施工阶段也就越多。在任意阶段添加（激活）的单元不受前面阶段作用的荷载或应力影响，也就是说新添加的单元在激活阶段时的内部应力为零。将荷载释放系数为 100% 的单元删除（钝化）时，钝化掉的单元的内部应力将全部分配给留下的其他单元，从而引起剩余单元的应力发生变化。与此相反，将荷载释放系数为 0% 的单元删除（钝化）时，钝化掉的单元的内部应力将不分配给剩余的单元。适当调整荷载释放系数，可以调整分配给剩余单元的应力，从而可以比较真实地模拟应力释放的过程。

地下结构分析中一般不是一次性完全释放被挖掘掉的单元的应力，而是随着喷锚支护等操作阶段逐渐释放。此时可指定在不同施工阶段的荷载释放系数。MIDAS/GTS 的施工阶段分析采用的是累加模型，即每个施工阶段都继承了上一个施工阶段的分析结果，并累加了当前施工阶段的分析结果。也就是说上一个施工阶段中结构体系与荷载的变化会影响到后续阶段的分析结果。添加单元和荷载时，只需添加本阶段增加的单元和荷载。

还需要提到的是，在施工阶段分析中有两项十分方便的功能：

位移归零：在施工阶段分析过程中有时要将位移清零。例如初始地应力作为初始的荷载条件其位移应为零。MIDAS/GTS 中可以任意指定阶段做位移初始化，这样在需要事先做一些分析（比如地应力的计算、渗流）后再将位移清零的施工阶段分析中非常实用。

岩土材料特性的变化：在施工阶段过程中，有时会对地基进行加固或换土处理，岩土材料有时也会随时间发生硬化等。在施工阶段分析中遇到这样的问题时需要更换材料的特性。MIDAS/GTS 对施工过程中修改材料特性的次数没有限制。更换材料特性对前面分析阶段的结果没有影响。

5）边坡稳定分析

填方边坡、挖方边坡的稳定分析是岩土分析中常见的分析内容。边坡的自重、孔隙水压、附加荷载、地震作用、波动水压力荷载对边坡的稳定影响很大。当自重和外力作用下的边坡内部的剪切应力大于边坡岩土所具有的剪切强度时，边坡将发生破坏。通过剪切应力和剪切强度的分析来计算边坡的稳定性的分析叫做边坡稳定分析。

以往的边坡稳定分析没有考虑变形的过程，但是边坡的破坏一般都是变形在逐渐增大最后在局部区域发生较大位移，所以变形和破坏是不可分离的，是变形逐渐发展的过程。所以边坡稳定分析需要分析从初始的变形到破坏的整个过程。边坡稳定分析方法一般使用下列方法：

A. 基于极限平衡理论的整体法和条分法；

B. 基于强度理论的极限分析法；

C. 基于弹性理论的有限元法。

MIDAS/GTS 的边坡稳定分析采用了基于有限元法的强度折减法。有限元法利用边界上的力的平衡条件和协调条件、本构方程、边界条件等对结构进行分析的方法，可以较为真实地模拟现场条件，不必事先假定破坏面的情况下，可以通过分析自动得到较为真实的破坏状态。使用有限元法做边坡稳定分析的方法大致分为两类，一类是使用强度折减法直接计算，一类是将计算的应力值与极限平衡法结合来决定安全系数。强度折减法是通过逐渐减小剪切强度（c，φ）直到计算没有收敛为止，将没有收敛的阶段视为破坏，并将该阶段的最大的强度折减率作为边坡的最小安全系数。

边坡的滑动形状为三维状态，且破坏形状也根据地质条件非常多样。但是以往大部分的边坡稳定分析都是采用二维分析模型。虽然对模型进行必要的简化是必要的，但是边坡中发生破坏时，各个土体块有可能向不同的方向滑动，此时二维模型中仅考虑一个方向的破坏滑动的假定就不是很准确了。二维分析和三维分析的最大差异就是能否真实反映地表面和滑动面的形状，岩土的分布、滑动面的强度等因素。三维分析可以反映在二维分析中忽略的简化的因素，所以三维分析的结果会更接近于真实情况。通过三维稳定分析可以得到滑动力的分布，所以可以有针对性地进行加固处理。另外，因为三维边坡稳定分析可以反映曲面形状的破坏面，解决了二维分析不能反映的楔形破坏的情况。二维稳定性分析模型的厚度为定值，这样就不能反映模型的厚度/宽度的比值对稳定的影响。对不同的厚度/宽度比值的三维模型进行分析可知，厚度/宽度比值越大安全系数有降低的趋势。

10. 5　MIDAS/Civil

MIDAS/Civil 也是一款通用的空间有限元分析软件，可适用于桥梁结构、地下结构、工业建筑、飞机场、大坝、港口等结构的分析与设计。

特别是针对桥梁结构，MIDAS/Civil 结合国内的规范与习惯，在建模、分析、后处理、设计等方面提供了很多的便利的功能，MIDAS/Civil 的主要特点如下：

① 提供菜单、表格、文本、导入 CAD 和部分其他程序文件等灵活多样的建模功能，并尽可能使鼠标在画面上的移动量达到最少，从而使用户的工作效率达到最高。

② 提供刚构桥、板型桥、箱型暗渠、顶推法桥梁、悬臂法桥梁、移动支架/满堂支架法桥梁、悬索桥、斜拉桥的建模助手。

③ 提供中国、美国、英国、德国、欧洲、日本、韩国等国家的材料和截面数据库，以及混凝土收缩和徐变规范和移动荷载规范。

④ 提供桁架、一般梁/变截面梁、平面应力/平面应变、只受拉/只受压、间隙、钩、索、加劲板轴对称、板（厚板/薄板、面内/面外厚度、正交各向异向）、实体单元（六面体、楔形、四面体）等工程实际时所需的各种有限元模型。

⑤ 提供静力分析（线形静力分析、热应力分析）、动力分析（自由振动分析、反应谱分析、时程分析）、静力弹塑性分析、动力弹塑性分析、动力边界非线性分析、几何非线性分析（P-delta 分析、大位移分析）、优化索力、屈曲分析、移动荷载分析（影响线/影响面分析）、支座沉降分析、热传导分析（热传导、热对流、热辐射）、水化热分析（温度应力、管冷）、施工阶段分析、联合截面施工阶段分析等功能。

⑥ 在后处理中，可以根据设计规范自动生成荷载组合，也可以添加和修改荷载组合。

⑦ 可以输出各种反力、位移、内力和应力的图形、表格和文本。提供静力和动力分析的动画文件；提供移动荷载追踪器的功能，可找出指定单元发生最大内力（位移等）时，移动荷载作用的位置；提供局部方向内力的合力功能，可将板单元或实体单元上任意

位置的接点力组合成内力。

⑧ 可在进行结构分析后对多种形式的梁、柱截面进行设计和验算。

10.6 理正工具箱

理正系列工具箱包含了各种岩土分析工具，各种工具是独立的模块。可实现深基坑支护结构分析、岩土边坡稳定分析、岩土地基处理等功能。优点包括分析过程结合国内规范；自动输出标准的计算书；模型录入简单。缺点则是各种模块相互独立，想对同一模型进行不同分析，则需在各种模块中重复建模，一旦一种模型需要修改，其他模型也同时需要修改；无法处理复杂特殊的地下结构；大部分模块只能计算二维问题。理正系列的各种常用岩土分析模块如下：

① 理正深基坑支护结构设计

该软件考虑全国不同地区、不同地质条件的差异对基坑工程设计与施工的影响，采用各地区的基坑工程标准及相应参数。除《建筑基坑支护技术规程》之外，包括各地区当地的规范和标准。软件包含了多支锚的排桩（圆桩、方桩）、多支锚的地下连续墙（钢筋混凝土墙）、多支锚的钢板桩、水泥土墙（SWM 工法）、土钉墙、天然放坡、多支锚双排桩支护等多种支护类型。

除计算支护结构的内力、变形（支护结构的水平位移及地表沉降）外，还提供多方法的稳定验算：抗倾覆、抗隆起、抗管涌、抗突涌、整体稳定验算；对于钢筋混凝土构件还进行配筋、选筋及施工图的绘制；计算结果形成图文并茂的、具有计算表达式的计算书。

② 理正岩土边坡稳定分析系统

理正岩土边坡稳定分析模块的主要功能特点如下：

A. 可在 AutoCAD 中快速绘制边坡模型，再读入边坡软件进行分析计算。

B. 选择"考虑"或"不考虑"水的作用：可设置任意形式水面浸润线；自动施加静水压力；自动计算水浮力、渗透压力。

C. 可施加水平垂直或任意方向的作用力，真实反映了水压力及其他荷载的作用；自动计算地震荷载。

D. 计算方法可选择三种经典算法：瑞典条分法；简化 Bishop 法；JanBu 法。

E. 计算参数的选择：选择有效应力法或总应力法；可采用十字板剪切强度进行稳定计算。

③ 理正岩土地基处理

理正岩土地基处理模块的主要功能特点如下：

A. 按照《建筑地基处理技术规范》进行设计

B. 包含了各种常规的处理方法：换填土；高压喷射注浆；土或灰土挤密桩；砂石桩；石灰桩；水泥土深层搅拌桩；夯实水泥土桩；振冲桩；CFG 桩；桩锤冲扩桩。

C. 包含各种复合地基的常规计算内容：地基承载力计算；软弱下卧层验算；沉降计算。

D. 只需输入一套地质条件，可选择多套地基处理设计方案。根据具体情况选择方案自动统计的工程量并制定工程进度计划。

④ 理正岩土弹性地基梁分析

理正岩土弹性地基梁分析模块的主要功能特点如下：

A. 计算方法多样，包括文克尔模型计算方法、利用郭氏表进行查表、利用梁与地基共同作用的有限元方法（考虑三种地基模型：文克尔地基模型、弹性半空间地基模型、分层地基模型，可解决文克尔地基模型解决不了的问题）。

B. 既适用于单、多跨梁（含变截面）的梁上荷载计算，也适用变荷载的计算。

C. 可设置多种支座情况。

D. 可考虑不同地层的基础弹性作用。

E. 可得到计算结果：地基沉降、地基反力、内力。

参 考 文 献

[1]　混凝土结构设计规范 GB 50010—2010 [S]. 北京：中国建筑工业出版社，2010

[2]　建筑抗震设计规范 GB 50011—2010 [S]. 北京：中国建筑工业出版社，2010

[3]　高层建筑混凝土结构技术规程 JGJ 3—2010 [S]. 北京：中国建筑工业出版社，2010

[4]　钢结构设计规范 GB 50017—2003 [S]. 北京：中国计划出版社，2003

[5]　建筑结构荷载规范 GB 50009—2012 [S]. 北京：中国建筑工业出版社，2012

[6]　建筑地基基础设计规范 GB 50007—2011 [S]. 北京：中国建筑工业出版社，2011

[7]　现浇混凝土空心楼盖技术规程 JGJ/T 268—2012 [S]. 北京：中国建筑工业出版社，2012

[8]　广东省建筑设计研究院，深圳市广厦软件有限公司. 建筑结构通用分析与设计软件 GSSAP 说明书 [M]. 2012

[9]　ABAQUS Theoty Manual（V6. 7-1）[M]. ABAQUS, Inc. 2007

[10]　庄茁，张帆，岑松. ABAQUS 非线性有限元分析实例 [M]. 北京：科学出版社，2005

[11]　王金昌，陈页开. ABAQUS 在土木工程中的应用 [M]. 杭州：浙江大学出版社，2006

[12]　曹金凤，石亦平. ABAQUS 有限元分析常见问题解答 [M]. 北京：机械工业出版社，2009

[13]　北京迈达斯技术有限公司，MIDAS/Gen 高级培训

[14]　北京迈达斯技术有限公司，MIDAS 非线性分析说明书 [M]，2009

[15]　北京理正软件股份有限公司，理正结构软件说明书

[16]　焦柯，赖鸿立，吴桂广，欧妍君，欧旻韬. 复杂建筑结构计算分析方法及工程应用 [M]. 北京：中国城市出版社，2013

[17]　Anil K. Chopra. 结构动力学 [M]. 高等教育出版社，2005

[18]　屈铁军，于前进，多点输入下地震反应分析研究的进展 [J]　北京，世界地震工程，1993

[19]　R. Rana，T. T. Soong. 调谐质量阻尼器的参数研究与简化设计. 陈世平译. 世界地质工程，Vot. 14NO，4，Dec. 1998

[20]　曹志远. 土木工程分析的施工力学与时变力学基础 [J]. 土木工程学报，2001，34（3）：41-46

[21]　徐有邻，冯大斌. 推广现浇空心楼盖发展节约型混凝土结构 [J]. 全国现浇混凝土空心楼盖结构技术交流会论文集 [M]. 北京：中国计划出版社，2005：1-3

[22]　沈蒲生. 楼盖结构设计原理 [M]. 北京：中国建筑工业出版社，2004

[23]　尚仁杰，吴转琴，李佩勋等. 现浇混凝土空心板的正交各向异性研究 [J]. 特种结构，2007，24（2）：12-14

[24]　欧妍君，陈星等. 新型板柱-抗震墙体系在超高层建筑的应用 [J]. 建筑结构，2012，42（11）：61-65

[25]　罗赤宇. 广州名盛广场结构新技术设计及应用 [J]. 建筑结构，2006

[26]　彭丽红，张元坤. 关于高层建筑结构嵌固端的讨论 [J]. 广东土木与建筑，2011，9：7-9

[27]　张元坤. 高层建筑结构嵌固端选取及相关技术 [J]. 广东土木与建筑，2002，2：2-4

[28]　型钢混凝土组合结构技术规程 JGJ 138—2001 [S]. 北京：中国建筑工业出版社，2001

[29]　钢筋混凝土深梁设计规程 CECS 39：92 [S]. 北京：中国建筑工业出版社，2002

[30]　实用工程数值模拟技术及其在 ANSYS 上的实践 [M]，王国强，西安：西北工业大学出版社，

200011-114

[31] Slope stability analysis by finite elements [J] Grffiths Geotechnique 49，No3，387-403

[32] 叶列平，方鄂华．钢骨混凝土构件的受力性能研究综述 [J]．土木工程学报，2000，33（5）：1-12

[33] Richard W. Furlong：Strength of Steel Encased Concrete Beam Columns，Journal of the Structural Division，ASCE，Vol. 93，No. ST5，Oct. 1967

[34] Y. Ishibashi et al：Comparison of Design Method of Concrete Filled Slender Steel Tubular Columns with Experimental Database. AIJ Tech. Papers，1995. 8 p797-798

[35] R. Park and T. paulay：Reinforced concrete structure，New Zealand

[36] B. Uy. Local Buckling of Composite Steel-Concrete Rectangular Columns，5th International Conference on Steel structures，Indonesia，1994. 12，p313-321

[37] Y. Degumori：. A Study on Structural Performance of Concrete Filled Steel Tubular Columns. AIJ Tech. Papers，1995. 8，p769-774

[38] Y. Saito et al.：A Study on behavior of Concrete Filled Steel Tubular Columns. AIJ Tech. Papers，1989，p1613-1624

[39] M. Takesaki：A Study on Structural Performance of Concrete Filled Steel Tubular Columns. AIJ Tech. Papers，1994，p1614-1615

[40] 吕西林等：钢筋混凝土结构非线性有限元理论与应用，同济大学出版社，1996 年 12 月

[41] 广东省建筑设计研究院：钢管混凝土柱资料集，1995

[42] 广州商业帝国大厦（新中国大厦）钢管混凝土柱节点第一系列试验结果和分析，华南理工大学建筑工程系结构试验室，1996

[43] 广州商业帝国大厦（新中国大厦）钢管混凝土柱节点第二系列试验结果和分析，华南理工大学建筑工程系结构试验室，1996

[44] 华南建学院西院、广东省建筑设计研究院：钢管混凝土柱节点抗震性能试验报告，1999 年 1 月

[45] Nonshored formwork system for top-down construction，LEE H S；LEE J Y；LEE J S，Journal of construction engineering and management，1999，125（6）392-399

[46] Time-dependent displacement of diaphragm wall induced by soil creep，Lin，Horn-Da；Ou，Chang-Yu；Wang，Chien-Chih

[47] Three-dimensional deformation behavior of the Taipei National Enterprise Center（TNEC）excavation case history，Ou，Chang-Yu；Shiau，Bor-Yuan；Wang，I-Wen

[48] Performance of diaphragm wall constructed using top-down method，Ou，Chang-Yu；Liao，Jui-Tang；Lin，Horn-Da

[49] Design and construction of MRT project Contract 825 of CCL1 in Singapore，OSBORNE，N；NOREN，C；LI，GP；CHINNIAH，R；JONSSON，P

[50] Treatment and analysis of some questions related to triaction composite deep foundation structure construction，Tang（Author）；Zhou（Author）；Chen Kaiyun Zhifeng Hui（Author）Building Construction；v. 19，no. 5 p. 24-26，38，figs.

[51] Kato，B.（1995）．"Compressive behavior of concrete filled steel tubular columns."Transaction of A. I. J.，No. 468，183-191

[52] Tomii，M. and Sakino，K.（1997）．"Experimental studies on concrete filled steel tubular stub columns under concentric loading."Proc. of the Inter. Colloquium on Stability of Structures under Static & Dynamic Loads，SSRC/ASCE，Washington，718-741

[53] 耿传智等．高架轨道交通的振动与噪声控制．上海铁道大学。

[54] 张胜．城市道路交通噪音的危害与治理 [J] 安徽科技 2006（7）

［55］ 茅玉泉著. 建筑结构防振设计与应用［M］2011（8）

［56］ 宫瑞婷. 城市道路交通噪声污染分析与对策研究. 北京建筑工程学院学报 2004（3）

［57］ 曹国辉，方志. 地铁运行引起房屋振动的研究［J］. 工业建筑，2003，33（12）：31～33

［58］ 机械振动与冲击. 人体暴露于全身振动的评价. 第 1 部分：一般要求 GB/T 13441. 1—2007

［59］ 人体对振动的响应. GB/T 23716—2009

［60］ 江岛淳：地盘振动と対策—基础·法令から交通·建设振动まで—［M］. 东京：吉井书店，1982. 111-122.

［61］ Fujikake T A. A prediction method for the propagation ofground vibration from railway trains［J］. J Sound & Vibration，1986，111（2）：289—297.［5］

［62］ 吉冈修. 新干线列车走行による沿线の地盘振动［J］. 铁道技术，1986，43（7）：265-269.［6］ Wilson G P. Control of ground2borne noise

［63］ 余枫、贾影. 地铁振动及其控制研究. 都市快轨交通. 2005 年第 06 期

［64］ 夏禾，吴萱，于大明. 城市轨道交通系统引起的环境振动问题［J］. 北方交通大学学报，1999，23（4）：1～7

［65］ 夏禾，曹艳梅. 轨道交通引起的环境振动问题 铁道科学与工程学报 2004 年 7 月.

［66］ 梅正君、朱家文、谢永健. 振动对建筑安全与室内环境影响的评价.《住宅科技》2011（增刊 04）

［67］ 雷晓燕. 城市轨道交通环境振动预测与评价.《城市轨道交通》2008

［68］ U. S. Department of Transportation Federal Railroad Admin-istration. Transit noise and vibration impact assessment［R］. W ashington：Fed eral Railroad Administration，2006.

［69］ 陈星、罗赤宇、向前. 地下建筑逆作法与组合结构新技术工程应用［M］. 北京：中国建筑工业出版社，2007.

［70］ 欧妍君、陈星、李欣. 新型钢管空心混凝土板技术，建筑结构，2007，37（9）：89-91.

［71］ 欧妍君、陈星、向前、刘济科. 超长混凝土楼板温度效应的有限元分析与设计. 建筑结构，2007，37（9）：123-125.